高等职业教育机电类“十三五”系列教材

机械设计实践与创新

主　编　郭　磊　徐桂珍
副主编　龚永超　龙　洋
　　　　严　珍　敖　勤

中国水利水电出版社
www.waterpub.com.cn
·北京·

内 容 提 要

本书针对机电类专业学生，以培养学生创新思维为主线，以机械创新设计与项目实施为主导，结合真实的创新设计案例，通过介绍创新的理论方法、创新案例的设计过程，辅以创新案例中运用到的机械结构设计内容，以期通过创新理论与创新实践相结合、创新项目与基础知识相结合，将机械设计基础、机械原理等课程中相关内容通过创新项目进行具象呈现，达到学生能够结合专业知识学习创新方式方法、建立创新思维的目的。

本书可作为高职机电类专业学生创新课程与机械设计课程的教材，也可供有关工程技术人员参考使用。

图书在版编目（CIP）数据

机械设计实践与创新 / 郭磊，徐桂珍主编. -- 北京：中国水利水电出版社，2020.6
高等职业教育机电类“十三五”系列教材
ISBN 978-7-5170-8619-2

Ⅰ. ①机… Ⅱ. ①郭… ②徐… Ⅲ. ①机械设计—高等职业教育—教材 Ⅳ. ①TH122

中国版本图书馆CIP数据核字(2020)第098921号

书　名	高等职业教育机电类“十三五”系列教材 **机械设计实践与创新** JIXIE SHEJI SHIJIAN YU CHUANGXIN
作　者	主　编　郭　磊　徐桂珍 副主编　龚永超　龙　洋　严　珍　敖　勤
出版发行	中国水利水电出版社 （北京市海淀区玉渊潭南路1号D座　100038） 网址：www.waterpub.com.cn E-mail：sales@waterpub.com.cn 电话：(010) 68367658（营销中心）
经　售	北京科水图书销售中心（零售） 电话：(010) 88383994、63202643、68545874 全国各地新华书店和相关出版物销售网点
排　版	中国水利水电出版社微机排版中心
印　刷	清淞永业（天津）印刷有限公司
规　格	184mm×260mm　16开本　11.75印张　286千字
版　次	2020年6月第1版　2020年6月第1次印刷
印　数	0001—1000册
定　价	**38.00元**

前　言

在全球经济高速发展、科学技术不断进步的时代背景下，创新能力已经成为国家核心竞争力的重要组成要素，“创新”逐渐成为了当今时代的鲜明特征。开展创新教育，培养创新意识、思维和能力，打造创新型人才，是创新时代对教育的新诉求。创新人才的竞争也成为国家综合竞争力的关键，创新人才的培养也成为教育当前关注的重点问题。如何培养适应时代发展的创新型人才，支撑创新时代的变革，是当前教育界面临的巨大挑战。

本书以机械设计、机械原理等机电类专业课程内容为依托，以培养学生创新能力为主线，通过大学生机械创新大赛主题设计项目设计过程具体实施课堂教学，主张教师传授与学生自主学习相结合，完成创新项目与专业课程知识的学习，让学生学习理论知识有着力点，学习创新思维有落脚点。

本书由郭磊、徐桂珍担任主编，龚永超、龙洋、严珍、敖勤担任副主编。其中，郭磊编写了模块2、模块3项目3.2和项目3.5，徐桂珍编写了模块1、模块3项目3.3，龚永超和严珍编写了模块3项目3.1，龙洋与敖勤编写了模块3项目3.4。

由于编者水平所限，书中难免存在缺点与不当，恳请读者给予批评与指正。

2020年3月

编者

目 录

模块 1

机电产品研发的创新方式方法

项目 1.1　创造性思维与设计思维

1.1.1　创造性思维

1.1.1.1　创造性思维的概念

创造性思维是一种具有开创意义的思维活动，即开拓人类认识新领域、开创人类认识新成果的思维活动。创造性思维是以感知、记忆、思考、联想、理解等能力为基础，以综合性、探索性和求新性为特征的高级心理活动，需要人们付出艰苦的脑力劳动。一项创造性思维成果往往要经过长期的探索、刻苦的钻研、甚至多次的挫折方能取得，而创造性思维能力也要经过长期的知识积累、素质磨砺才能具备，至于创造性思维的过程，则离不开繁多的推理、想象、联想、直觉等思维活动。

1.1.1.2　创造性思维的特点

创造性思维，属于智力范畴，它有 5 个特点及其表现：

(1) 创造性活动新颖、独特，且有意义。

(2) 思维和想象是创造性思维的两个重要成分。

(3) 在创造性思维过程中，新形象和新假设的产生带有突然性，常常称为灵感。灵感属于“顿悟”，在一定意义上说，它是有意注意的产物。

(4) 在思维意识的清晰性上，创造性是分析思维和直觉思维的统一。

(5) 在思维的形式上，它是发散思维与辐合思维的统一。

1.1.1.3　创造性思维的基本过程

创造性思维在解决问题的活动中，需要一定的过程。心理学家对这个过程也做过大量的研究。比较有代表性的是英国心理学家华莱士（G. Wallas）提出的四阶段论和美国心理学家艾曼贝尔（T. Amabile）提出的五阶段论。华莱士认为任何创造过程都包括准备阶段、酝酿阶段、豁朗阶段和验证阶段 4 个阶段。而艾曼贝尔从信息论的角度出发，认为创造活动过程由提出问题或任务、准备、产生反应、验证反应、结果 5 个阶段组成，并且可以循环运转。本书以华莱士的四阶段论来看创造性思维的活动过程。

1. 准备阶段

准备阶段是创造性思维活动过程的第一个阶段。这个阶段是搜集信息、整理资料、作前期准备的阶段。由于要解决的问题，存在许多未知数，所以要搜集前人的知识经验，对问题形成新的认识，从而为创造活动的下一个阶段做准备。如：爱迪生为了发明电灯，据说，光收集资料整理成的笔记就200多本，达4万多页。可见，任何发明创造都不是凭空杜撰的，都是在日积月累、大量观察研究的基础上进行的。

2. 酝酿阶段

酝酿阶段主要对准备阶段所搜集的信息、资料进行消化和吸收，在此基础上，找出问题的关键点，以便考虑解决这个问题的各种策略。在这个过程中，有些问题由于一时难以找到有效的答案，通常会把它们暂时搁置。但思维活动并没有因此而停止，这些问题会每时每刻萦绕在头脑中，甚至转化为一种潜意识。在这个过程中，容易让人产生狂热的状态，如牛顿“把手表当成鸡蛋煮”就是典型的钻研问题狂热者。所以，在这个阶段，要注意有机结合思维的紧张与松弛，使其向更有利于问题解决的方向发展。

3. 豁朗阶段

豁朗阶段，也称顿悟阶段。经过前两个阶段的准备和酝酿，思维已达到一个相当成熟的阶段，在解决问题的过程中，常常会进入一种豁然开朗的状态，这就是所谓的灵感。如：耐克公司的创始人比尔·鲍尔曼，一天正在吃妻子做的威化饼，感觉特别舒服。于是，他被触动了——如果把跑鞋制成威化饼的样式，会有怎样的效果呢？于是，他就拿着妻子做威化饼的特制铁锅到办公室研究起来，之后，制成了第一双鞋样。这就是有名的耐克鞋的发明过程。

4. 验证阶段

验证阶段又称实施阶段，主要是把通过前面3个阶段形成的方法、策略，进行检验，以求得到更合理的方案。这是一个否定—肯定—否定的循环过程。通过不断的实践检验，从而得出最恰当的创造性思维。

1.1.2　设计思维与创新

1.1.2.1　设计思维的定义

设计思维是从最终用户（客户的客户）的角度出发，利用创造性思维，事先对设计的产品、项目、流程、商务模式或者某个特定的事件等，通过观察、探索、头脑风暴、模型设计、讲故事等制定目标或方向，然后寻求实用的、富有创造性的解决方案。其主要目标是站在客户需求或者潜在需求的角度发现问题再解决问题。

【案例1.1】 铁路公司希望机车供应商设计一款舒服的、安全的高铁座椅，这时设计师从设计的角度出发，会考虑座的形状、质地、材料以及不同乘客对座位的要求，设计出让客人满意的车座。而设计思维是从客人的角度出发，考虑如何让客人满意，关注的不仅仅是座位，还会考虑客人从查询行程、买票、到达车站、到达停车场、检票、安检、在候车室等车、拖着行李进月台直到登上火车和登车后的体验等一系列的流程，如何让客人满意，并且检验可否减少流程，让客人尽量方便，降低烦恼等。

从案例1.1可以看出，设计思维是一种以解决方案为基础的，或者说以解决方案为导向的思维形式，它不是从某个问题入手，而是从目标或者是要达成的成果着手，然后，通过对当前和未来的关注，同时探索问题中各项相关因素的变化，从而找出解决方案。

1.1.2.2　设计思维的基本流程

设计思维的流程是一个由彼此重叠的空间构成的体系，而不是一串秩序井然的步骤。设计思维会经历3个过程：启发（或者称为灵感）、构思和实施。启发是指激发人们寻找解决方案的问题或机遇，也就是从某些现象、问题和挑战中发现一些需要解决的问题。构思是产生、发展和测试的过程。而实施则是将想法从项目阶段推向人们生活的路径。第一过程启发包括对某些现象的理解，然后是观察，获得第一手或者第二手资料，发现在产品、服务或者流程等方面客户的需求和存在的问题。再对问题进行总结，即大家进行分享、讨论、展示，将获得的信息进行总结。第二过程构思包括在设计过程中利用头脑风暴，获得各种想法、点子，对想法进行分类，列出优先级，然后对想法进行原型设计、进行测试，再将各个好的想法进行整合，整个过程循环几次慢慢地获得完善的原型。第三过程实施，就是通过团队、用户、客户的沟通，实现设计产品的生产和推广。

1991 年由大卫凯·丽利创立的现今全球最大的设计咨询公司 IDEO，并将设计思维落实到工作当中，实现了商业化。案例 1.2 是 IDEO 的一个经典设计案例，具体运用了设计思维的三个阶段解决实际问题。

【案例 1.2】 IDEO 公司手推车的设计

手推车设计项目的团队由项目经理和 12 名团队成员构成，项目经理彼德是毕业于斯坦福大学的工程师（他之所以成为项目经理，并不是因为他是手推车方面的专家，而是由于他是创新设计方面的行家），其他 12 名团队成员分别为具有不同专长的人才，包括 MBA、语言学家、营销专家、心理学家等。

项目开展过程中，IDEO 严格要求没有领导和员工之分，没有上下级之分，所有的成员首先到商场亲自体验各种情境下手推车使用中出现的问题以及使用者的期望等一手资料，同时通过制造商和修理商了解建议和意见，当所有设计团队的人员调研完毕从调查场地返回公司，他们将获得的第一手资料进行汇报总结，每个小组都要进行汇报、沟通、分享、演示他们看到的、学到的、掌握的所有信息。为了保证各种狂野的点子和想法都能得到充分的展示，汇报者被要求利用便签贴、大白纸进行演示，并且要求所有人不要着急批评、指责和否定他人的观点，因为很多优秀的点子还没有落地，就被批评、指责从而被消灭在萌芽阶段，这样将很难创新。交流汇报结束后，每个人将自己的点子和想法，总结成几个关键词，用便签贴贴到墙上。然后大家用紫色的小圆点便签贴标记自己认为好的、比较可行的点子。如果有些点子偏离现实太远，就放弃，经过几轮筛选最终大家达成共识。之后就开始实践将方案落地，这时的设计方案可谓五花八门：分离式手推车可以将篮子拿出来和放回去；高科技手推车可以让客人避免排长队结账，手推车上有扫描器，客人在放货物时就可以扫描货物的价钱；有为小朋友设计了安全座椅；有可以和商场工作人员远程对话的对讲设备，等等。最终将所有好的原型部件组合起来得到了最后的设计方案。IDEO 设计的手推车，在成本上几乎没有增加，但是设计与之前的大不相同。车轮可以旋转 90 度，横向前行，再不会出现碰到其他物品时无法移动的情景，而且客户的购物方式也完全改变了，袋子可以挂在手推车的旁边。在最终的使用阶段，商场的工作人员和终端用户对该手推车给予了高度的评价。

由此可知，设计思维打破传统思维定式，培养整个社会具有以人为本发现问题、解决问题，获得创新解决方案的能力，并且将创新的基因注入人们的思维模式之中，其核心就是观察、思考和执行三个循环的迭代，对创新思维思维方向与思维过程具有指导性作用，在人们实施创新过程中具有指导性作用。

项目1.2　创　新　技　法

本节重点介绍创新主要技法。创新技法是指创造学家收集大量成功的创造和创新的实例后，研究其获得成功的思路和过程，经过归纳、分析、总结，找出规律和方法以供人们学习、借鉴和仿效。简言之，创新技法就是创造学家根据创新思维的发展规律而总结出来的一些原理、技巧和方法。新产品研发中常用的创新技法主要有设问法、列举法、组合法、移植法、类比法、头脑风暴法、TRIZ发明原理等方法。

1.2.1　设问法

1.2.1.1　检测表法

亚历克斯·奥斯本于1941年提出奥斯本检核表法，又称检核表法、对照表法、稽核表法、分项检查法。奥斯本检核表法是一种产生创意的方法。在众多的创新技法中，这种方法是一种效果比较理想的技法，由于它突出的效果，被誉为创新之母。人们运用这种方法，产生了很多杰出的创意，以及大量的发明创造。

奥斯本检核表法使用针对某种特定要求制定的检核表，主要用于新产品的研制开发。奥斯本检核表法可引导主体在创造过程中对照9个方面的问题进行思考，以便启迪思路、开拓思维想象的空间、促进人们产生新设想、新方案的方法，主要面对9个方面的问题：有无他用、能否借用、能否改变、能否扩大、能否缩小、能否替代、能否调整、能否颠倒、能否组合。

1. 创新思路

(1) 有无他用：现有的事物有无其他用途，或稍加改变后有无其他用途。

(2) 能否借用：能否从其他领域、产品、方案中引入新的元素、材料、造型、原理、工艺等。

(3) 能否改变：现有事物的某些属性，如颜色、声音、式样、花色、工艺方法、象征意义等能否改变。

(4) 能否扩大：能否增加现有事物的长度、厚度、强度、频率、速度、数量、价值等。

(5) 能否缩小：现有事物的体积、长度、重量、厚度等能否缩小化、浓缩化、可拆分、简便化、省略化、短程化等。

(6) 能否替代：现有事物能否用其他材料、元件、结构、力、设备、方法、符号、声音、香味等替代。

(7) 能否调整：现有事物能否变换排列顺序、位置、时间、速度、计划、型号、元件等。

(8) 能否颠倒：现有事物能否从里外、上下、左右、前后、横竖、主次、正负、因果等相反的角度颠倒过来使用。

(9) 能否组合：能否进行原理组合、材料组合、部件组合、形状组合、功能组合等。

2. 创新案例——手机设计

以手机为创新设计对象，运用“奥斯本检核表法”提出手机产品的新概念，过程见表1.2.1。

表1.2.1 奥斯本检核表法进行手机创新研发的过程

序号	检核问题	新设想名称	新设想概述
1	有无他用	智能刷卡手机	兼备智能手机与金融自助终端进行金融业务处理的高科技产品，既能实现手机功能，又能实现转账汇款、余额查询、信用卡还款等多项业务功能
2	能否借用	触屏手机	利用触摸屏的技术，将该技术应用到手机屏幕上面的一种手机产品，触屏手机可以用手指操纵，完美的替代键盘
3	能否改变	4G手机	4G无线传输技术的移动终端，能够传输高质量视频图像以及图像传输质量与高清晰度电视不相上下的手机产品
4	能否扩大	老人手机	具有超大按键、超大字体、超大音量、超长待机的适合老年人使用的手机产品
5	能否缩小	超薄手机	将普通手机机身厚度降至很薄的手机产品
6	能否替代	太阳能手机	替代传统手机的锂电池充电，可以利用光能来充电的手机产品
7	能否调整	智能手机	用户通过调整智能手机的应用软件，可以实现其不同的使用功能
8	能否颠倒	平板电脑手机	不但具备手机的所有功能，也具有电脑功能，成为名副其实的可打电话的平板电脑
9	能否组合	智能手机	集通话、短信、网络接入、影视娱乐为一体的综合性个人手持终端设备

1.2.1.2 和田十二法

1. 基本原理

“和田十二法”源自上海市闸北区和田路小学学生的发明创新活动。该小学从1979年起就着手学生新产品研发创造力的培养，全校学生共研发出科技作品3000件以上，有的研发作品已转化为商品。1985年我国学者许立言、张福奎结合和田路小学的创新活动，在奥斯本检核表法的基础上，对其加以创造提出了一种新的创造技法，称为“和田十二法”，具体包括以下12个方面。

(1) 加一加：在原有物体上添加什么东西会有新的发明出现？对原有物体能否加高、加厚、加多、组合等？

(2) 减一减：将原有物体减轻、减少、省略等会不会有新的物体出现？

(3) 扩一扩：将原有物体放大、扩大、提高功效等是否可以导致新产品的问世？

(4) 缩一缩：是否可以把原有物体压缩、缩小或微型化而产生新的东西？

(5) 变一变：原有物体改变形状、颜色、气味、音响、次序等是否会有新的突破？

(6) 改一改：能否修改原有物体的缺点、不便、不足之处，使其更新换代？

(7) 联一联：把原有事物和另一事物联系起来，会有什么新的东西产生？

(8) 学一学：能否通过学习模仿别的物体的原理、形状、结构、方法，以求创新？

(9) 代一代：用别的材料、方法或物体代替原有物体，是否能产生新的发明？

(10) 搬一搬：把原来的设想、技术、工艺、方法搬到其他地方，是否会有新的设想、技术、工艺和方法？

(11) 反一反：将某一事物的正反、左右、横竖、前后、上下等加以颠倒，是否会有新的事物产生？

(12) 定一定：对原有物体进行某种界限或排序，是否能提高工作效率或者导致创新？

2. 创新案例——鲜花店设计

(1) 加一加：增加服务功能，如上门服务业务、电话预约业务。

（2）减一减：减少进货中间环节，直接到花卉基地进货。

（3）扩一扩：扩大经营范围，可以面向单位庆典、婚礼用花、鲜花菜肴等开拓多种销售渠道。

（4）缩一缩：设计精致的生活用花，如鲜花书签、鲜花贺卡、干花瓣香包、干花枕头等，让用户手有余香。

（5）变一变：变“坐商”经营理念为主动出击，不断创新促销方法。

（6）改一改：改变保险方法，延长保质期限。

（7）联一联：与文化相联系，如花卉礼仪讲座、花卉摄影展览。

（8）学一学：学习电子营销形式，开辟网上购物通道。

（9）代一代：在设计过的精致花瓣和叶片上写下贺词以代替纸质的贺卡，既新颖又低碳环保。

（10）搬一搬：把茶艺表演的程序搬到插花表演上，加强艺术效果；把花朵搬到餐桌上，制作美味又美观的花卉食品。

（11）反一反：逆向经验，收购使用过的大批量鲜花，处理成干花或花瓣进行二次利用。

（12）定一定：对制定出花店的短期计划、长期规划，对发展前景做到心中有数。

1.2.1.3 5W2H 法

1. 基本原理

5W2H 法是第二次世界大战中美国陆军兵器修理部首创的。发明者用五个以 W 开头的英语单词和两个以 H 开头的英语单词进行设问，发现解决问题的线索，寻找发明思路，进行设计构思，从而创造出新产品或提出新方法的创新技法，称为 5W2H 法。

发明者在设计新产品时，常常提出：做什么（What），为什么（Why），何人（Who），何时（When），何地（Where），如何（How），多少（How much），这就构成了 5W2H 法的总框架。

（1）做什么（What），做什么事？解决什么问题？任务、目标、重点、条件、方法是什么？功能、要素、规范是什么？……

（2）为什么（Why），为什么采用这个技术参数？为什么不能有响声？为什么停用？为什么要使用这种颜色？为什么要做成这个形状？为什么采用机器代替人力？为什么产品的制造要经过这么多环节？为什么非做不可？……

（3）何人（Who），谁来办最方便？谁会生产？谁可以办？谁是顾客？谁被忽略了？谁是决策人？谁会受益？……

（4）何时（When），何时要完成？何时安装？何时销售？何时是最佳营业时间？何时工作人员容易疲劳？何时产量最高？何时完成最为适宜？需要几天才算合理？……

（5）何地（Where），何地最适宜某物生长？何处生产最经济？从何处买？还有什么地方可以作销售点？安装在什么地方最合适？何地有资源？

（6）如何（How），怎样做省力？怎样做最快？怎样做效率最高？怎样改进？怎样得到？怎样避免失败？怎样求发展？怎样增加销路？怎样达到效率？怎样才能使产品更加美观大方？怎样使产品用起来方便？……

（7）多少（How much），功能指标达到多少？销售多少？成本多少？输出功率多少？效率多高？尺寸多少？重量多少？……

2. 创新案例——一个礼品店的经营计划

（1）做什么（What）：经营什么商品？什么档次？什么定位？

经营毛绒玩具、中国结、各种小礼品、贺卡等，以中学生为消费群的中低档商品。

（2）为什么（Why）：开店的目标是什么？为什么经营这类商品？

积累经营经验，积累资金；这类商品成本低，销路好。

（3）何人（Who）：谁是顾客？谁是老板？谁是服务员？谁负责进货？

顾客对象为学生和附件居民，自己当老板兼会计、负责进货，请同学兼职当服务员。

（4）何时（When）：何时开张？合适经营、进货、盘点？

开店时间选择在圣诞节之前；经营时间为7：30－21：00，进货时间为每个月下旬，盘点时间为每天晚上22：00。

（5）何地（Where）：开在哪里？哪里批发货物？哪里寻找启动资金？

地点设在学校附近；货源定在某某批发市场，向亲朋好友借款、向政府申请创业小额贷款。

（6）如何（How）：怎么做营销？采用什么手段促销？

开辟上门推销、网上购物、节假日专题的方法打开销路。低成本进货，采用薄利多销的方法促销。

（7）多少（How much）：多少本钱？盈利目标是多少？多少服务员？

前期投入启动资金10万元；每月利润以能够支付租金为目标，初步设定3个服务员。

1.2.2　列举法

1.2.2.1　特性列举法

1. 基本原理

特性列举法，又称为属性列举法，是由美国内布拉斯加大学教授R·克劳福特提出的一种创新技法。克劳福特认为，每个事物都是从另外的事物中产生发展而来的。平常的创新都是对旧物改造的结果，所改造的主要方面是事物的特性。特性列举法就是首先对需创新、改进的对象进行深入细致的观察、分析，最大可能的列举该事物的各种不同的特征或属性，然后确定应该改善的方向及实施方法。

此法的使用先要对创造发明的对象进行详细的属性分析，把决策系统分为若干个子系统（即把决策问题分解为局部小问题），并把它们的特性一一列举出来，再研究这些特性是否可以改变，以及改变后对决策产生的影响。此法的优点是能保证对问题的所有方面全面的研究。

2. 创新过程

通常解决问题时按照以下步骤实施。

（1）确定创新对象并加以分析。

特性列举法属于对已有事物进行创新的技法，因此在确定应用对象后，应分析了解事物现状，熟悉其基本结构、工作原理及使用场合等。

选择一个目标明确的课题，课题宜小不宜大，如果是一个比较大的课题，最好也分成若干小课题进行。一般说来，着手解决的问题越小越容易获得成功。

(2) 列举出发明或革新对象特性并进行归类整理。

一般从名词特性、形容词特性、动词特性 3 个方面对事物进行特性分析。名词特性：革新对象的全体、部分、材料、制造方法等；形容词特性：革新对象的性质、状态等；动词特性，革新对象的功能、作用等。当特性列举到一定程度时，应按内容重复的合并、互相矛盾的协调统一的观点进行整理。

(3) 依据特性项目进行创造性思考。

这是运用特性列举法最重要的一步，因为只有在 3 个方面特性中的某一方面提出新的创见或设想，才算达到用方法解决实际问题的目的。这一步要充分调动创造性观察和创造性思维，针对特性的改进大胆思考。例如如何使得产品更美观？如何使得产品更智能？如何使得产品更环保？等等。结合智力激励法的使用，能产生众多的设想和好的创意。

1.2.2.2　缺点列举法

1. 基本原理

缺点列举法是针对具体研究问题，通过会议的形式，从列举事物的缺点入手，找出现有事物的缺点和不足之处，然后再探讨解决问题的方法和措施，进而获得新的观点、新的方案或者新的成果的发明创造方法。缺点列举法应用范围广泛。它不仅可用于新产品开发，解决属于“物”一类的硬技术问题；也可用于企业管理以及其他类型的管理活动，解决属于“事”一类的软技术问题。

2. 创新过程

这种分析方法一般分为如下两个阶段。

(1) 列举缺点阶段，召开缺点列举会议，启发大家找出分析对象的缺点。

(2) 探讨改进政策方案阶段，会议主持者应启发大家思考存在上述缺点的原因，然后根据原因找到解决的办法。会议结束后，应按照“缺点”“原因”“解决办法”和“新方案”等项列成简明的表格，从中选择最佳方案。

3. 实施方案

召开一次缺点列举会，会议由 5～10 人参加，会前先由主管部门针对某项事务，选举一个需要改革的主题，在会上发动与会者围绕这一主题尽量列举各种缺点，越多越好，另请人将提出的缺点逐一编号，记在一张张小卡片上，然后从中挑选出主要的缺点，并围绕这些缺点制定出切实可行的改新方案。一次会议的时间大约在两小时之内，会议讨论的主题宜小不宜大，即使是大的主题，也要分成若干小题，分次解决，这样，原有的缺点就不致被遗漏。

4. 创新案例-空调设计

天樽空调是海尔公司 2013 年 10 月推出的一款创新空调如图 1.2.1 所示。天樽空调的研发理念和功能设置均采用用户交互的方式进行，基于 60 余万网友和海尔研发平台的交互，通过网友对传统空调的抱怨点，即市场上现行空调的缺点，包括空调病、风太冷、自然风、远程控制、PM2.5、智能化等，整合全球资源研发的。针对用户所提出的缺点，天樽空调这一创造性产品的创新解决方案如下。

(1) 外观设计的颠覆：给家庭带来更自然的空气。突破性的环形无叶出风口设计替代普通风叶，打破了空调传统造型，独树一帜的圆形外观，环形无叶出风口的风道能带动周围的空气一起流动，让风吹到人身上的时候感觉都是很柔和的。

（2）操作方式的颠覆：解决遥控器操作的不便和局限。智能APP、微信、语音控制，颠覆了传统空调只用遥控器操作的工作方式，用户可以自主选择最方便的控制方式调节空调。

（3）送风方式的颠覆：解决“空调病”难题。天樽空调的独特“风洞”造型，正是为了提升空调冷（热）气与室内空气的混合效率而设计。创新镂空环形送风方式，改变了传统柜机在房间内混合空气的空气调节方式，使冷热空气提前混合，出风更舒适，暖而不燥，凉而不冷，不得空调病。

图1.2.1　海尔天樽空调

（4）人体舒适控制系统：解决实现远程操控智能化问题。根据人体需求智能实现最佳温度、湿度、风度、静音，一键智能设定，自动调节温度和送风模式，打造最佳舒适环境。

（5）智能除PM2.5：解决实现室内空气自动净化问题。自动检测PM2.5浓度，超标时感应光环呈红色报警，同时智能提醒用户实时优化，实现空调主动为人服务。

1.2.2.3　希望点列举法

1. 基本原理

希望点列举法是由Nebrasa大学的克劳福特（Robert Crawford）发明，是指通过列举希望新的事物具有的属性以寻找新的发明目标的一种创新方法。

缺点列举法是围绕现有物品的缺点提出各种改进设想，这种设想不会离开物品的原型，因此，它是一种被动型的创造发明方法。希望点列举法是从发明者的意愿提出各种新的设想，它可以不受原有物品的束缚，因此，它是一种积极、主动型的创造发明方法。

2. 创新过程

希望点列举法的实施主要有3个步骤，即：

（1）激发和搜集人们的希望。

（2）仔细研究人们的希望，以形成“希望点”。

（3）以“希望点”为依据，创造新产品以满足人们的希望。

3. 实施方案

召开希望点列举会议，每次可有5～10人参加。会前由会议主持人选择一件需要革新的事情或者事物作为主题，随后发动与会者围绕这一主题列举出各种改革的希望点。为了激发与会者产生更多的改革希望，可将各人提出的希望用小卡片写出，公布在小黑板上，并在与会者之间传阅，这样可以在与会者中产生连锁反应。会议一般举行1～2小时，产生50～100个希望点，即可结束。会后再将提出的各种希望进行整理，从中选出目前可能实现的若干项进行研究，制定出具体的革新方案。

4. 创新案例——智能水杯设计

waterever 水杯见图 1.2.2。

图 1.2.2　waterever 智能水杯

（1）确定新产品研发主题。

相关研究显示，当人体感到口渴的时候，身体至少已经流失了 2%的水。如果不喝水，喝水的欲望就会越低，身体会越来越缺水。而长期处于缺水状态是各种亚健康状态的隐形原因。口渴不是喝水的理由，拥有健康生活，需要一只足够“懂你”的智能水杯。

（2）提出产品革新的思路。

本产品的革新思路是了解用户的饮水状态、提醒使用者健康饮水、随身携带方便、外观优雅有质感、装的水健康好喝。

（3）列举出革新对象的特性。

1）名词特性：杯身，杯盖。

2）形容词特性：智能、环保、时尚、贴心、方便。

3）动词特性：能随时随地查看饮水状况。

（4）通过提问，诱发出可供革新的创造性设想。

1）如何使产品更加智能？智能饮水提醒根据用户在 APP 里输入的个人资料，将基于自学习饮水算法为用户量身定制饮水计划。科学算法，让用户不再等到口渴才喝水。

2）如何使产品更加贴心？无边际的 LED 点阵显示屏，温度即时显示，让用户时时了解最佳饮水温度。

3）如何使产品更加环保？水杯内胆采用共聚聚酯 Tritan 材料，不含 BPA 等有害物质。

4）如何使产品更加时尚？在外观设计上充分考虑了人机交互的体验，和团队对美感的追求。一体式杯盖、书画卷轴般的杯身、水波纹底座，使古典美与科技感完美融合。

5）如何使产品更加方便？水杯内置 400mA 锂电池，最长待机时间 18 天。无线充电标准底座，不但可以给水杯充电，也支持其他无线充电设备充电。

1.2.3　组合创新法

1.2.3.1　基本原理

组合创新是一种最普遍的创新形式，它在创新中占有相当大的比重。组合创新方法是指按照一定的技术原理，通过将两个或多个功能元素合并，从而形成一种具有新功能的新产品、新工艺、新材料的创新方法。虽然组合创新法所使用的技术元素是已有的，当时它所实现的功能是新的，如果组合适当，同样可以做出重大的发明。

1.2.3.2　创新过程

组合类创新技法的运用步骤为：

（1）根据现有事物，确定组合的目的。这是进行组合创新的前提。

(2) 确定组合要素。根据组合目的，确定与现有事物进行组合的要素。

(3) 确定组合方式。在确定组合目的和组合要素后，还需要明确组合方式，即组合要素与现有事物怎样进行结合。

(4) 组合方案设计。组合方案设计就是进行组合时的详细设计。

1.2.3.3 常用组合方法

组合创新方法有多种形式，按组合的内容区分有功能组合、原理组合、结构组合、材料组合等，按组合的方法区分有同类组合、异类组合等，按组合的手段区分有技术组合、信息组合等，常用组合方法见表 1.2.2。

表 1.2.2 组合创新方法分类

序号	名称	概　述	应用实例
1	功能组合	将不同功能组合在统一的产品结构之中，使之成为多功能产品	除甲醛空调是在空调中集成除甲醛模块，利用空调循环送风通过空调中的除甲醛模块有效去除室内甲醛的创新产品
2	材料组合	将不同原材料通过合理的工艺组合在一起，使之成为新型材料	复合材料是由两种或两种以上不同性质的材料，通过物理或化学的方法，在宏观（微观）上组成具有新性能的材料
3	同类组合	将同一种功能或结构在一种产品上进行重复组合的创造技法	双人或多人自行车就是通过两个或两个以上的自行车组合而成
4	异类组合	将不同功能或结构在一种产品上进行重复组合的创造技法	健身洗衣机既可以满足洗衣服的需要，也可以起到健身的作用
5	技术组合	将现有的不同技术、工艺、设备等加以组合，形成解决新问题的新技术手段的发明方法	超声波技术与其他技术组成，形成不同的超声波设备，如超声波焊接机、超声波测量仪、超声波洗涤器等

1.2.3.4 创新案例——多功能铲设计

在一次户外探险中，来自四川成都的彭辉和他的团队遭遇暴风雪袭击，为了自救，大伙只能徒手挖起雪洞，虽然最终躲避了暴风雪。但是队友的双手也因冻伤难逃被截肢的厄运。这件事情对发明人内心的触动很大，于是他决心要发明一个多功能铲子。多功能铲是一把经过实地精心设计研发改进的多功能、多用途的组合工具，它的功能多达 30 多种，主要包括铲、刀、锯、锄、锤、剪、弓、开瓶器、螺丝刀、电筒、工作灯、警示灯、求救灯、止血带、求生哨、多功能小刀、自卫等实用功能。

铲头一般除了作为铲子使用，还带有标尺和锯齿，在需要的时候就可以成为丈量工具和手工锯子。除此之外，铲头还可以进行替换，在杆子上装上尖刀，就成为了野外打猎用的标枪；装上砍刀，就可以砍树劈柴，为物资搜集提供便利，使用起来丰富多样，极富特性。杆身可以节节拆卸，这样在携带上就变得极为方便，不仅如此，每一节杆身都特地设计了专有的实用功能，例如手电、破冰锥、警示器、螺丝刀、强力磁石等，基本上每一节都是一种实用的野外工具。电筒尾部装有强磁，可以吸附在汽车任何有铁的部位，方便实用。电筒设 5 个档位：一档强光，二档弱光，三档暴闪，四档 SOS 救援信号，五档彩灯闪光；多用途强光手电具有巡逻照明、帐篷灯、SOS 救援信号、警示、防卫等功能。为适合户外野营使用，采用镁合金打火材料，用金属片侧面用力摩擦可瞬间发出高温高亮度火花，可5000～12000次打火，具有高可靠性，几乎适应任何气候和环境条件下使用，为野外露营、烧烤、取暖增添便利。

1.2.4　移植法

1.2.4.1　基本原理

移植法的使用往往要以联想、类比为前提，把研究的对象和熟悉的对象进行比较，把未知的东西和已知的东西联系起来，寻求不同对象之间的共同点和相似点，从而实现各种事物的技术和功能相互之间的转移，促进事物间的交叉、渗透和综合。比如，发明汽车发动机上的汽化器原理，来自香水喷雾器；新式声音除尘，其装置构造类似高音喇叭；无轨电车的运行，采用的是滑冰鞋溜冰的原理；外科手术中用来大面积止血的热空气吹风器，其原理和结构基本上与电吹风器相同。移植法可分为原理移植、方法移植、结构移植、材料移植和环境移植等。

1.2.4.2　遵循原则

1. 原理移植

从现有的成果出发去寻找新的载体，将某一学科的技术原理向新的领域推广。如磁性物质同性相斥推广到机械设计中，有磁悬浮轴承、磁悬浮列车、磁悬浮弓箭等创新成果。

2. 方法移植

从问题出发去寻找其他现有成果以解决问题，属于解决问题的途径和手段的移植，例如“发泡”是做馒头、做面包时使其松软的方法，人们先后把这种方法用到其他领域得到发泡水泥、发泡肥皂、发泡冰淇淋、发泡保温材料、海绵橡胶等多种创造成果。

3. 结构移植

将某一事物的结构形式或结构特征向另一事物移植，是结构变革的基本途径之一。物品的结构都是为使用功能和原理功能的要求服务的，同样的结构功能，可以有很多不同的具体结构形式，而同一种结构功能又可以体现在不同技术、不同行业和不同类属的物品上。所以，某种产物的结构功能，同另一待创造物所需要的结构功能相近时，该结构就有可能满足待创造物的某些使用功能或原理功能。因此，在发明创造的结构设计阶段，要明确创造对象的基本结构功能是什么，然后运用分析信息法，横向寻觅有同类结构功能的产品，优选出最佳结构，大胆进行移植试验。

4. 材料移植

产品的使用功能和使用价值，除了取决于技术创造的原理功能和结构功能外，也取决于物质材料。物质材料的每一次创造性应用，在带来新的使用功能和使用价值的同时，也使人们对它产生了新的认识。物质材料在各种产品上的广泛应用，大大开拓了人们的眼界。

5. 环境移植

事物本身不变化，将其“原封不动”地撒到其他领域可以产生新的使用价值。例如：家用远红外防盗报警器移植到学生课桌上，用于坐姿不良时的报警，可预防近视眼病的发生。

1.2.4.3　创新案例——超声波技术推广

超声波技术原用于清洗、测量、探伤、熔解、研磨、切制等。近年来，通过对超声技术的进一步开发，使某些传统产品发生了革命性的变化。日本研制的超声波洗衣机，洗衣时，把超声波和空气流一起压入水中，从而使衣物中的油脂和污垢脱离纤维，将衣物洗干净。美国研制出了靠高频超声波缝合衣服的缝纫机。当将化纤、混纺衣料片送入缝纫机内时，超声波便在两块衣料缝合处振动，摩擦热以极高的速度将衣料片熔接在一起，比用针线缝更美观、坚固。市场上还新推出了超声波牙刷，刷牙时，从牙刷毛中喷出一束细小的水柱，并产生气泡和超声波，不仅清洁效率高，而且对牙龈有保健按摩作用。

1.2.5 类比法

1.2.5.1 基本原理

比较分析两个对象之间某些相同或相似之点，从而认识事物或解决问题的方法，称为类比法。类比法以比较为基础。将陌生与熟悉、未知与已知相对比，这样，由此物及于彼物，由此类及于彼类，可以启发思路，提供线索，触类旁通。采用类比法关键是本质的类似，并且不但要分析本质的类似，还要认识到它们之间的差别，避免生搬硬套，牵强附会。类比法需借助原有知识，但又不能受之束缚，应善于异中求同，同中求异。创造性的类比思维并不基于严密的推理，而是源于自由想象和超常的构思。类比对象间的差异越大，其创造设想才越富新颖性。

1.2.5.2 遵循原则

1. 直接类比法

直接类比法就是从自然界或者已有成果中寻求与创新对象相类似的事物，将他们进行直接比较，在原型的启发下产生新设想的一种技法。其具体可以遵循以下步骤：

（1）根据要解决的问题，想一想还有什么事物与要解决的问题具有同样的功能？

（2）那个事物的功能是如何发挥的，即它的原理如何？

（3）运用那个原理到要解决的问题中。

（4）完善这个设想。

2. 拟人类比法

拟人类比法也称自身类比法、亲身类比、人格类比或角色扮演，就是将自身与问题要素等同起来，创造者从精神到机体上参与创造活动，把自己想象成要研究的对象，体验作为研究对象会有什么感受，在角色扮演中悟出一些与解决问题相关而平时又无法感知的因素，从而创造性地解决问题。其具体可以遵循以下步骤：

（1）把自己比作要解决的问题，或把无生命的研究对象想象成有生命的、有意识的，就像人一样。

（2）变化角色，想象自己是研究对象，体验产生的感受。

（3）从新鲜的感受中设法寻求解决问题的办法。

（4）重回研究者的角色，评价设想。

3. 象征类比法

象征类比法也称符号类比，是借助事物形象或象征符号来类比所思考的问题，从而使人们在间接地反映事物本质的类比中，启发思维，开拓思路，产生创造性设想。

4. 幻想类比法

幻想类比法也称空想类比和狂想类比，是通过幻想思维或形象思维对创新对象进行比较，从而寻求解决问题的答案的一种方法。幻想类比的作用可体现在以下三个方面：

（1）使深奥、费解的事物变得清晰。

（2）使人们的联想力和想象力变得丰富。

（3）使解决问题的方案变得具体。

5. 因果类比法

所谓因果就是指原因和结果，合起来说是指两者的关系。两个事物之间都有某些属性，各属性之间可能存在着同一种因果关系，根据某一个事物的因果关系退出另一个事物的因果关系，这种类比法就叫做因果类比法。

6. 仿生类比法

从自然界获得灵感，再将其应用于人造产品中的创造方法，称为仿生法。自然界有形形色色的生物，漫长的进化使其具有复杂的结构和奇妙的功能。人类不断地从自然界得到启示，并将其原理应用于生活中。运用仿生方法可创制新的机械，发明现代化识辨仪器，改进通信系统，设计新颖的工艺和研制人工脏器等。如现代的飞机、极地越野汽车、雷达系统的电子蛙眼、航海的声呐系统、航空建造工程的蜂窝结构、人工肾及人工心脏等，都是仿生的结晶。其一般实施步骤如下：

（1）根据生产实际提出技术问题，选择性地研究生物体的某些结构和功能，简化所得的生物资料，择其有益内容，得到一个生物模型。

（2）对生物资料进行数学分析，抽象出其中的内在联系，建立数学模型。

（3）采用电子、化学、机械等手段，根据数学模型，制造出实物模型，最终实现对生物系统的工程模拟。

1.2.5.3　创新案例——深潜器的发明

瑞士科学家阿·皮卡德，不仅在平流层理论方面很有建树，而且还是一位非凡的工程师。他设计的平流层气球，飞到过15690m的高空。后来，他运用直接类比法发明了世界第一台能自由行驶的深潜器。

此前，深潜器是靠钢缆吊入水中的，它既不能在海底自由行动，潜水深度也受钢缆强度的限制，钢缆越长，自身重量越大，从而也容易断裂，所以深潜器一直无法突破2000m大关。

阿·皮卡德在研究深潜器时，首先想到尽管海和天是两个完全不同的世界，然而海水和空气都是流体，存在潜在的相似性。因此，他决定利用平流层气球的原理来改进深潜器。平流层气球由两部分组成：充满比空气轻的气体的气球和吊在气球下面的载人舱。利用气球的浮力，使载人舱升上高空。如果在深潜器上加一只浮筒，不也像一只“气球”一样可以在海水中自行上浮了吗？据此他设计了一只由钢制潜水球和外形像船一样的浮筒组成的深潜器，在浮筒中充满比海水轻的汽油，为深潜器提供浮力；同时，又在潜水球中放入铁砂作为压舱物，使深潜器沉入海底。如果深潜器要浮上来，只要将压舱的铁砂抛入海中，就可借助浮筒的浮力升至海上。再给深潜器配上动力，它就可以在任何深度的海洋中自由行动，再也不需要拖上一根钢缆了。经过多次试验和不断完善，他设计的深潜器“的里雅斯特号”下潜到世界上最深的洋底——10916.8m，成为世界上潜得最深的深潜器。

1.2.6 头脑风暴法

头脑风暴法又名智力激励法，是美国创造学家亚历克斯·奥斯本于 1939 年提出的世界上最早付诸实施的创新技法，它适用范围广、易于普及。

1.2.6.1 基本原理

智力激励法是通过特定的会议形式给与会者创造一种无拘无束、积极思考、互相激励的创造环境，使与会者产生联想反应和竞争意识，从而激发创造灵感并获得大量新颖设想的创新技法。

1.2.6.2 基本原则

智力激励法是一种典型的群体集智法，是通过召开智力激励会来实施的，在会议实施过程中应贯彻以下 4 条原则。

1. 畅所欲言原则

要求与会者尽可能解放思想，不受任何已有条件、常识的束缚，也没有权威的压力，不必顾虑自己的想法或说法是否“离经叛道”或“荒唐可笑”，无拘无束地多角度思考问题并畅所欲言。

2. 延迟批评原则

美国一些心理学家在试验的基础上发现，推迟判断，在集体思考问题时可多产生 70%的新设想，在个人思考问题时可多产生 90%的新设想。在会议讨论过程中，限制与会者对提出的设想过早地进行评价、下结论。等到与会者畅所欲言结束之后，再组织人员对所提出的设想进行评价。

3. 以量求质原则

鼓励与会者尽可能多而广地提出设想，提出的设想越多，就越有可能获得更多的有价值的创意。鼓励在别人的设想基础上衍生新的设想，提倡设想越多越好，以大量的设想来保证产生高水平的设想。

4. 综合改善原则

鼓励与会者积极参与知识互补、智力互激和信息增殖活动。要求与会者要仔细倾听他人的发言，注意在他人启发下及时修正自己不完善的设想，或将自己的想法与他人的想法加以综合，再提出更完善的创意或方案。在智力激励会上，任何一个人提出的新设想都构成对其他人的信息刺激，具有知识互补和互相诱发激励的作用。

1.2.6.3 创新过程

1. 会议准备

首先选择会议主持人，然后确定会议主题，再确定参加会议人选，会议人数以 5～15 人为宜。人员的专业构成要合理。最后提前下达会议通知。

2. 热身活动

智力激励法时，会议主持人先安排与会者进行“热身”活动，目的是使与会者集中精力、活跃思维，尽快进入“角色”。热身活动所需的时间不长，可根据内容灵活确定。热身活动内容有多种形式，如看一段有关发明创造的视频，讲一个创造技法灵活运用的小故事，或者让与会者回答“脑筋急转弯”之类的问题。

3. 明确问题

这个阶段的目的是使与会者对会议所要解决的问题有明确的、全面的了解，以便有的放矢地进行创造性思考。主要由主持人介绍会议所要解决的具体问题，介绍问题时应注意遵循简明扼要原则和启发性原则。

4. 自由畅谈

自由畅谈是智力激励会最重要的环节，是决定智力激励法成功与否的关键阶段。要点是想方设法营造一种高度激励的气氛，使与会者能突破各种思维障碍和心理约束，让思维自由驰骋，借助与会者之间的知识互补、信息刺激和情绪鼓励，提出大量有价值的设想。此阶段需要遵循畅所欲言原则、延迟批评原则和以量求质原则。

5. 加工整理

这个阶段组织人员对会议所提出的设想记录进行分类整理，并进行去粗取精的提炼工作，如果已经获得解决问题的满意答案，智力激励会就达到了预期的目的。倘若在加工整理中还有悬而未决的事情，则还可以召开下一轮的智力激励会。

1.2.6.4 创新案例——如何清除电线积雪

有一年，美国北方格外寒冷，大雪纷飞，电线上积满冰雪，大跨度的电线常被积雪压断，严重影响通信。许多人试图解决这一问题，但都未能如愿以偿。后来，电信公司经理应用奥斯本的头脑风暴法，尝试解决这一难题。

他召开了关于如何清除电线积雪的座谈会，提前通知参加会议的不同专业的技术人员，搜集资料做好准备。会议召开后经过主持人的引导，大家放下包袱自由自在地议论。有人提出设计一种专用的电线清雪机；有人想到用电热来化解冰雪；也有人建议用振荡技术来清除积雪；还有人提出能否带上几把大扫帚，乘坐直升机去扫电线上的积雪；对于这种“坐飞机扫雪”的设想，大家心里尽管觉得滑稽可笑，但在会上也无人提出批评。相反，有一位工程师在百思不得其解时，听到用飞机扫雪的想法后，大脑突然受到启发，一种简单可行且高效率的清雪方法冒了出来。他想，每当大雪过后，出动直升机沿积雪严重的电线飞行，依靠高速旋转的螺旋桨即可将电线上的积雪迅速扇落。他马上提出“用直升机扇雪”的新设想，顿时又引起其他与会者的联想，有关用飞机除雪的主意一下子又多了七八条。不到一小时，与会的 10 名技术人员共提出 90 多条新设想。

会后，公司组织专家对设想进行分类论证。专家们认为，设计专用清雪机、采用电热或电磁振荡等方法清除电线上的积雪，在技术上虽然可行，但研制费用大，周期长，一时难以见效。但因“坐飞机扫雪”激发出来的几种设想，倒是一种大胆的新方案，如果可行，将是一种既简单又高效的好办法。经过现场试验，发现用直升机扇雪确能奏效。这个久悬未决的难题，终于在头脑风暴会中得到了巧妙地解决。

1.2.7 TRIZ 发明原理

1.2.7.1 TRIZ 理论概述

1. TRIZ 的涵义

TRIZ 理论于 1946 年由苏联科学家 G. S. Altshuller（根里奇・阿奇舒勒）创立。他领导的研究人员分析了不同工程领域中 250 万个发明专利，从中研究人类进行发明创造解决技术难题过程中所遵循的科学原理和法则，总结出各种技术发展进化遵循的规律模式，以及解决各种技术矛盾和物理矛盾的创新原理和法则，建立了一个综合理论体系——TRIZ。

2. TRIZ理论的九大经典理论体系

TRIZ理论包含着许多系统、科学而又富有可操作性的创造性思维方法和发明问题的分析方法。经过半个多世纪的发展，TRZI理论已经成为一套由于新产品开发解决实际问题的拥有九大经典理论的成熟体系：①TRIZ的技术系统八大进化法则；②最终理想解；③40个创新原理；④39个工程参数及阿奇舒勒矛盾矩阵；⑤物理矛盾和四大分离原理；⑥物-场模型分析；⑦发明问题的标准解法；⑧发明问题解决算法；⑨科学效应和现象知识库。

3. TRIZ理论的核心思想

现代TRIZ理论的核心思想主要体现在三个方面：

(1) 无论是一个简单产品还是复杂的技术系统，其核心技术的发展都是遵循着客观的规律发展演变的，即具有客观的进化规律和模式。

(2) 各种技术难题、冲突和矛盾的不断解决是推动这种进化过程的动力。

(3) 技术系统发展的理想状态是用尽量少的资源实现尽量多的功能。

4. TRIZ理论对发明问题的基本认识

(1) 产品及其技术的发展总是遵循着一定的客观规律。

(2) 同一条规律往往在不同的产品或技术领域被反复应用，很多创新实质上往往是其他领域技术在某一领域的全新应用。

(3) 人们只要遵循着产品及其技术发展的客观规律就能能动地进行产品设计并预测产品的未来发展趋势。

1.2.7.2　TRIZ技术系统的八大进化法则

20世纪90年代美国Ideation公司将阿奇舒勒系统四个演化阶段和八条进化法则加以融合、完善定义为TRIZ技术系统的八大进化法则：①技术系统的S曲线进化法则；②提高理想化水平法则；③子系统不均衡进化导致冲突法则；④增加动态性与可控性法则；⑤通过集成以增加系统功能法则；⑥部件的匹配与不匹配交替出现法则；⑦由宏观系统向微观系统进化法则；⑧增加自动化程度减少人的介入法则。

1.2.7.3　TRIZ理论体系中的理想化思想

TRIZ理论提倡人们在解决问题之初，首先抛开各种客观限制条件，通过理想化来定义问题的最终理想解，以明确理想解所在的方向和位置，保证在问题解决过程中沿着此目标前进并获得最终理想解，从而避免了传统创新设计方法中缺乏目标的弊端，提升了创新设计的效率。

1. TRZ理论的理想化形态

理想系统：没有实体，不消耗能源，功能实现。

理想过程：只有过程的结果，而没有过程本身。

理想资源：资源可以随意使用，而且不必付费。

理想方法：不消耗能量及时间，获得所需功能。

理想机器：没有质量、体积，但能完成工作。

理想物质：没有物质，功能得以实现。

理想化是技术系统的进化方向，系统的理想程度用理想化水平来进行衡量。

2. TRIZ中的理想化水平

理想化是技术系统的进化方向，系统的理想程度用理想化水平来进行衡量。

理想化水平衡量公式：

$$理想化=\Sigma有用功能/\Sigma有害功能$$

该公式的意义为：产品或技术系统的理想化水平与有用功能之和成正比，与有害功能之和成反比。有用功能包括系统发挥作用的所有有价值的结果，有害功能包括不希望的费用、能量消耗、污染和危险等。

理论上讲，通过人们的努力，理想设计和现实设计之间的距离可以缩小到零。

3. TRIZ中的最终理想解

产品处于理想状态的最终解决方案称为理想化最终结果。

理想化最终结果具有以下五个特性：①能够减少原始系统的缺点；②尽可能保留原始系统的优点；③并不会让系统更趋复杂（使用免费或可得资源）；④不会引进新的缺点；⑤无任何设备或机构即可达到目的。

当我们规划理想化最终结果时，可以透过上述特性进行确认，看一下是否符合理想化最终结果的5个特性。

4. 最终理想解的确定

确定理想化最终结果要思考以下问题：①设计的最终目标是什么？②理想方案是什么？③达到理想方案的障碍是什么？④出现这种障碍的结果是什么？⑤消除这种障碍的条件是什么？⑥创造这些条件存在的可用资源是什么？

理想化最终结果的确定是解决问题的关键所在，很多问题的理想化最终结果被正确理解并描述出来，问题就直接得到解决。

1.2.7.4　TRIZ的40个创新原理

（1）分割原理，实例：组合家具、企业大型项目分设子项目。

（2）抽取原理，实例：空调压缩机装在室外。

（3）局部改变原理，实例：楼房内分成不同功能的房间，饭盒分成几个小隔间。

（4）增加不对称性，实例：新兴的不对称家具。

（5）组合合并原理，实例：做饭时煲汤的同时可以洗菜，计算机的微处理器。

（6）多用性原理，实例：复合型人才，多功能榨汁机。

（7）嵌套原理，实例：千斤顶，伸缩吸管。

（8）重量补偿原理，实例：舰载飞机的弹射器、导弹发射器。

（9）预先反作用原理，实例：拉弓射箭。

（10）预先作用原理，实例：农作物施肥，标示牌等 。

（11）事先防范原理，实例：楼道应急照明灯，预防接种疫苗。

（12）等势原理，实例：工厂车间辊式传送带。

（13）反向作用原理，实例：火箭发射。

（14）曲面化原理，实例：台灯灯罩。

（15）动态特性，实例：火车各车厢的连接处可以转动。

(16) 未达到或过度作用原理，实例：种玉米时放3个种子保证出苗率。
(17) 空间维数变化原理，实例：双层巴士，多层楼房。
(18) 机械振动原理，实例：超声波清洗精密仪器，振动上料机。
(19) 周期性动作原理，实例：时钟的指针。
(20) 有效作用的连续性，实例：病人按时吃药。
(21) 减少有害作用的时间，实例：医院设立急诊室。
(22) 变害为利原理，实例：淘米水冲洗厕所，废水利用等。
(23) 反馈原理，实例：电脑的数据处理器。
(24) 借助中介物原理，实例：帆船的航行借助风力。
(25) 自服务，实例：太阳能路灯。
(26) 复制原理，实例：身份证等各种证件的复印件。
(27) 廉价替代品原理，实例：一次性水杯，一次性拖鞋。
(28) 机械系统替代原理，实例：电视遥控器，指纹识别系统。
(29) 气压或液压结构，实例：食品包装袋内充满稀有气体。
(30) 柔性壳体或薄膜，实例：蔬菜薄膜，手机贴膜。
(31) 多孔材料，实例：音响喇叭处的膜。
(32) 改变颜色，实例：士兵穿的迷彩服。
(33) 均质性，实例：挑担子的时候均匀分配两头的重量。
(34) 抛弃或再生原理，实例：手枪打出子弹后弹壳脱落。
(35) 改变物理或化学参数，实例：混凝土中加钢筋增强其强度。
(36) 相变原理，实例：夏天室内散水降温。
(37) 热膨胀原理，实例：爆米花。
(38) 强氧化剂原理，实例：医院里使用的氧气瓶氧气浓度比较高。
(39) 惰性环境，实例：食品包装袋里充满惰性气体延长保质期。
(40) 复合材料，实例：制造飞机等部件需要高强度的复合材料。

模块 2

产 品 设 计 分 析

项目 2.1　硬币清分机设计

2.1.1　产品概述

2.1.1.1　产品需求分析

硬币是最普通、最常见的货币流通单位，因其具有耐腐蚀、耐磨损、抗污染、使用寿命长等优点，人们在日常生活中经常会用到。随着自动售货机的普及以及公交系统的不断完善，硬币的需求量越来越大，为保证硬币的正常流通，硬币的清分计数工作就至关重要。国外的技术公司在硬币清分、硬币包卷以及硬币清洗等硬币处理的相关技术方面，开展比较早，而且也发展得比较成熟，但是国外设备也有体积大、价格昂贵、主要针对大型银行等金融机构并不适合公交地铁等公共设备使用等缺点。针对日益紧缺的小型硬币清分机需求，我国高校企业掀起一阵设计热潮，并且第七届全国大学生机械创新设计大赛主题也定为“服务社会——高效、便利、个性化”，内容是设计钱币的分类、清点、整理机械装置。本节以硬币清分机为设计主题，介绍硬币清分包装一体机机械结构与创新设计。

2.1.1.2　产品现状

根据市场调研发现，目前市场上已经开发出一批具有硬币清分包装功能的机械。如图 2.1.1（a）所示的硬币计数包装机，采用硬币堆积方式进行计数，通用旋转机构进行包装。这种设备制造成本高，售价为 20 万元左右，中小型公交公司及商场难以负担得起，不利于普及。并且该设备硬币投料采用箱体式，靠重力堆积成列，容易出现卡币现象。如图 2.1.1（b）所示的硬币包装机为小型半自动式包装机，它的缺点是需要人工计数、人

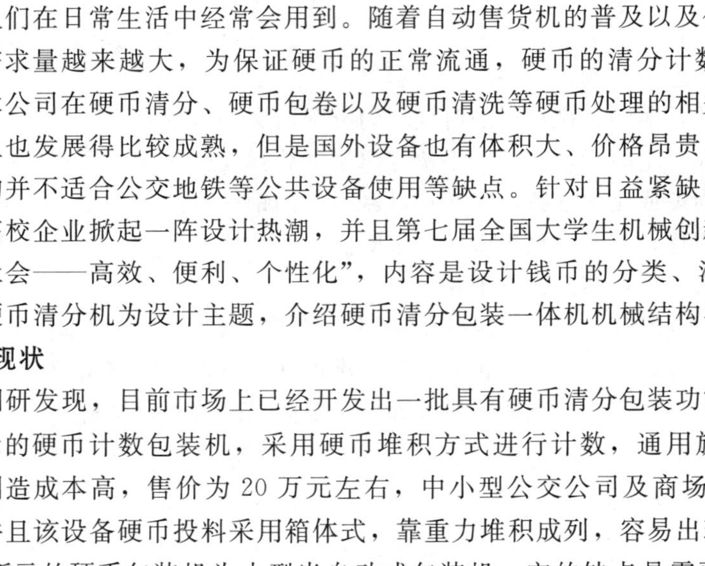

(a)　　　　(b)

图 2.1.1　常见的机械式硬币清分包装设备

工送料、人工取料，操作不方便且效率低。以上两款硬币包装机，都不适合中小型公交公司及商场的需求。如今公交公司及商场等地方的硬币还都是使用人工计数包装的方式，劳动强度大，效率低。考虑到中小型公交公司及商场的实际需求，研制的硬币包装机实际使用率低，不会长时间工作，所以机器的成本一定要低，而且要便于操作。

针对中小型公交公司、商场和银行对硬币的包装而设计的硬币清分包装一体机，是结合使用者的实际情况而设计的新产品，设计定位是结构简单、成本低、效率高。根据对公交公司、商场和银行等多种场合硬币清分、计数、包装和收集的过程进行调查发现，其主要工作有以下几个工序：

第一个工序，分拣。公交公司、商场和银行等地收集的硬币大都各种币值的硬币混合在一起，为了后续硬币的分类包装，首先把硬币按币值分开，在分拣过程中一定要将硬币清分干净，否则会影响到后续的包装过程。劳动量占整个过程的40%左右。

第二个工序，硬币的计数，人工计数过程是先将分拣好的硬币一枚一枚的进行计数，然后每50枚硬币放成一摞，等待包卷。劳动量占整个过程的40%左右。

第三个工序，硬币的包卷过程，人工包卷过程是先将50枚一摞的硬币横放在包装纸上，为了防止硬币侧倒，包装时手指应扶在硬币柱的两端，一边扶好一边向前推动硬币柱和包装纸，使包装纸将硬币柱包住，完成包卷过程。劳动量占整个过程的10%左右。

第四个工序，硬币卷的锁边，人工锁边过程是用手指将硬币柱两端的包装纸向内折以锁紧硬币柱硬币卷经过锁边后形成一个完整的硬币柱。劳动量占整个过程的5%左右。

第五个工序，将包装好的硬币收集，人工包装过程是将硬币柱一排一排地排列整齐。劳动量占整个过程的5%左右。

产品设计主要完成第一个工序、第二个工序两个过程，即硬币的分拣、计数，这两个过程涵盖硬币包装工作量的80%，是硬币清分的主要工作。

2.1.1.3　产品功能分析

分析硬币清分包装一体机装置的功能，需实现的主要包括硬币整理、硬币清分输送、硬币分类、硬币计数、机架等，其功能结构模型如图2.1.2所示。

2.1.1.4　工作任务

根据硬币清分包装一体机产品概述相关内容，请同学们自主查找资料，完成一份详细的调研报告，至少包含两款硬币清分产品调查分析。调研报告涵盖内容应该包括当前硬币清分机种类应用场所、硬币清分机功能、根据功能分析其应用到的技术与结构、设备发展方向。调研小组根据实际情况填写表2.1.1，并在规定时间内完成。

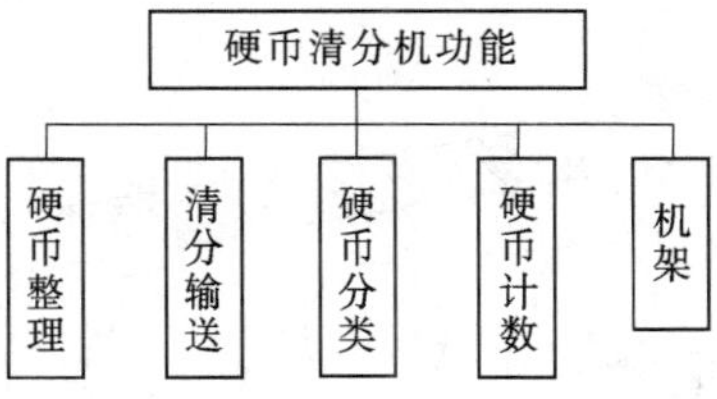

图2.1.2　硬币清分包装一体机的功能模型

2.1.2　滑槽式硬币清分机设计

2.1.2.1　产品简介

滑槽式硬币清分机的功能主要是实现对硬币的排序喂料、清分筛选与分类收集。结构系统主要包括动力装置、喂料装置、清分装置及收集装置和机架等。考虑到小批量混合硬币清分的市场需求，确定产品的设计定位为：清分准确、结构简单、精巧美观、经济适

表 2.1.1 **产品调研任务分解表**

产品项目名称		
参加人员		
产品调研目标与小结		
产品名称	产品功能	产品分析
小结		

用、适合多场合使用。根据对市场上现有清分机的研究，硬币清分主要有3个过程：①进料整理，硬币进入进料口后，常会叠在一起，易堵塞进料口而导致进料不连续；②清分筛选，各种清分机清分方式多样，主要差别是清分的效率和准确率；③分类收集，清分完的硬币应置于各自不同的盛装容器中，以方便后续硬币的包装工作。

2.1.2.2 产品设计

1. 清分原理

硬币清分装置的原理如图2.1.3所示。利用两横梁之间的不同间距，当不同直径的硬币分别通过横梁时，将会逐渐失去上面横梁的约束，使得不同直径的硬币从小到大分别掉落至相应的位置，从而快速、准确和有序地实现硬币清分。

2. 整机结构设计

滑槽式硬币清分装置整机结构如图2.1.4所示，主要包括动力装置、硬币整理与传输装置、硬币清分装置与收集装置。

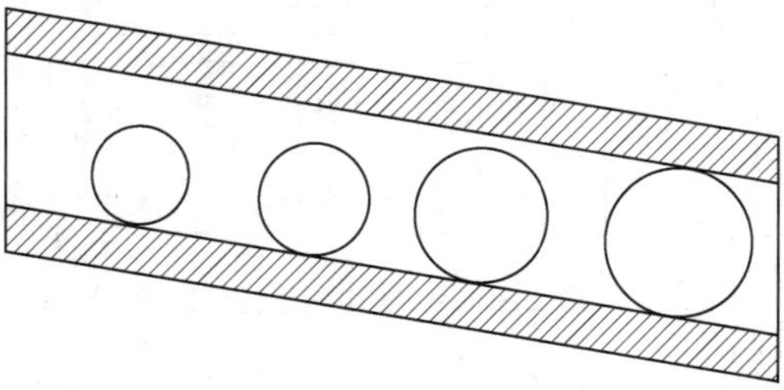

图2.1.3 清分原理示意图

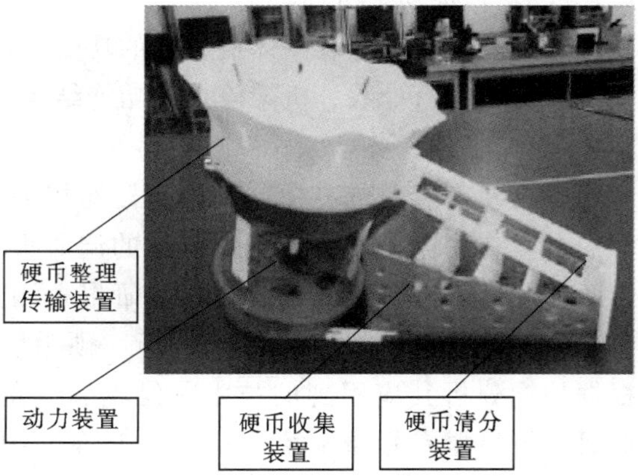

图2.1.4 滑槽式硬币清分机整机结构

(1) 动力装置。

滑槽式硬币清分机动力装置有手动与电动两种，用户可以根据自身需求选择，如选择手动动力装置如图2.1.5所示。它包括1套直齿轮减速机构和1套锥齿轮换向机构，通过1个手柄实现手摇输出动力功能，安装在大锥齿轮上的轴与硬币整理传输装置内的齿盘连接，通过手柄手摇装置可轻松实现齿盘的平稳转动。

如选用电动动力装置，则使用步进电机驱动一对直齿轮进行传动，由于使用的是步进电机，需要外接降压模块、驱动器和控制板，但装置总体价格将会大幅上升。

(2) 硬币整理传输装置。

通过将滑槽式硬币清分机的结构与硬币清分机功能分析图对比可知，滑槽式硬币清分机的设计将硬币收集与清分输送两个功能合并成一个结构，即收集与输送同时进行，大大提高硬币的清分效率。具体结构如图 2.1.6 所示。

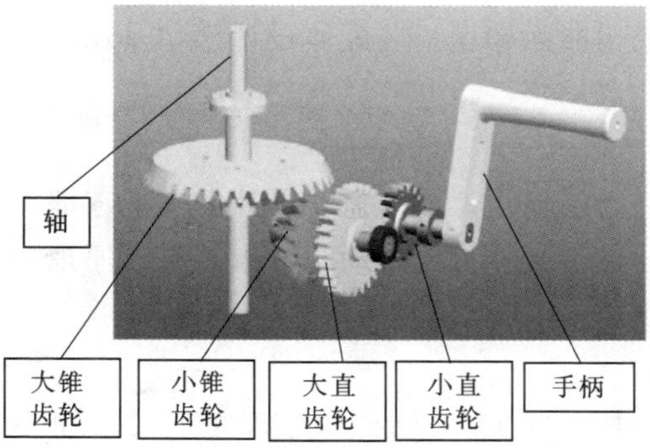

图 2.1.5 手动动力装置

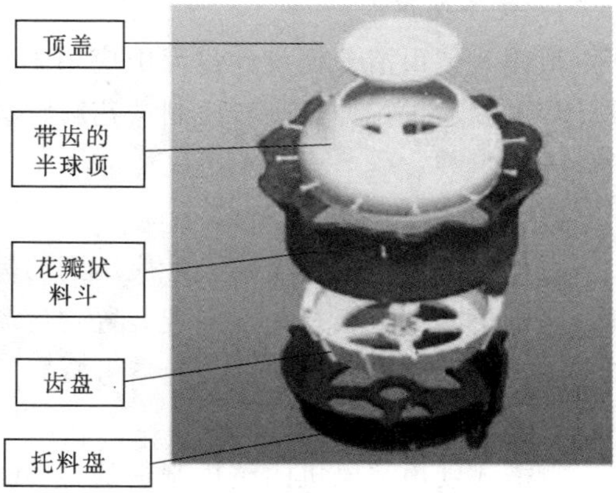

图 2.1.6 硬币整理传输装置

该装置为了便于齿盘与动力传输装置连接，将带齿的半球顶上端拆出一个顶盖，装置运行时硬币从顶盖上方放下掉落到顶盖后，沿着四周带齿的半球顶与花瓣状料斗的缝隙下滑，直至滑到脱料盘上，在齿盘顺时针的转动下硬币从脱料盘的料口滑出至硬币清分装置。

在此装置完成设计前的初代原型机中硬币收集与传输装置模型如图 2.1.7 所示，与图 2.1.6 所示整理传输装置不同在于没有采用带齿的半球顶与花瓣状料斗，而是采用圆弧顶与圆锥料斗配合。圆弧顶与圆锥料斗配合而成的硬币收集与传输装置在硬币置入圆锥料斗中后会往一处堆积造成硬币堵塞，从而不能很好地实现硬币的传输。将圆弧顶优化设计为带齿的半球顶后，在齿的带动下能够让硬币顺畅地滑入到托料盘中，而将圆锥料斗优化设计为花瓣状料斗后实现硬币分区运输，避免硬币集中在一个区域造成堵塞，提高了清分效率。

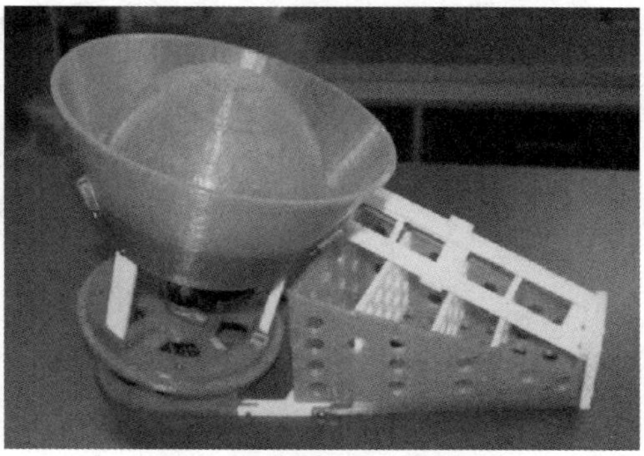

图 2.1.7 初代原型机模型

(3) 硬币清分装置与收集装置。

硬币清分与收集装置的设计根据第四套人民币 1 角、5 角、1 元与第五套人民币 1 角、5 角、1 元的直径大小分为 4 类，其中最小的第五套人民币 1 角为一类、第四套人民币与第五套人民币的 5 角为一类、第四套人民币 1 角为一类、第四套人民币 1 元与第五套人民币1元为一类，且直径的大小依次增加。所以硬币清分装置在清分原理图2.1.3的基础上，为了避免速度对清分的影响，将滑道上的清分槽设计成长方形确保硬币在下滑过程中落入到相应的硬币收集装置当中。

硬币清分装置与托料盘的出料口连接，当托料盘的出料滑出时在重力作用下沿着清分装置的轨道下滑，下滑过程中根据硬币直径的大小侧翻入安装在硬币清分装置下方对应的硬币收集装置中。

2.1.2.3　应用知识分析

1. 软件知识

滑槽式硬币清分机设计过程中应用PROE设计软件，除花瓣状料斗外所有零部件的设计均可以通过拉伸、旋转绘制，花瓣状料斗运用曲面知识，装配体设计采用down－top设计方式组装。

2. 结构知识

滑槽式硬币清分机结构设计应用到的标准件为轴承、螺钉；需要设计的其他零部件为轴、圆盘类零件、板材；在实现装置的运动设计中运用直齿轮传动与锥齿轮传动原理。详细资料请学习并参考模块3设计参考资料。

3. 制造知识

滑槽式硬币清分机的整机制造通过3D打印技术完成，3D打印原理是通过将模型切片后逐层堆积最终形成所需的模型。例如现在有一堆1cm×1cm×1cm积木，要求用它们搭成一个4cm×4cm×4cm立方体，先在桌面上摆第一层，接着在第一层上面摆第二层，以此类推摆第三层、第四层，刚好组成一个立方体，如图2.1.8所示。

3D打印采用的材料为塑胶，在打印过程中塑胶通过一个挤出头，在末端被加热至熔融，熔融的塑胶从喷嘴挤出，就像挤牙膏一样。挤出的塑胶由于离开了挤出头不再被加热，很快就冷却凝结在一起。只要控制了挤出头的移动，还有塑胶料的供给，就可以在平面上打印出各种形状的图形，每打完一层，平台就下降一个层高（或者挤出头上升一个层高），如此反复打印出三维物体，具体熔融沉积成型原理与3D打印机结构分别见图2.1.9与图2.1.10。

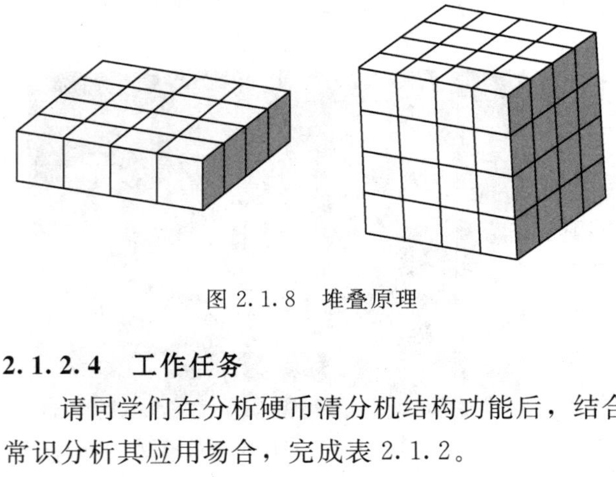

图2.1.8　堆叠原理

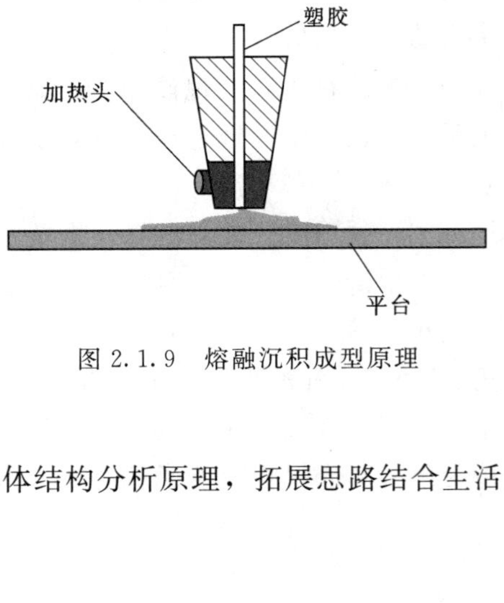

图2.1.9　熔融沉积成型原理

2.1.2.4　工作任务

请同学们在分析硬币清分机结构功能后，结合具体结构分析原理，拓展思路结合生活常识分析其应用场合，完成表2.1.2。

图 2.1.10　3D 打印机结构

表 2.1.2　　滑槽式硬币清分机学习拓展

序号	任务名称	原理分析	应用分析	备　注
1	产品简析			
2	产品结构与功能			
3	紧固件			
4	轴类零件			
5	直齿轮传动			
6	锥齿轮传动			

2.1.3　离心式硬币清分机设计

2.1.3.1　产品简介

离心式硬币清分机的功能是利用离心原理将混合的多种硬币彼此分离、输送和存储，具体可以分解为进料、清分、出料和储料。在离心式硬币清分机的功能结构系统中，主要包含喂料装置、清分装置、出料装置、储料装置、机械传动装置和机架。离心式硬币清分机根据我国大部分商场、银行和公交公司的市场需求，确定清分机的设计定位是机械可靠、清分准确、结构紧凑且性价比高。流通硬币的清分工作可分解为 3 道工序：①喂料，将混合的流通金属硬币均匀持续地送进清分装置；②筛选，通过离心原理实现流通金属硬币的快速、准确的筛分；③收集，将分类好的硬币储存到相应的特定容器中，以供后续流通金属硬币包装时使用。

2.1.3.2　产品设计

1. 清分原理

离心力是一种惯性力。当物体在做非直线运动时（非牛顿环境，例如圆周运动或转弯运动），因物体本身有一定的质量存在，质量造成的惯性会强迫物体继续朝着运动轨迹的切线方向（原来那一瞬间前进的直线方向）前进，而非顺着接下来转弯过去的方向走。

离心分离：借助于离心力，使比重不同的物质进行分离的方法。工业中常用离心除渣器来净化纸浆浆料，使浆料高速回转或产生回转旋涡作用，把尘粒分离出来。还常用离心干燥机，或称离心脱水机，依靠离心力将水分脱去。

离心式硬币清分机主要利用离心分离的原理，通过高速旋转的零部件产生的离心力完成硬币清分。离心的过程中，筛网根据硬币的大小设定不同直径，硬币在离心力作用下通过筛网将不同直径的硬币清分。

2. 结构设计

（1） 总体方案设计。

离心式硬币清分机的总体结构，如图 2.1.11 所示，主要由喂料装置、清分装置、机械传动装置、机架、电机、出料装置和储料装置 7 部分组成。

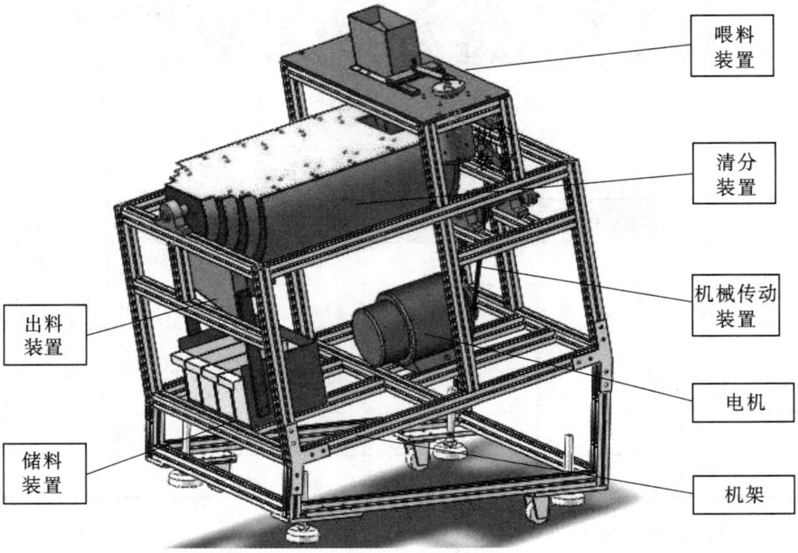

图 2.1.11 整机结构图

（2） 原动机及传动系统。

离心式硬币清分机使用的场合一般是商场或超市、银行，故机器工作时要求噪音小，且无有害气体，因此选择电动机作为原动机。因采用减速器减速会导致设备体积加大，故调速方式采用减速齿轮和变频器共同调速，因此，清分机选用交流齿轮减速电机。

清分机机械传动系统采用带传动、偏置曲柄滑块和齿轮机构的新型组合机构，通过电机驱动偏置曲柄连杆机构，带动齿轮齿条机构，从而实现清分筛的往复摆动，具体结构如图 2.1.12 所示。

机械传动系统布置于机架之上，交流齿轮减速电机通过一套带传动系统实现了电机输出速度的第一次下降，并驱动输出轴带动偏心轮旋转，连续旋转的偏心轮作为曲柄带动连杆驱动固定在滑块上齿条沿着导轨做左右水平往复运动，往复运动中的齿条带动齿轮顺时针、逆时针不断切换着方向的旋转运动，从而实现清分主轴的顺时针、逆时针往复同步转动，最终达到通过离心力筛分硬币的效果。

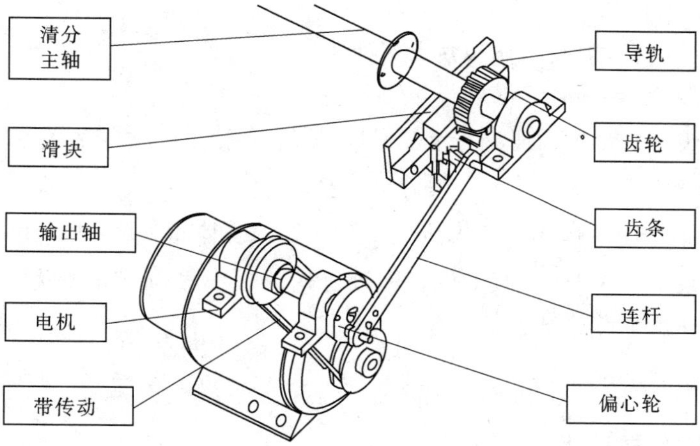

图 2.1.12 传统系统原理图

(3) 传动部件的计算分析。

清分装置在新型组合机构的带动下做周期性的摇摆运动，在清分装置上部是硬币进料装置的料斗。在硬币清分时必须保证清分装置与料斗不相干涉，因此进料口、料斗的大小和曲柄的长度等尺寸需相互配合，清分装置工作状态如图 2.1.13 所示。设$\angle EDG$为 30°，由清分装置工作时的三种状态图可知：

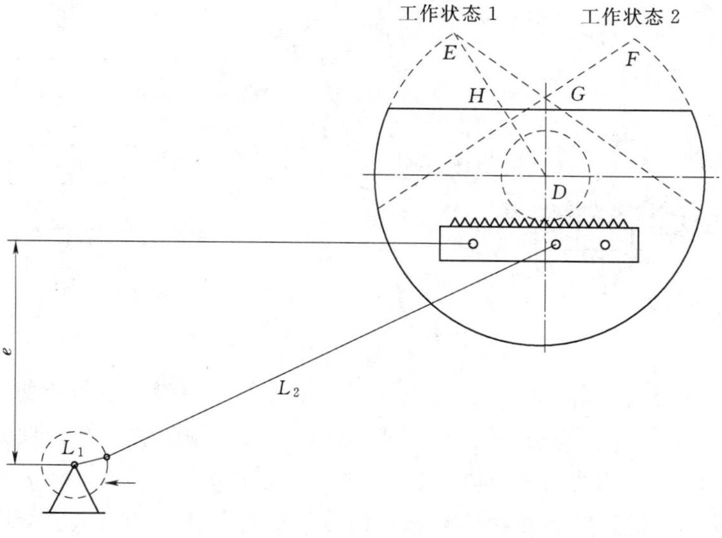

图 2.1.13 清分装置工作状态

$$\begin{cases} \overline{DG}=\overline{DH}/\cos\angle EDG \\ \overline{EG}^2=\overline{DE}^2+\overline{DG}^2-2\,\overline{DEDG}\cos\angle EDG \\ \overline{EF}=2EG\cos\angle EDG \\ l_3=(\angle EDG/360)\pi mz \end{cases}$$

式中：清分筛半径$\overline{DE}$=90mm，齿轮模数 $m=3$，齿数 $z=24$，l_3 为齿轮转动弧长。

解得$\overline{EF}=99$mm，取整为100mm；$l_3=18.84$mm，取整为18mm。

偏置曲柄滑块中，$\overline{AB}$为曲柄的基本条件是

$$l_1+e\leqslant l_2$$

齿条的有效齿部长度S、曲柄长度l_1与齿轮转动弧长l_3之间的关系如下：

$$S=\overline{JK}>2l_1>2l_3$$

取$l_1=20$mm，$S=46$mm。考虑机械传统系统的整体布置取$e=90$mm，$l_2=210$mm。

偏置曲柄滑块中，$\overline{AB}$作为原动件，因该机构的最小极位夹角不为0，故该机构有急回作用，其行程速度变化系数：

$$K=\frac{180+\angle EDG}{180-\angle EDG}=1.09$$

（4）清分装置结构设计。

清分装置是离心式硬币清分机的执行部件，清分装置的结构将决定整机的工作效率，设计合理的清分装置结构至关重要。清分装置要求结构紧凑，各个半圆形清分筛面布置合理，利于混合硬币的快速清分，且硬币清分完毕便于硬币出料和储存，结构如图2.1.14所示。

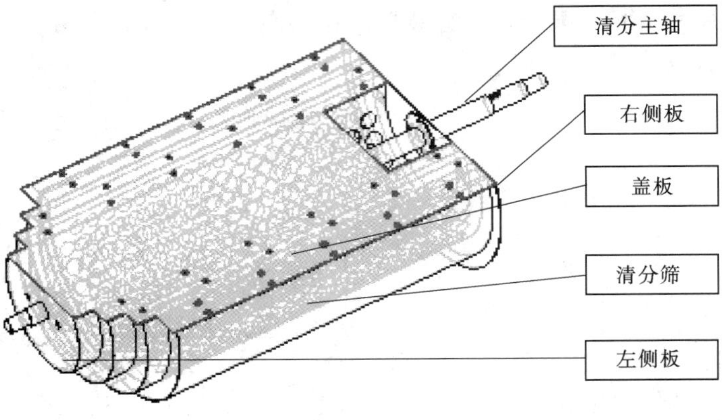

图2.1.14　清分装置

清分装置的结构主要由清分筛、盖板、清分主轴、右侧板和左侧板组成。清分筛采用4层半圆形的结构，每一层清分筛上根据硬币的大小开了相应的漏孔，便于硬币在清分筛离心力的作用下通过漏孔达到清分硬币的目的，该设计可有效地减小整机体积，并大大增加硬币的清分量。出料口设置在四层半圆形清分筛的左侧正下方。4层半圆形清分筛与盖板、左侧板和右侧板紧固在一起，左侧板和右侧板再通过左右两个固定板与清分主轴紧固在一起，从而保证整个清分装置随清分主轴一起左右往复转动。

（5）喂料装置结构设计。

离心式硬币清分机的喂料装置，如图2.1.15所示。该装置通过变频电机驱动由连杆和转盘组成的曲柄连杆机构，推动固定在固定板上的插板在导轨上进行左右往复运动，将料斗喂进的硬币持续均匀地送进进料口中，从而保证四层半圆形清分筛可以进行连续的清分，以提高整机的清分效率。

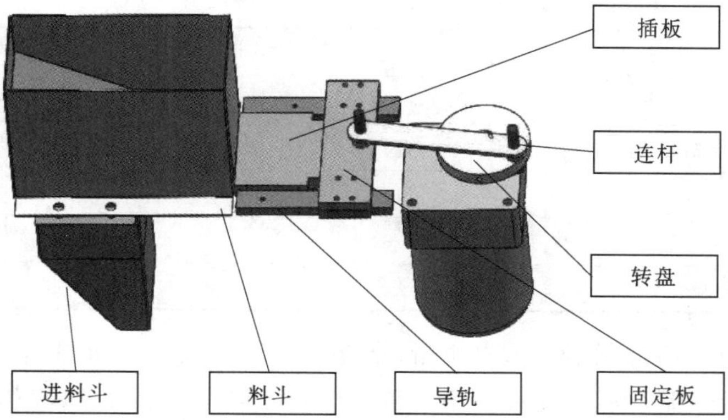

图 2.1.15　喂料装置

(6) 出料和储料装置结构设计。

出料装置设在四层半圆形清分筛的左下方，为了防止硬币飞溅而出，采用封闭式通道导料板出料，受硬币自身重力和清分筛面的摆动，清分好的硬币将自动掉入下方储料装置中的硬币收集盒。最终研制的离心式硬币清分机如图 2.1.16 所示。

2.1.3.3　应用知识分析

1. 软件知识

离心式硬币清分机设计过程中应用 PROE 设计软件，所有零部件的设计均可以通过拉伸、旋转绘制，装配体设计采用 down－top 设计方式组装。

2. 结构知识

离心式硬币清分机结构设计应用到的标准件为标准型材、轴承、螺钉、滑块、导轨、齿轮、带轮、皮带、电机、变频器，需要设计的其他零部件为轴、圆盘类零件、连杆、板件。详细资料请学习并参考模块 3 设计参考资料。

图 2.1.16　硬币清分机实物原理样机

3. 制造知识

离心式硬币清分机机架采用标准型材搭建，机械零部件多采用标准件与板件，对于轴类零件采用车床加工。

2.1.3.4　学习拓展

请同学们在分析硬币清分机结构功能后，结合具体结构分析原理，拓展思路结合生活常识分析其应用场合，完成表 2.1.3。

2.1.4　曲柄连杆式硬币清分机

2.1.4.1　产品简介

曲柄连杆式硬币清分机定位为中型硬币清分机，主要应用于大中型超市、公交公司等，要求其制造成本低、清分效率较高且清分准确。当前商场、超市、银行主要使用的硬

表 2.1.3　　离心式硬币清分机学习拓展任务

序号	任务名称	项目原理分析	项目应用分析	小　结
1	产品简析			
2	产品结构与功能			
3	轴承			
4	带传动			
5	齿轮齿条传动			

币清分机有大型硬币清分机和小型硬币清分机两类，大型清分机设备笨重，尽管清分量大，但其结构复杂，制造成本高；而小型清分机清分量小，清分速度慢，且存在卡币和错分等问题。曲柄连杆式硬币清分机结构系统分为硬币收集装置、硬币输送装置、硬币清分装置以及硬币计数装置。

2.1.4.2　产品设计

1. 清分方案设计

曲柄连杆式硬币清分机在设计之初，为了验证硬币清分效果，进行清分方案的设计验证，并应用3D打印技术制作第一代微型原理样机，如图2.1.17所示。该原理样机通过料筒送料，使硬币掉入清分刮板的圆孔之中，通过手摇装置驱动齿轮齿条机构，使上层的清分刮板相对于下层的清分筛板进行左右往复运动，不同大小的硬币掉入相应的清分筛板孔中，最终实现硬币的清分。第一代原理样机的测试验证表明清分方案可行，可以实现硬币的准确清分，但清分效率较低。为了提高清分效率，设计下一代样机时可以将清分孔排布由一列改为多列，从而解决清分效率低的问题。

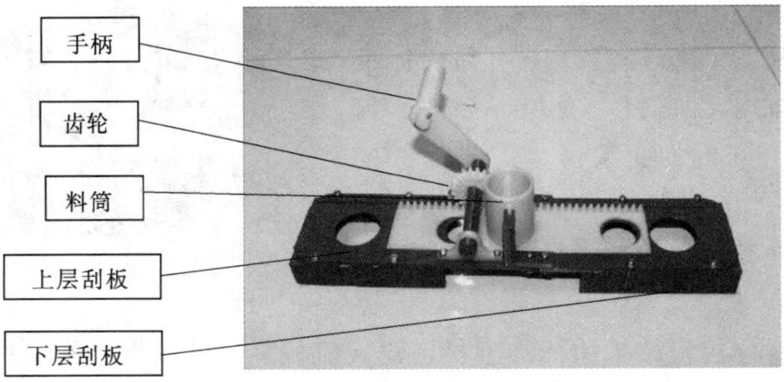

图 2.1.17　第一代微型原理样机

2. 产品原理

曲柄连杆式清分机的基本工作过程是硬币喂料整理、硬币清分筛选、硬币分类收集和硬币计数报警。因此，曲柄连杆式清分机应具备喂料整理、清分筛选、分类收集和计数报警4种基本功能。

（1）机械运动与传动方案设计。

通过对第一代微型原理样机的分析，要实现硬币的自动清分需要在第一代微型原理样机的基础上实现两个动作，首先是上层刮板相对于下层刮板的直线运动，其次是将硬币推入到料筒中的运动。通过构思，选择上下双层布置的曲柄滑块机构在一个电机驱动下实现上述两个运动，称之为曲柄连杆式硬币清分机。

详细设计曲柄连杆式清分机的机械传动系统时，采用三级直齿圆柱齿轮传动，如图 2.1.18 所示。由变频电机驱动三级齿轮，减速并把扭矩传递给主轴。主轴上下连接有两个直径不同的转盘，主轴转动时带动转盘转动，同时驱动转盘上的两个曲柄滑块机构，使得喂料推板和清分刮板同步做往复直线运动。上面的连杆连接喂料推板，往复运动的喂料推板实现硬币连续均匀地送入清分料筒；下面的连杆连接清分刮板，清分刮板相对于清分筛板的往复运动，可以实现硬币的快速准确清分。产品采用曲柄和滑块来实现转动和移动相互转换的平面连杆机构，即曲柄滑块机构。

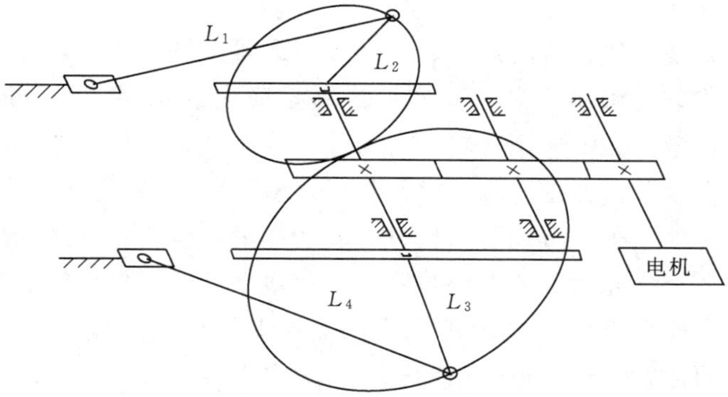

图 2.1.18　机械传动系统的设计方案

曲柄连杆机构连杆的尺寸计算如下：

$$L_1=117\text{mm},L_2=S_1/2=75(\text{mm})$$

$$L_3=S_2/2=124.5(\text{mm}),L_4=147.25\text{mm}$$

式中　S_1——喂料推板的行程；

S_2——清分刮板的行程；

L_1——小转盘连接孔到喂料推板连接孔的极限距离；

L_4——大转盘连接孔到清分刮板连接孔的极限距离。

机械传动系统采用直齿圆柱齿轮传动，根据传递扭矩的需要选择模数为 1，两个传动齿轮齿数为 60，电机齿轮齿数为 30，材料为 45 号钢，齿部高频淬火。通过理论计算可知，电机所需的转速为 20r/min，因此，选用正反转调速交流 220V 齿轮减速电机，电机扭矩为 5N·m。并对输出轴、传动轴和主轴分别进行强度和刚度的校核，轴的结构设计安全可靠。

(2) 清分装置方案设计。

根据第一代微型原理样机测试结果，曲柄连杆式硬币清分机清分装置如图 2.1.19 所示。清分料筒中落入的硬币，进入上层清分刮板左右布置的两列 10 个漏币孔中，在清分刮板左右直线往复运动时，清分刮板圆孔中的硬币，再经过下层清分筛板左右布置的八列 40 个清分孔，自动掉入清分筛板下方对应的 40 个储币筒中，从而完成硬币的快速准确清分。清分刮板与清分筛板孔的直径根据硬币的大小设计，保留一定的间隙值。清分筛板的

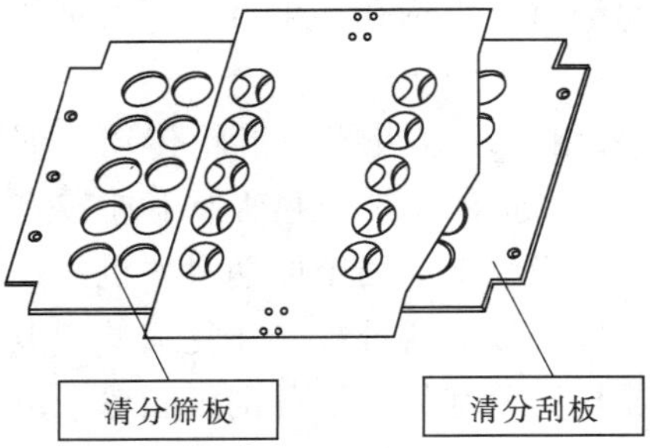

图 2.1.19 清分装置的基本组成

孔间距则根据其运动速度来设计，保证硬币能顺利落入下方储币筒中，为了进一步提高硬币清分效率，清分筛板的孔应设计成键槽形，保证其高速运动时，进入的硬币可以及时掉落。

3. 产品结构

产品结构设计时，要考虑产品部件之间的装配方式，根据相关技术标准与制造工艺、装配工艺要求进行结构设计。结构设计的主要工作内容包括机架、喂料整理装置、清分筛选装置和收集计数装置的结构设计和装配方式等。

根据曲柄连杆式硬币清分机的运动、传动、清分等系统的方案，在设计曲柄连杆式清分机整机时要实现均匀连续地喂料，每次的进料量应大致相同。硬币形状扁平、不易流动，故不好控制喂料量。为了保证喂料的均匀性与连续性，并使机构更加紧凑，设计一种曲柄连杆式喂料整理装置，如图 2.1.20 所示。该硬币整理与输送装置采用曲柄连杆机构。机构在电机与两级传动系统的带动下，通过一套曲柄滑块机构将连续的旋转运动转换为直线运动，驱动安装在直线导轨上的滑块与固定在滑块上的喂料推板做往复直线运动；硬币成无序的状态堆放在放币槽中，放币槽安装在上层支架板上并保留能通过一个硬币的缝隙。通过喂料推板的往复运动实现硬币的逐层排放在上层支架板上的同时在喂料推板推动下硬币向左移动，最终掉落在安装在上层支架板的清分料筒中，从而实现硬币的有序的水平叠放，该装置能够实现硬币的自动喂料与整理，喂料顺畅，不存在卡币现象。

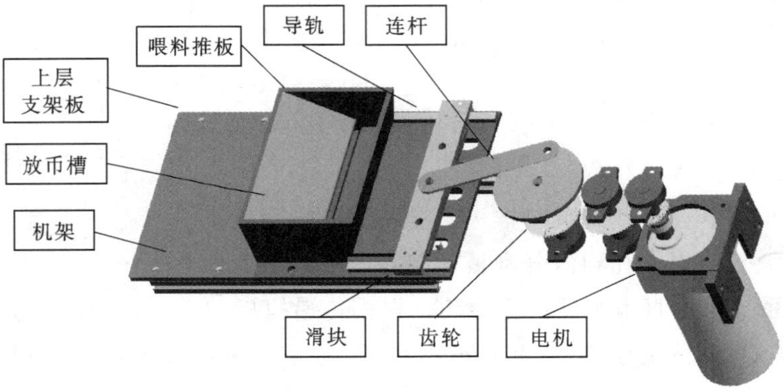

图 2.1.20 硬币整理装置

曲柄连杆式硬币清分机的硬币筛选清分装置是整个清分机执行的核心部分，其结构将直接影响清分机的清分效率。清分筛选装置的设计不仅要结构紧凑，而且各个清分筛面应布置合理。清分筛选装置的方案在上文中构思完毕，具体结构设计如图 2.1.21 所示，由清分料筒、清分刮板、清分筛板、短连杆、大转盘、滑块、直线导轨等组成。

曲柄连杆式硬币清分机的硬币筛选清分装置水平布置在硬币整理输送装置下方。硬币清分筛选过程如下：在上一步的硬币整理输送装置作用下硬币已经在清分料筒中有序的水平叠放，布置在下方的硬币筛选清分装置在电机与两级传动系统的带动下，通过一套曲柄

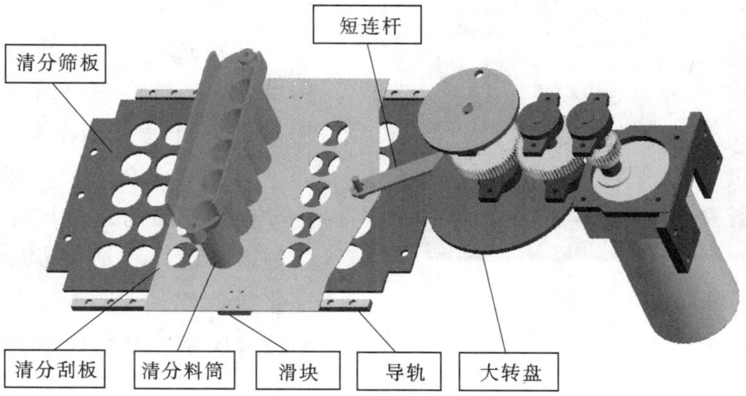

图 2.1.21　硬币筛选清分装置

滑块机构将连续的旋转运动转换为直线运动，驱动安装在直线导轨上的滑块与固定在滑块上的清分刮板做往复直线运动；当曲柄滑块运动到最远端与最近端时，堆放在清分料筒中的硬币下落到清分刮板水平布置的 5 个孔当中伴随清分刮板也做往复运动；固定在清分刮板下方的清分筛板根据硬币的大小筛选清分硬币。

曲柄连杆式硬币清分机的收集计数装置的设计要求能实现大量硬币的收集与计数，该装置置于清分筛板的正下方，方便硬币的快速导出和收集计数，储料筒两侧对称布置，每侧自左向右依次收集小一角硬币、五角硬币、大一角硬币和一元硬币，如图 2.1.22 所示。储料筒分别安装在左右两块插板之上，利用插板两侧的下部凹槽导向，储料筒可随插板一起沿导向块往外滑出。

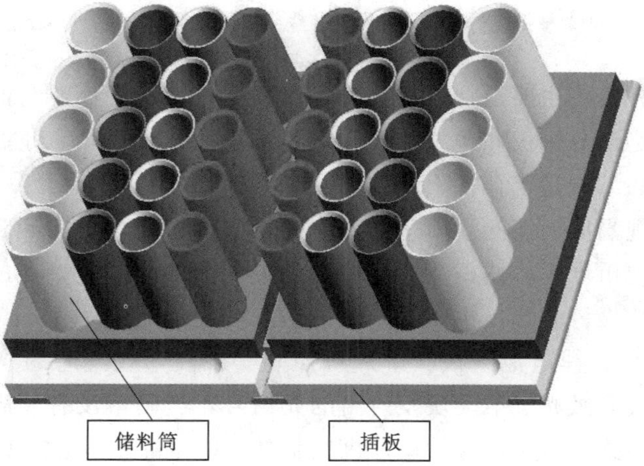

图 2.1.22　收集计数装置

由于储币筒受到铝型材厚度的限制，清分机的收集计数装置不能直接和清分筛板贴合，否则将无法实现收集计数装置的拆装，并且收集计数装置的设计要求能让硬币快速准确地落入储币筒中，不能有卡币现象，因此还需要设计导向装置，该装置中左右布置的两个连接板起到硬币下落导向的作用，连接板由压板固定在铝型材之上，其结构如图

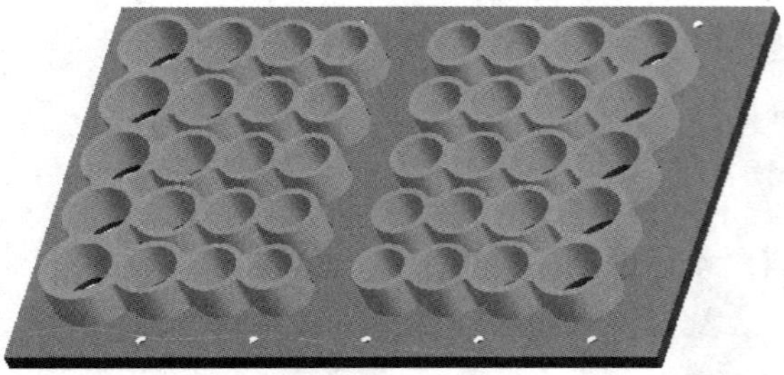

图 2.1.23 导向装置

2.1.23 所示。

完成上述曲柄连杆式硬币清分机结构设计后，最终的曲柄连杆式清分机结构如图 2.1.24 所示，

4. 产品优化设计与总结

根据产品的总体设计方案，完成产品的造型设计和结构设计后，在三维数字化设计软件 PRO/E 中，建立机构运动仿真模型，进行曲柄连杆机构的运动仿真，验证曲柄连杆机构主要设计参数（长短连杆的长度、大小转盘的直径）的合理性，分析该机构能否满足清分刮板和送料推板的行程需要，分析机构运动过程中，机架、机械传动系统及其他相邻结构是否存在干涉。

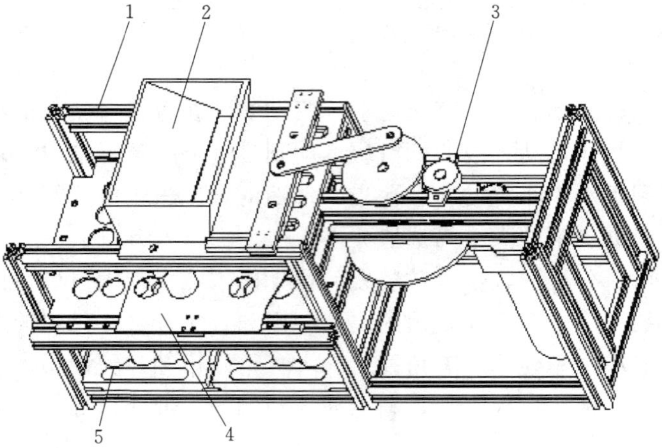

图 2.1.24 曲柄连杆式硬币清分机结构示意图

1—机架；2—喂料整理装置；3—机械传动系统；4—清分筛选装置；5—收集计数装置

产品调试时发现当储币筒的硬币达到一定数量装满时，电机不会停止工作，清分装置继续清分，将导致硬币堆积，使得清分刮板在此处卡死进而影响整机的持续工作。因此，特设计一种收集计数报警装置，主要由光敏传感模块、激光发射模块、单片机控制板、蜂鸣器和 LED、继电器、锂电池组成。单片机控制实现硬币收集时的光电计数报警功能，光敏传感模块可以接受激光发射模块发射出的光信号，当硬币没有装满时机器正常运转，当硬币装满时光敏传感器产生信号给单片机控制板，单片机控制板控制继电器断开，关闭电机的电源，使得机器停止工作，使得蜂鸣器响起报警，同时 LED 发出红色光报警。最终研制的曲柄连杆式清分机如图 2.1.25 所示。实物样机测试表明，整机具备了自动喂料整理、准确清分筛选、收集计数报警等功能，硬币清分效率可达 450～500 枚/min，基本达到了产品预期设计目标。

曲柄连杆式清分机的设计通过对市场需求、功能原理、设计方案等造型设计相关因素进行详细分析，完成了造型设计、结构设计、样机虚拟装配、机构运动仿真及产品设计优

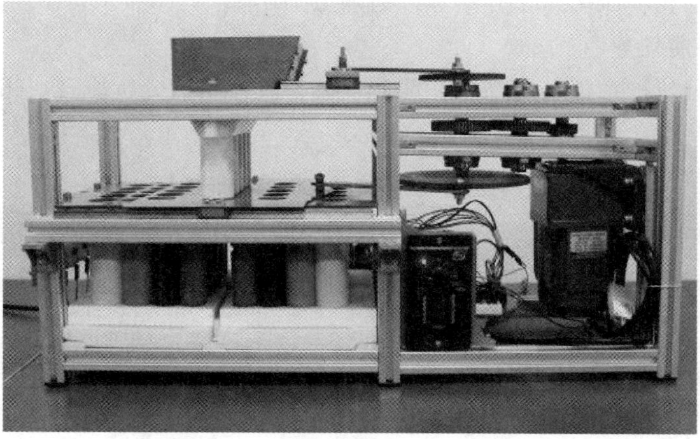

图 2.1.25　曲柄连杆式清分机实物样机

化，具有以下优势：

(1) 设计案例包含了基于 FDM 的创意构思、方案验证、三维造型、虚拟装配、运动仿真和设计优化的整个产品创新设计与研发流程，该产品设计程序与方法可为其他基于 FDM 的机电产品设计提供参考。

(2) 机构设计巧妙。三级齿轮传动驱动曲柄连杆机构运动，分别使硬币推板和硬币清分板做左右往复直线运动，实现自动送料与硬币清分；结构设计新颖：采用五通道清分料筒提高了硬币清分量，清分筛板设计成两侧对称结构，通过清分刮板的往复运动可以对其两侧的硬币分别清分，有效地提高了硬币清分效率。

(3) 制作工艺独特：部分零件采用 FDM 工艺制作，不仅降低了制作成本，而且提高了研发效率。

(4) 本产品相对于市场同类产品具有外形美观、结构紧凑、体型小巧、造价低廉、设计精巧、操作简单、清分准确、效率较高等优点，适用于公交公司、银行、商场等对硬币清分有小型化、桌面化和高效化实际需求的众多场合，大大地降低了人工清分硬币的劳动强度，因此，该产品在公交公司、银行、商场等领域具有极高的推广应用价值。

2.1.4.3　应用知识分析

1. 软件知识

曲柄连杆式硬币清分机设计过程中应用 PROE 设计软件，所有零部件的设计均可以通过拉伸、旋转绘制，装配体设计采用 down - top 设计方式组装，为了验证曲柄方案合理性该实例还运用 PROE 运动仿真模块对机构进行仿真，验证设计的正确性。

2. 结构知识

曲柄连杆式硬币清分机结构设计应用到的标准件为标准型材、轴承、螺钉、滑块、导轨、齿轮、电机、光电传感器、变频器；需要设计的其他零部件为轴、圆盘类零件、连杆、板材、异型结构件；在实现装置的运动设计中运用齿轮传动与曲柄滑块机构实现将连续的旋转运动转变为直线运动。详细资料请学习并参考模块 3 设计参考资料。

3. 制造知识

曲柄连杆式硬币清分机机架采用标准型材搭建，机械零部件多采用标准件，对于非标准件板材的加工采用铣床，对于异型零件的加工采用3D打印技术。

2.1.4.4　学习拓展任务

请同学们在分析硬币清分机结构功能后，结合具体结构分析原理，拓展思路结合生活常识分析其应用场合，完成表2.1.4。

表2.1.4　曲柄连杆式硬币清分机学习拓展任务

序号	任务名称	项目原理分析	项目应用分析	小　结
1	产品简析			
2	产品结构与功能			
3	联轴器			
4	四杆机构			
5	直线导轨与滑块			

项目2.2　谷物收集装置设计

2.2.1　产品设计任务

2.2.1.1　产品需求

谷物干燥是粮食生产的重要环节，其方式主要有机械化烘干和自然光晾晒干燥两种。由于机械烘干存在设备价格高、作业成本大、技术水平尚不完善、能源浪费严重等方面的不足，目前我国粮食的机械烘干率仍然较低，谷物干燥主要还是以晾晒为主，常年晾晒谷物总量巨大。传统的谷物晒收工作量相当大，严重依赖人力工时，而且效率低下。随着土地流转和规模化种植及联合收割机的普及，谷物一次性收获量变大，晾晒操作的劳动强度增大。特别是随着农村劳动力不断转移，在农忙季节，劳工价格高，甚至请不到工人，且南方的收获季节易遭遇雷雨等恶劣天气，人工操作不能及时收集大量的谷物，容易造成谷物霉烂变质及不可预见的经济损失。研发晒场谷物的收集装袋机械成为水稻生产全程机械化亟须解决的重要课题。

晒场谷物装袋机是集晒场谷物聚集、输送和装袋为一体的装备工具，主要用于晒场上大量稻谷、麦子等晾晒谷物的聚集、输送和装袋。由于目前国内中小型晒场谷物装袋设备的缺失，我国农田中小型承包户广泛采用人工收集装袋方式，而传统的人工收集装袋方式普遍存在劳动强度大、工作效率低和工作环境恶劣等现实问题。因此，迫切需要针对我国当前中小型晒场谷物装袋设备的实际市场需求，进行中小型晒场谷物装袋机的创新设计研究。

2.2.1.2　产品现状

当前，国内农机企业结合市场需求，已经开发出具有谷物装袋功能的吸谷机和刮板输送机等农机，如图2.2.1所示。调研发现上述农机存在主体结构庞大、工作地点固定、户外操作与运输不便等缺点，在一定程度上难以满足农户户外晾晒谷物快速收集装袋的实际需要，因此，当前南方大部分稻谷主产区仍然广泛采用高强度低效率的人工装袋方式。

根据调研发现，市场上的装袋机一般不具有清扫功能，晒场谷物装袋机完成谷物收集

(a) 刮板输送机　　(b) 吸谷机

图 2.2.1　常见的谷物装袋机

装袋后，一般会残余相当一部分谷物，残余的谷物需要人工清扫、收集和装袋，大大降低了晒场谷物装袋效率。并且当前农村青壮年大部分外出务工，留守老人、妇女和儿童成为晒场谷物装袋的主要劳动力，而晒场谷物装袋机作业时前进的阻力较大，因此，将其行走装置由人力驱动式改为差速行进式。

2.2.1.3　产品功能

由于我国农田中小型承包户对晒场谷物装袋机的实际使用率较低，一年当中机器使用的时间也较短，因此，需要控制机器的总体成本，而且要便于运输，以方便提供租赁服务。

根据晒场谷场装袋机使用情况的分析，当前晒场谷物装袋机需要的主要功能主要是将晒场的谷物聚集、输送、装袋、清扫以及整机的自动行走，具体可以分解为螺旋输送给料、带式输送进料、残余谷物清扫聚集和整机的自动行走。在晒场谷物装袋机的功能结构系统中，主要包含螺旋聚谷装置、提升装袋装置、谷物清扫装置、差速行进装置、机械传动装置和机架等，其功能结构模型如图 2.2.2 所示。

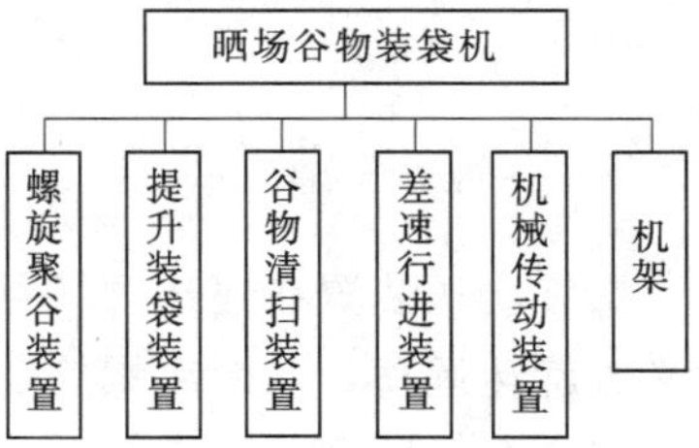

图 2.2.2　晒场谷物装袋机功能模型

2.2.1.4　产品调研

请同学们根据谷物收集装置的相关内容，自主查找资料，完成一份详细的调研报告，至少包含两款谷物收集、收割装置调查分析。调研报告涵盖内容应该包括当前谷物收集、收割装置的应用原理、功能、设备发展方向等。调研小组根据实际情况填写表 2.2.1，并在规定时间内完成。

表 2.2.1　　**产品调研任务分解表**

产品项目名称		
参加人员		
产品调研目标与小结		
产品名称	产品功能	产品分析
小　结		

2.2.2 刮板式晒谷装袋机设计

2.2.2.1 产品简介

当前，晒场晾晒谷物收集的机具大多存在收集效率低、收粮不干净及工作性能不可靠等缺陷。为此，本装置设计了一种集谷物打扫与谷物收集一体化的晾晒谷物收集小车，旨在克服传统的谷物收集机具的弊端，使其具有工作效率高、收粮干净、性能可靠的特点。该机收集谷物时可减少劳动量和谷物收集时间，减少谷物因淋雨霉烂而造成的经济损失。

2.2.2.2 产品设计

1. 谷物收集原理

刮板式晒谷装袋机在收集谷物的过程中存在将谷物聚集后运送的过程。谷物的集中在本装置中运用左右布置在同一轴上的旋向相反的螺旋叶片，具体原理如图 2.2.3 所示。在轴不间断旋转的过程中，左右两边旋向相反的叶片将分布在机械两边的谷物聚集在设备中间便于集中运输。

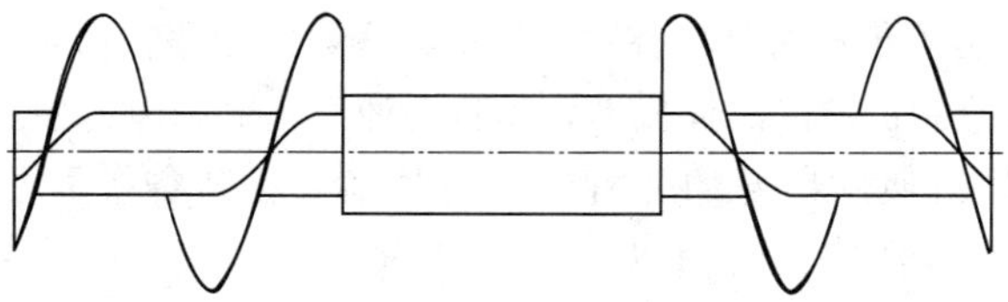

图 2.2.3 聚谷原理图

螺旋输送装置在输送晒场谷物的时候，并不是做单纯的沿轴向运动，而是既做轴向运动又做旋转运动，取距离螺旋轴线为 R 处的螺旋叶片上谷物颗粒 B 为分析对象，速度分解如图 2.2.4 所示。由速度三角形的方法求解如下式：

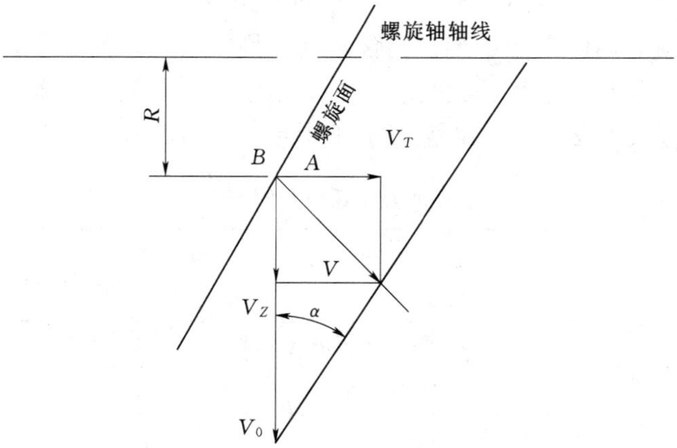

图 2.2.4 谷物运动速度分解

通过分析可得

$$\begin{cases} V_Z=\dfrac{ns}{60}\dfrac{1-\mu_1\dfrac{S}{2\pi R}}{1+\left(\dfrac{S}{2\pi R}\right)^2} \\ V_T=\dfrac{ns}{60}\dfrac{\mu_1+\dfrac{S}{2\pi R}}{1+\left(\dfrac{S}{2\pi R}\right)^2} \end{cases}$$

式中　V_Z——轴向速度，mm/s；

V_T——周向速度，mm/s；

μ_1——晒场谷物与螺旋面的摩擦系数；

n——螺旋轴的转速，r/min；

S——螺旋轴叶片的螺距，mm；

R——晒场谷物颗粒到螺旋轴的距离，mm。

为了能使谷物正常运输，必须保证谷物自身的重力能平衡由螺旋轴旋转所引起的离心力，即

$$m\omega_{\max}^2 R \leqslant mg$$

因为

$$\omega=\frac{2\pi n_{\max}}{60}$$

所以

$$n_{\max}\leqslant\frac{30}{\pi}\sqrt{\frac{g}{R}}=\frac{30}{\pi}\sqrt{\frac{2g}{D}}$$

整理可得

$$n_{\max}\leqslant\frac{42.7}{\sqrt{D}}$$

根据本机器的工况要求，初步确定其直径 $D=250$mm。根据经验公式，轴径为

$$d=(0.2\sim0.35)D$$

取 $d=0.3$，$D=75$mm。

2. 产品结构设计

(1) 总体方案设计。

刮板式晒谷装袋机的设计方案，如图 2.2.5 所示。晒场谷物装袋机主要由原动机、传动系统、执行机构以及机架组成，原动机采用汽油机。根据晒场谷物装袋机的总体设计方案，完成其各部分的方案设计后，利用三维建模软件进行三维结构设计。

(2) 机械传动系统设计。

根据刮板式晒谷装袋机的功能要求，进行该机器的传动系统方案设计，其传动系统原理如图 2.2.6 所示，其三维 CAD 模型如图 2.2.7 所示。

机械传动原理如下：动力经汽油机传动到Ⅰ轴，Ⅰ轴经齿轮传动将动力传到Ⅱ轴，Ⅱ轴再经齿轮传动将动力传到Ⅲ轴，Ⅲ轴的动力有 3 个方向去处，第一方向就是Ⅲ轴经链传动，将动力传递给Ⅻ轴的螺旋输送轴；第二方向就是经过锥齿轮传动，将部分动力传递给Ⅴ轴，然后Ⅴ轴再经齿轮换向作用，将动力传递给Ⅵ轴——扫把链驱动主轴；第三方向就是部分动力经过万向节传递，将动力传递给Ⅶ轴，然后Ⅵ轴经齿轮传动，将动力传递给Ⅷ

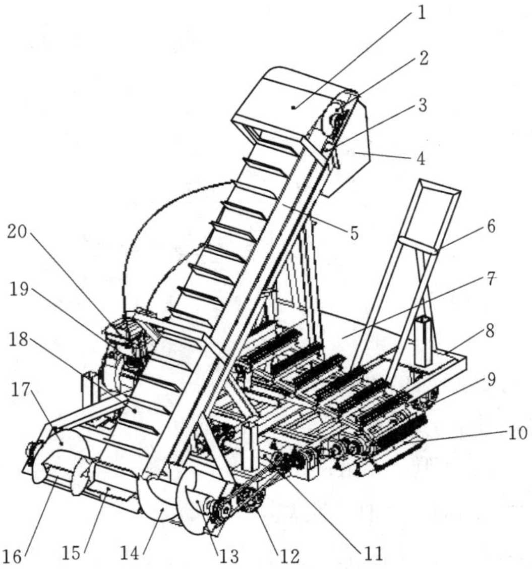

图 2.2.5 设计方案示意图

1—上罩盖板；2—后滚轮；3—谷物槽；4—出料口；5—输送装置；6—扶手架；7—花纹板；8—车架；9—后轮；10—清扫装置；11—传动装置；12—驱动轮；13—螺旋输送轴；14—左螺旋叶片；15—刮板；16—前圆弧板；17—右螺旋叶片；18—输送带；19—离合器装置；20—发动机

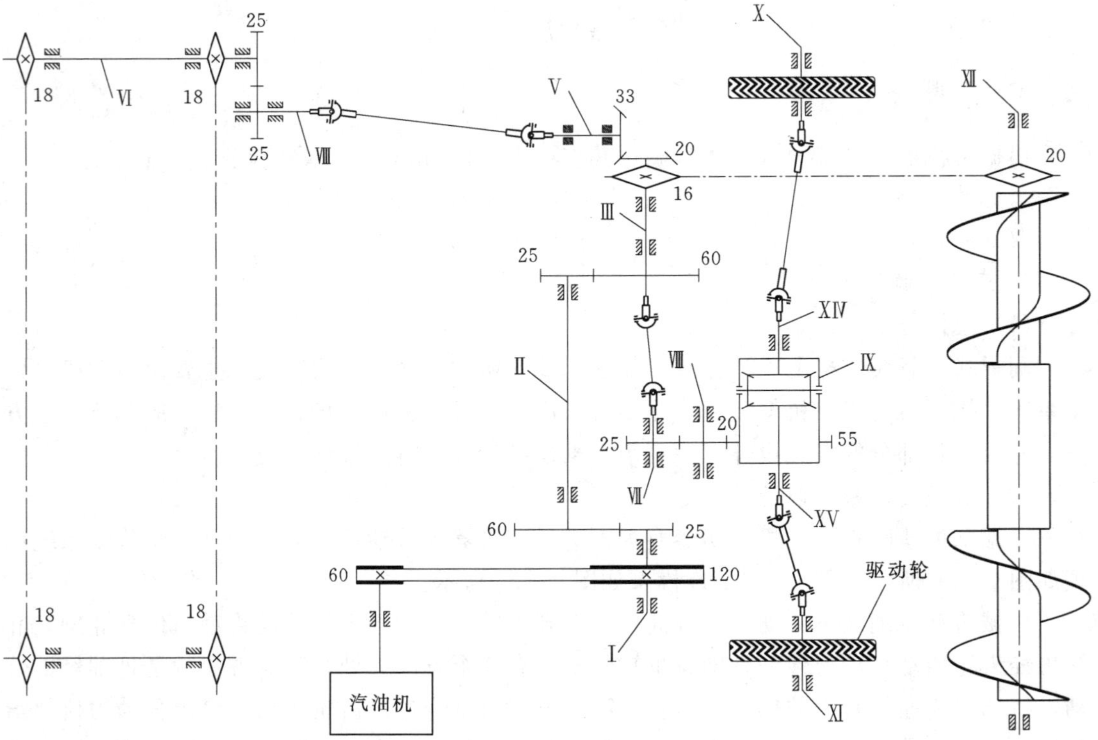

图 2.2.6 传动系统原理图

轴，然后Ⅷ轴经齿轮传动将动力分别传递给差速器的外齿齿圈，最后根据差速原理将动力分别传递给两半轴 XIV 和 XV，最后两半轴经万向节将动力传递给前两驱动轮。

（3）执行机构设计。

刮板式晒谷装袋机的执行机构主要包括螺旋聚谷装置、提升装袋装置和谷物清扫装置。其中螺旋聚谷装置螺旋聚合谷物采用从螺旋轴中间出料的方式，此结构形式可保证螺旋轴在轴线方向上的受力平衡、谷物装袋机整机的平衡。提升装袋装置采用设有一组100mm 等距排列刮板的谷物输送带，使得螺旋聚谷装置将聚合的谷物由晒场地面经过谷物槽，传送至进料口进行装袋。谷物清扫装置采用链传动驱动 28 个清扫扫把，实现谷物装袋时螺旋聚谷后残余谷物的清扫聚集。最终研制的晒谷装袋机如图 2.2.8 所示，并在晒场进行了该装袋设备的实物样机测试。

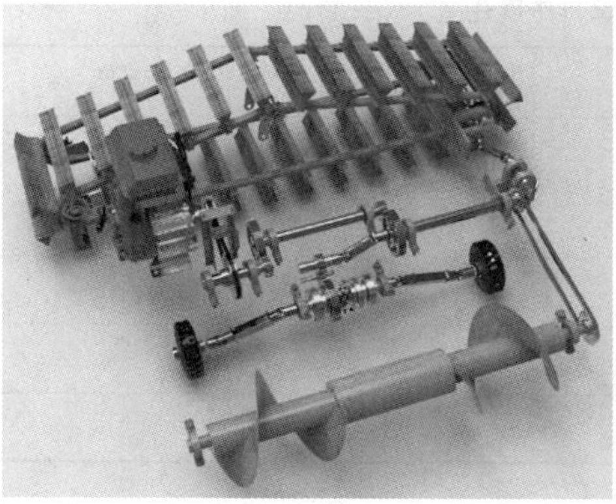

图 2.2.7 传动系统三维 CAD 模型

图 2.2.8 刮板式晒谷装袋机

（4）设计总结。

刮板式晒谷装袋机实物样机测试表明，产品具有结构紧凑、工作高效（装袋效率约8t/h，行进速度约 0.8m/s）、整机尺寸小（1.4m×1.1m×1.5m）、制造成本低、推广潜力大、操作和维护方便的优点，广泛适用于晒场各类晾晒谷物的收集装袋，是一款优良的中小型晒场谷物装袋专用设备。

所设计的晒场谷物装袋机不仅实现了在行进时进行谷物的收集和装袋、不受作业地点制约，还实现了边装袋边清扫，同时行进时还可以实现差速行进的功能。产品基本上填补了将晒干的谷物进行装袋这方面功能机器的空白，特别是中小型该类功能机器的空白（发明专利已经获得授权）。该农机的成功研制，不仅大大降低农业生产劳动强度，提高农业生产效率，而且将农业生产成本大大降低。

2.2.2.3 应用知识分析

1. 软件知识

刮板式晒场谷物装袋机设计过程中应用 PROE 设计软件，所有零部件的设计均可以通过拉伸、旋转绘制，装配体设计采用 down - top 设计方式组装。由于本装置大部分零部件为焊接件，对于焊接零部件可在软件中设计为一个零部件，在制作二维加工图时运用相关标准指导制造。

2. 结构知识

刮板式晒场谷物装袋机结构设计应用到的标准件为汽油机、标准型材、轴承、螺钉、齿轮、链轮、链条、带轮、V带、万向联轴器，需要设计的其他零部件为轴、圆盘类零件、连杆、螺旋叶片，详细资料请学习并参考模块3设计参考资料。

3. 制造知识

刮板式晒场谷物装袋机机架与螺旋叶片采用焊接方式加工，装备其余零部件大多为标准件，只有少部分轴类、板类零部件需要铣削车削加工。

2.2.2.4 学习拓展任务

请同学们在分析谷物收集装置结构功能后，结合具体结构分析原理，拓展思路结合生活常识分析其应用场合，完成表2.2.2。

表2.2.2 刮板式晒谷装袋机学习拓展任务

序号	任务名称	原理分析	应用分析	小结
1	产品简析			
2	产品结构与功能			
3	螺旋叶片			
4	链轮传动			
5	轮系			

2.2.3 自吸式晒谷装袋机设计

2.2.3.1 产品简介

南方丘陵地区收获季节容易遇雷雨等恶劣天气，人工作业不能及时地收集大量的谷物，会造成谷物霉烂变质及不可预见的经济损失。目前，晒场晾晒谷物收集的机具大多不适应山地丘陵地区的收谷需求，存在收粮不干净及工作性能不可靠等缺陷。为此，设计了一款基于吸尘器原理的自吸式晒谷装袋机，旨在克服传统谷物收集机具的弊端，使其具有工作效率高、收粮干净、性能可靠的特点。该机收集谷物时可减少劳动量和谷物收集时间，减少谷物因淋雨霉烂而造成的经济损失。

2.2.3.2 产品设计

1. 谷物收集原理

自吸式晒谷装袋机基于吸尘器工作原理将晒在地面上的谷子收集装袋。而吸尘器能够吸起地面微尘与颗粒，主要在于它的“头部”装有一个电动抽风机。通过电动机的高速旋转，在主机腔内形成真空，在吸力和压力的作用下，空气高速排出，而风机前端吸尘部分的空气不断地补充风机中的空气，致使吸尘器内部产生瞬时真空，和外界大气压形成负压差。从而在吸入口形成巨大吸力，达到吸起地面微尘与颗粒等垃圾的目的。吸入吸尘器的垃圾，灰尘等杂物不能通过安装在内腔中的过滤网而滞留在内腔中的滤尘袋内，被过滤网净化过的空气，则边冷却电动机，边被排出吸尘器。因气体经过电机时被加热，所以吸尘器尾部排出的气体是热的，吸尘器具体结构原理如图2.2.9所示。

2. 产品结构设计

(1) 整机结构。

自吸式晒谷装袋机主要由吸嘴、输粮管、集粮箱、筛网、旋转卸料器、抽气管、风机、螺旋上料机构、自减速器电机及四轮移动车架组成，如图 2.2.10 所示。其中，吸嘴安装于四轮移动车架前端，集粮箱安装于四轮移动车架的前上端，集粮箱前端有输粮管接口，后端有抽气管接口，输粮管接于吸嘴及集粮箱前端的输粮管接口，抽气管接于集粮箱后端的抽气管接口及风机之间，集粮箱内安装有分隔谷物与空气的筛网，集粮箱的下端出口处安装有旋转卸料器，旋转卸料器下端安装有螺旋上料机构，自减速电机安装于四轮移动车架底板上，自减速电机主轴上安装皮带轮 1，旋转卸料器上安装有皮带轮 3，螺旋上料机构主轴焊接有万向节，万向节另一端上安装有皮带轮 2，皮带 2 连接皮带轮 2 与皮带轮 3，皮带连接皮带轮 1 与皮带轮 2。

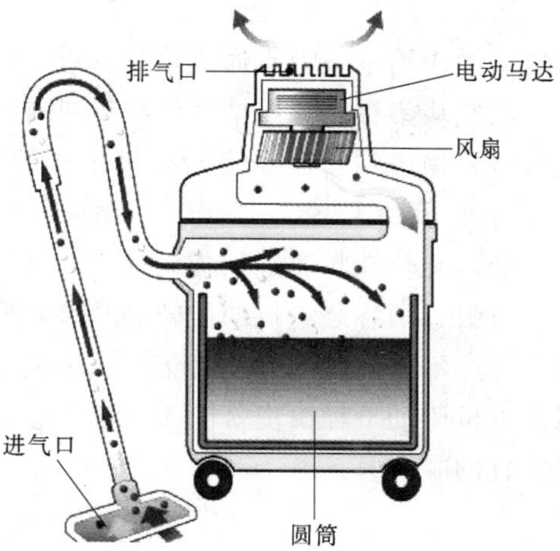

图 2.2.9 吸尘器结构原理图

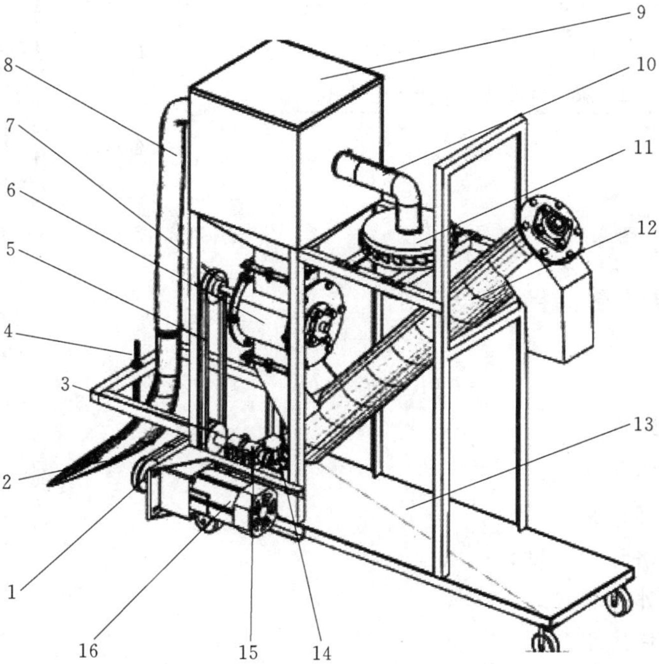

图 2.2.10 晾晒谷物收集小车结构图

1—皮带轮 1；2—吸嘴；3—皮带轮 2；4—调节螺杆；5—皮带 2；6—旋转卸料器；7—皮带轮 3；8—输粮管；9—集粮箱；10—抽气管；11—风机；12—螺旋上料机构；13—四轮移动车架；14—万向节；15—轴承座；16—自减速器电机

自吸式晒谷装袋机工作时，启动风机及自减速器电机，风机、旋转卸料器和螺旋上料机构运转；风机在吸嘴处产生负压，推动小车往晒有谷物的晒场移动，晒场上谷物在吸嘴处负压的作用下被吸起通过输粮管进入集粮箱；集粮箱内的筛网分隔空气与谷物使谷物落下，空气从集粮箱后端抽气管经风机排出，落下的谷物由旋转卸料器排出，再由螺旋上料机构将谷物送到套在螺旋抬升机出口的粮袋中，实现收集的工作。其具体工作流程如图2.2.11所示。

(2) 旋转卸料装置结构设计。

自吸式晒谷装袋机的旋转卸料装置安装于集粮箱的下端，其主要原理如图2.2.12所示，通过不断旋转的叶片将集粮箱中的稻谷分批运输到螺旋上料机构中。螺旋卸料器在自减速电机驱动下经由皮带轮1、皮带轮2、皮带轮3将电机连续的旋转运动传递给旋转卸料装置的叶片。

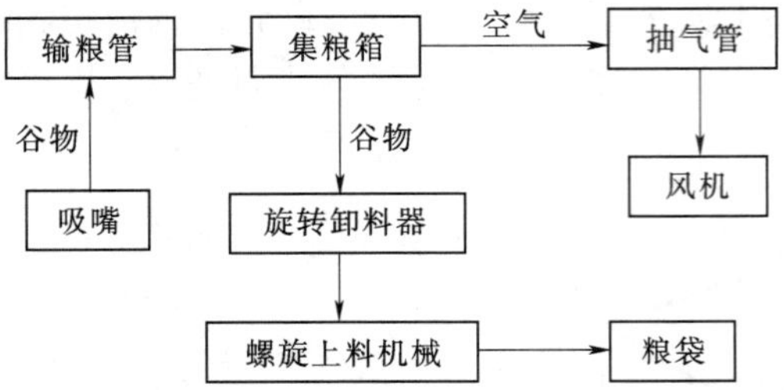

图2.2.11　工作流程图

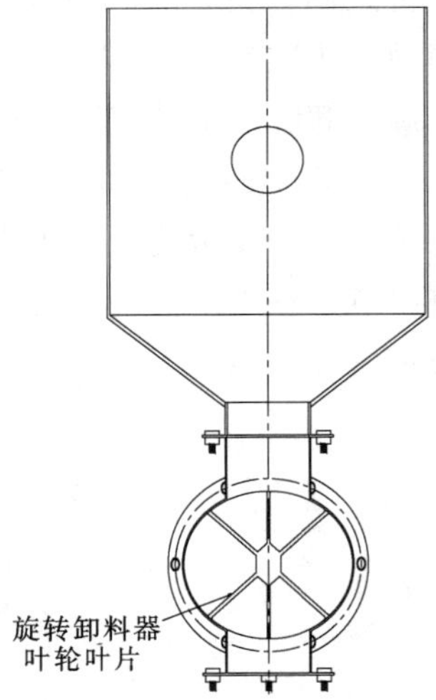

图2.2.12　旋转卸料装置结构原理图

设旋转卸料装置的卸料量为Q，则

$$Q=60n\phi p\theta$$

$$V=L(R-r)[\pi(R+r)-Z\delta]$$

式中　n——叶轮转速；

ϕ——叶轮格腔的装满系数；

p——谷物堆积密度；

L——叶轮格腔的长度，m；

R——叶轮外缘半径，m；

r——叶轮转轴半径；

Z——叶片数；

δ——叶片厚度。

谷物与卸料平台摩擦所形成的阻力矩M_1，则

$$M_1=\frac{2}{3}f_1\sigma\sqrt{(R^2-x^2)^3}$$

式中　σ——平台所受谷物的有效压应力；

f_1——谷物与平台的摩擦因数。

叶片所受切割阻力而形成的阻力矩 M_2，则

$$M_2=\frac{2}{3}(f_1+f_\sigma)\sigma\sqrt{(R^2-x^2)^3}+\sigma_w h_1 L_1 R$$

$$\sigma_w=1.12$$

式中　h_1——叶片高度。

有效压应力区在 x 方向的最大尺寸为

$$L_1=R^2-x^2$$

谷物内剪切力所形成的阻力矩 M_3，则：

$$M_3=f_\sigma\sigma\sqrt{(R^2-x^2)^3}$$

叶轮轴承的摩擦力矩 M_4，则

$$M_4=1.05G_k W_k r_4$$

式中　G_k——叶轮、轮轴的质量；

W_k——角接触轴承阻力系数，$W_k=0.0016$；

r_4——支撑环的平均半径。

转轴受的总扭矩 $M_总=M_1+M_2+M_3+M_4$，通过对总力矩的计算可以推算出叶轮外圆半径 R、转轴直径 d。

(3) 螺旋上料机构设计。

自吸式晒谷装袋机的旋转上料机构将旋转卸料机构卸出的谷子提升至一定高度以便于装袋。其主要由螺旋上料机筒、轴承端盖、螺旋轴、轴承、万向节接头组成，具体结构如图 2.2.13 所示。

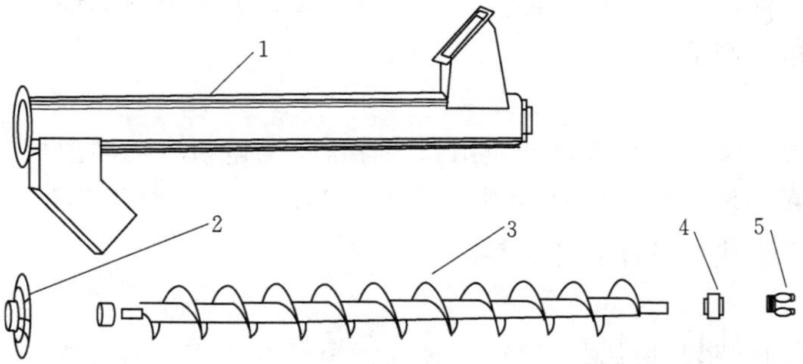

图 2.2.13　螺旋上料机构零件阵列图

1—螺旋上料机筒；2—轴承端盖；3—螺旋轴；4—轴承；5—万向节接头

螺旋输送机总的轴功率 P 包括谷物运行所需的功率 P_1、空载运转所需的功率 P_2 和由倾斜引起的附加功率 P_3 这 3 个部分组成，计算公式为

$$P=P_1+P_2+P_3$$

$$P_1=QL\mu/367$$

$$P_2=DL/367$$

$$P_3=QH/367$$

式中 Q——自动上料机输送量；

L——自动上料机长度；

μ——摩擦因数，取 $\mu=3.1$；

D——螺旋体直径；

H——倾斜高度。

通过计算公式求得总功率 P，从而得出螺旋上料机主轴扭矩为 T。

轴直径设计为

$$d_{\min}=A_0\sqrt[3]{\frac{P}{n}}$$

螺旋叶片外径设计为

$$D\geqslant K^{2.5}\sqrt{\frac{Q}{\varphi pC}}$$

式中 K——特性系数，取 0.0645；

Q——输送能力；

φ——物料填充系数，取 $\varphi=0.3$；

p——物料堆积密度，$p=380\text{kg/m}^3$；

C——倾角系数，取 $C=1.0$。

2.2.3.3 应用知识分析

1. 软件知识

自吸式晒场谷物装袋机设计过程中应用 PRO/E 设计软件，所有零部件的设计均可以通过拉伸、旋转、扫描绘制，装配体设计采用 down－top 设计方式组装。由于本装置大部分零部件为焊接件，对于焊接零部件可在软件中设计为一个零部件，在制作二维加工图时运用相关标准指导制造。

2. 结构知识

自吸式晒场谷物装袋机结构设计应用到的标准件为电机、标准型材、轴承、螺钉、带轮、V 带、万向联轴器，需要设计的其他零部件为叶片、法兰类零件、螺旋叶片，详细资料请学习并参考模块 3 设计参考资料。

3. 制造知识

自吸式晒场谷物装袋机机架、集粮箱、旋转卸料器叶片、螺旋叶片等关键零部件采用焊接方式加工，装备其余零部件大多为标准件，只有少部分轴类、板类零部件需要铣削车削加工。

项目 2.3 创新项目实施

如今随着社会发展、科技水平提高，学生进入工作岗位后独自完成某一项任务的可能性越来越小，所以需要未来的学生必须善于与人交流、与人沟通，最终来共同完成工作。因此在创新人才培养过程中要培养其交流表达与团队协作能力。创新课程教学开展采用教师与学生之间、学生与学生之间头脑风暴、教学研讨、交流学习的方式充分锻炼学生自我表达、沟通与团队协作意识，促进思想交流与碰撞，为迸发创新思想提供现实条件。

学生的学习进度、学习状态、学习能力都是因人而异的，然而现阶段大部分高职教学以完成教学目标为原则，不能很好地做到因材施教。

创新课程教学的开展，在掌握学生学习能力的基础上，给不同学习进度的同学提供不同项目，让学生自由选择项目，很好地遵循了学生学习能力与学习兴趣这一客观条件，让学生有兴趣也有能力完成相应的项目，让学生在学习中具有适应自身的获得感。

结合团队学习情况，学生可以结合案例自由选择学习任务。没有自主项目的学生可以在以下3个任务中任选其一并完成相关任务，完成任务过程中请将本组的相关情况按表2.2.3和表2.2.4填写，项目结束后填写表2.2.5给予项目相应的成绩。

任务一：通过教师给予项目动图完成项目具体结构设计开发制作工作。

任务二：结合历年大学生机械创新设计大赛课题开展项目设计制作。

任务三：结合生活实际问题，自选课题完成项目的设计开发制作。

表 2.2.3　　创新项目过程记录表

<table>
<tr><td>创新项目名称</td><td colspan="3"></td></tr>
<tr><td>实施内容</td><td></td><td>实施地点</td><td></td></tr>
<tr><td>参加人员</td><td colspan="3"></td></tr>
<tr><td colspan="4">项目实施目标与问题解决方案</td></tr>
<tr><td>实施目标</td><td>解决方案</td><td colspan="2">自评、他评与反思</td></tr>
<tr><td>自主选题</td><td></td><td colspan="2"></td></tr>
<tr><td>调查研究</td><td></td><td colspan="2"></td></tr>
<tr><td>创意构思</td><td></td><td colspan="2"></td></tr>
<tr><td>设计优化</td><td></td><td colspan="2"></td></tr>
<tr><td>教师签字</td><td colspan="3"></td></tr>
</table>

表 2.2.4　　学习情况进度表

序号	学习时间	自主学习内容	自主成长目标
1			
2			
3			
4			
5			
6			
7			
8			
9			

表 2.2.5　　创 新 项 目 评 分 表

一、基本信息			
项目名称		团队组员	
二、作品评分			
评分项目	学生自评	教师评分	平均分
选题（实用性与创新性）（10 分）			
调研报告（项目可行性）（10 分）			
方案结构设计合理性（25 分）			
加工制作的工艺与外观（25 分）			
设计说明书撰写（格式标准、文字图表是否清晰）（10 分）			
答辩（对设计的讲解是否清晰、回答问题是否流利）（10 分）			
总评			

模块 3

机械结构设计知识

项目 3.1 常用连接方式

3.1.1 机械连接概述

机器是由不同的零部件组成，当零件与零件之间要形成一个整体来传递运动或力矩时，就需要把相关零部件连接起来，保持它们空间相对位置的固定。

机械连接有两大类：一类是机器工作时，被连接的零部件间有相对运动的连接，称为机械动连接；另一类则是在机器工作时，被连接的零部件不允许产生相对运动的连接，称为机械静连接。

连接根据其可拆性又分为可拆连接和不可拆连接。可拆连接是不需要毁坏连接中的任一零件就可拆开的连接，故多次装拆无损于其使用性能。常见的有螺纹连接、键连接及销连接，其中螺纹连接和键连接运用广泛。不可拆连接是至少必须毁坏连接中的某一部件才能拆开的连接，常见的有铆钉连接、焊接、胶接等。过盈连接既可以做成可拆的，也可以做成不可拆的，在机器中常常使用。具体连接方式如图 3.1.1 所示。

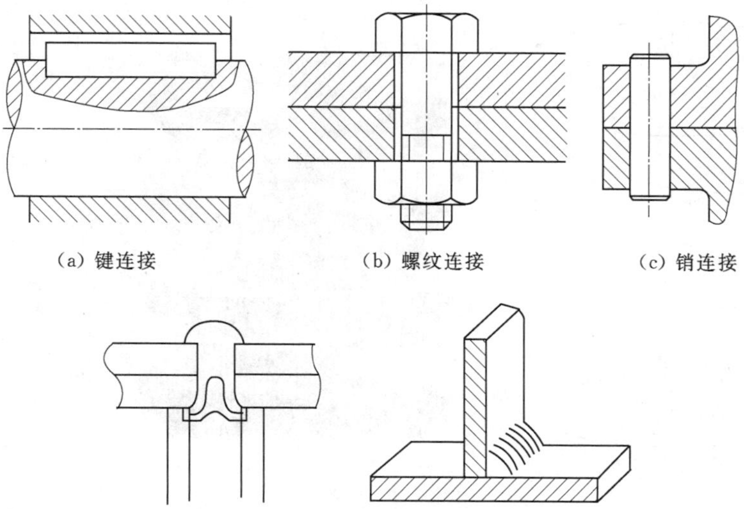

(a) 键连接　(b) 螺纹连接　(c) 销连接

(d) 铆接　(e) 焊接

图 3.1.1　常用连接

在设计被连接零件时，就应同时决定所要采用的连接类型。连接类型的选择是以使用要求及经济型要求为依据。一般来说，采用不可拆卸连接多系制造及经济上的原因；采用可拆卸连接多系结构、安装、运输、维修商的原因。不可拆卸连接制造成本通常比可拆卸连接低。

机械连接方式的具体选择，还需考虑到连接的加工条件和被连接零件的材料、形状及尺寸等诸多因素。例如，板件与板件的连接，多选用螺纹连接、焊接、铆接或胶接；杆件与杆件的连接，多选用螺纹连接或焊接；轴与轮毂的连接则常选用键连接或过盈连接等。有时又可综合使用多种连接方式。

当选择一种机械连接时，必须满足以下 3 个条件：①强度条件（等强度条件）；②经济性；③刚度条件或精密性条件。

就强度来说，必须做到既满足连接的工作要求，又保证连接零件本身的强度。影响连接强度的主要因素，除了特殊情况的过载外，就是载荷在各连接零件上分配不均和应力在各连接零件的危险截面或工作面上分布不均匀，也就是载荷集中和应力集中问题。为此，从结构、制造和装配工艺上采取适当的改善措施，如减少或削弱应力集中源，保证一定的制造精度、装配位置准确等就成为了不可忽略的问题。还应注意，当一个连接中包含多个危险截面和工作截面时，要以其中最薄弱的部位来决定连接的工作能力。此外，在可能条件下，应尽可能将连接件设计为等强度，使连接中各零件充分发挥其承载能力。

3.1.2　螺纹连接

3.1.2.1　螺纹的特点、类型和应用

1. 螺纹形成

螺纹连接在日常生活中应用非常普遍，如矿泉水瓶体与瓶盖连接，家用电器外壳连接等等。螺纹形成必须要有螺旋线，螺旋线为一动点在一圆柱体的表面上，绕轴线等速旋转，同时沿轴向做等速移动的轨迹。当一平面图形沿螺旋线运动时，保持该图形通过圆柱体的轴线，就得到螺纹。螺纹具体形成如图 3.1.2 所示。

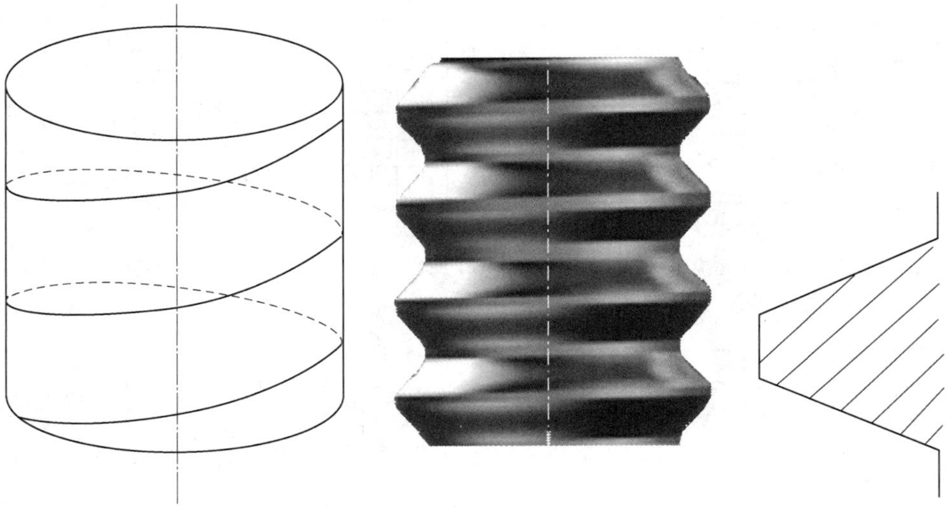

(a) 螺旋线　(b) 螺纹　(c) 螺纹截面

图 3.1.2　螺纹形成

2. 螺纹类型

螺纹连接是一种可拆卸连接，它具有结果简单、拆装方便、工作可靠等优点，在机械工程结构中被广泛应用。根据螺纹使用场合，常常将螺纹分为连接螺纹和传动螺纹，具体见表 3.1.1。

表 3.1.1　　螺纹分类及应用

螺纹种类			特征代号	外形图	特点及应用场合
连接螺纹	普通螺纹	粗牙	M	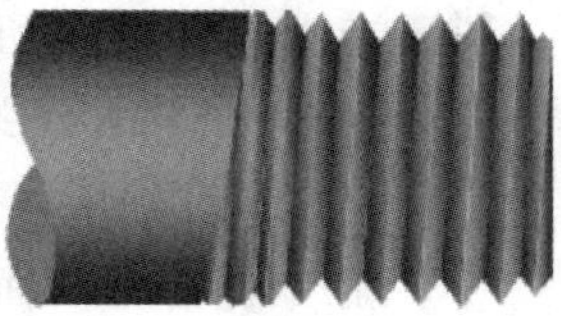	粗牙螺纹具有较高强度，互换性好，且有标准可以对照，一般来说粗牙螺纹作为最优选择
		细牙			细牙螺纹的牙型与粗牙相似，但螺距小，升角小，自锁性好，强度高，因牙细不耐磨，容易滑扣，常用于细小零件，薄壁管件或冲击、振动和变载荷的连接中，也可以作为微调机构的调整螺纹
	管螺纹		G	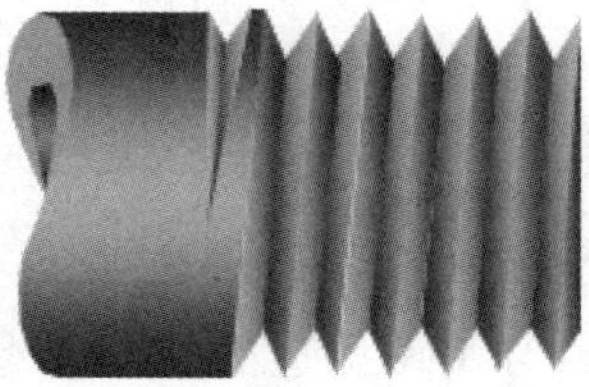	管螺纹是位于管壁上用于连接的螺纹，有 55°非密封管螺纹和 55°密封管螺纹。主要用来进行管道的连接，使其内外螺纹配合紧密，有直管和锥管两种
传动螺纹	梯形螺纹		Tr		梯形螺纹内外螺纹以锥面贴紧，不易松动，工艺性好，牙根强度高，对中性好，比其他的螺纹更耐磨，常用于需要较大传动力的场合下，是最常用的传动螺纹
	锯齿形螺纹		B		锯齿形螺纹按牙型角分为 33°、45°两种，牙型不对称。33°牙型一侧 30°，另一侧 3°。它可承受较大的单向压力，锯齿形螺纹主要用于传动装置，也可用于紧固连接场合。用于筒式结构零件内，如火炮、飞机螺旋桨、液压机立柱等

3. 螺纹参数

现以圆柱普通螺纹的外螺纹为例说明螺纹的主要几何参数（图 3.1.3）。

（1）大径 d——螺纹的最大直径，即与螺纹牙顶相重合的假想圆柱面的直径，在即公称直径。

（2）小径 d_1——螺纹的最小直径，即与螺纹牙底相重合的假想圆柱面的直径，在强度计算中常作为螺杆危险截面计算直径。

（3）中经 d_2——通过螺纹轴向截面内牙型上的沟槽和凸起宽度相等处的假想圆柱面的直径，近似等于螺纹的平均直径，$d_2 \approx 1/2(d+d_1)$。中经是确定螺纹几何参数和配合性质的直径。

（4）螺距 P——螺纹相邻两个牙型上对应点的轴向距离。

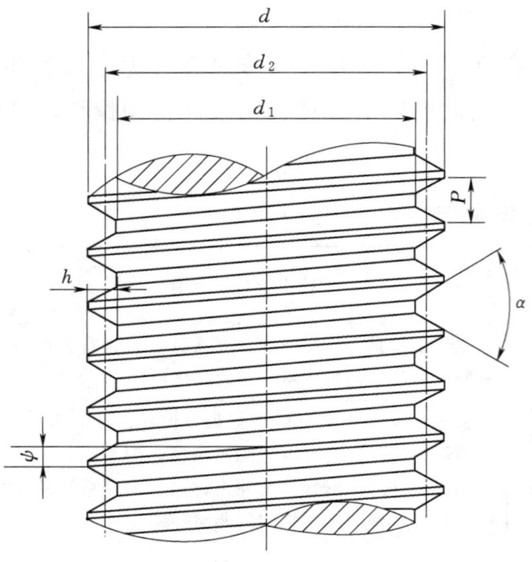

图 3.1.3　螺纹的主要几何参数

（5）线数 n——螺纹的螺旋线数目。沿一根螺旋线形成的螺纹称为单线螺纹，沿两根以上的等距螺旋线形成的螺纹称为多线螺纹。常用的连接螺纹要求自锁，故多用单线螺纹；传动螺纹要求传动效率高，故多用双线或三线螺纹。为了便于制造，一般用线数 $n \leqslant 4$。

（6）导程 S——螺纹上任一点沿同一条螺旋线旋转一周所移动的轴向距离。单线螺纹 $S=P$，多线螺纹 $S=nP$。

（7）螺纹升角 ψ——螺旋线的切线与垂直于螺纹轴线的平面间的夹角。在螺纹的不同直径处，螺纹升角各不相同。通常按螺纹中经 d_2 处计算，即

$$\psi=\arctan\frac{S}{\pi d_2}=\arctan\frac{nP}{\pi d_2}$$

（8）牙型角 α——螺纹轴向截面内，螺纹牙型两侧边的夹角。螺纹牙型的侧边与螺纹轴线的垂直平面的夹角称为牙侧角，对称牙型的牙侧角 $\beta=\frac{\alpha}{2}$。

（9）接触高度 h——内外螺纹旋合后的接触面的径向高度。

各种管螺纹的主要几何参数可查阅有关标准，其尺寸代号都不是螺纹大经，而近似等于管子的内径。

3.1.2.2　螺纹连接主要类型

螺纹连接具体类型见表 3.1.2。

表 3.1.2　　**螺纹连接类型**

类型名称	示意图	应用场合
螺栓连接	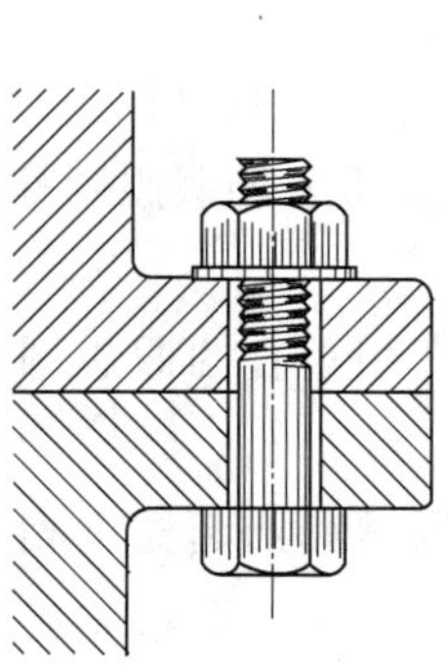	此连接在被连接件上开通孔，插入螺栓后在螺栓的另一端拧上螺母。这种连接的结构特点是被连接件上的通孔和螺栓杆间留有间隙，通孔的加工精度要求低，结构简单，拆装方便，使用时不受被连接件材料的限制，因此被广泛使用

续表

类型名称	示意图	应用场合
双头螺柱连接	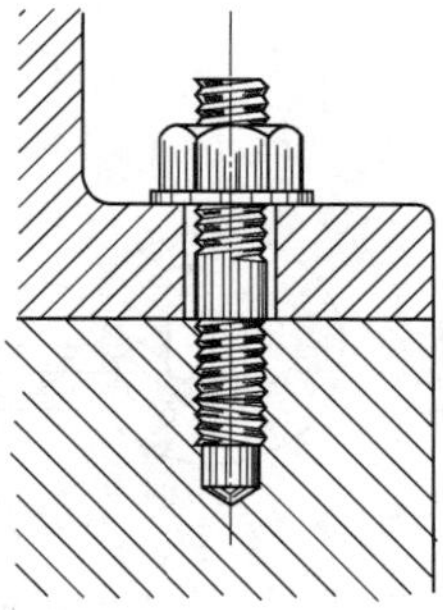	双头螺柱连接适用于结构上不能采用螺栓连接的场合，例如被连接件太厚不宜制成通孔，材料又比较软（铝镁合金制造的壳体），且需要经常拆装时，往往采用双头螺柱连接。显然，拆卸这种连接时，不用拆下螺柱
螺钉连接	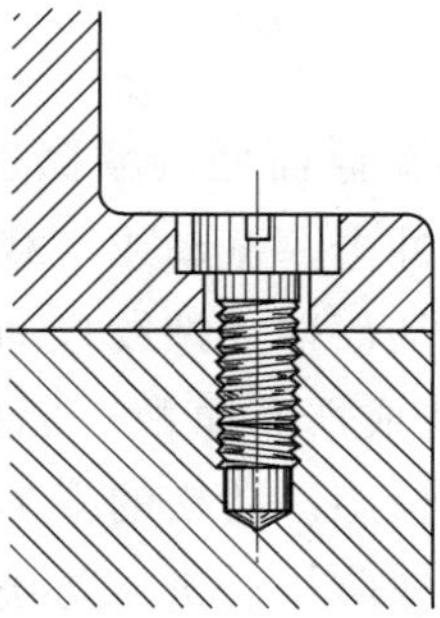	螺钉连接特点是螺钉直接拧入被连接件的螺纹孔中，不用螺母，结构上比双头螺柱连接简单、紧凑。其用途和双头螺柱连接相似，但如果经常拆装时，易使螺纹孔磨损，可能导致被连接件报废，故多用于受力不大，或不经常拆装的场合
紧定螺钉连接	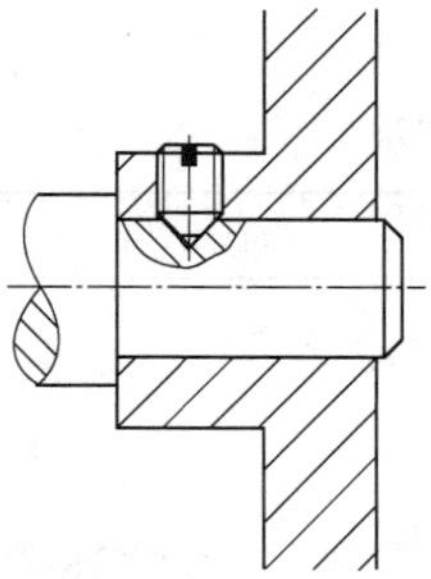	紧定螺钉连接是利用拧入零件螺纹孔中的螺钉末端顶住另一个零件的表面或顶入相应的凹坑中，以固定两个零件的相对位置，并可传递不大的力矩或者转矩

除上述4种基本螺纹连接形式外，还有一些特殊结构的连接。例如，专门用于将机座或机架固定在地基上的地脚螺栓连接；装在机器或大型零件的顶盖或外壳上便于起吊用的吊环螺钉连接；用于工装设备中的T形螺栓连接等。

3.1.2.3 螺纹连接的预紧和防松

1. 预紧力

绝大多数螺纹连接在装配过程中都必须预紧，使得螺栓连接在承受工作载荷之前，预先受到力的作用。这种在承受工作载荷之前就受到的力称为预紧力。预紧的目的在于增强连接的可靠性和紧密型，以防止受载后被连接件出现缝隙或者相对滑动。但过大的预紧力会导致整个连接的结构尺寸增大，也会使连接件在装配或偶然过载时被拉断，因此，为了保证连接所需的预紧力，又不使螺纹连接件过载，对重要的螺纹连接在装配时要控制预紧力。常在工程中运用的控制预紧力的方法很多，通常是借助测力矩扳手（图3.1.4）或定力矩扳手（图3.1.5），利用控制拧紧力矩的方法来控制预紧力的大小。

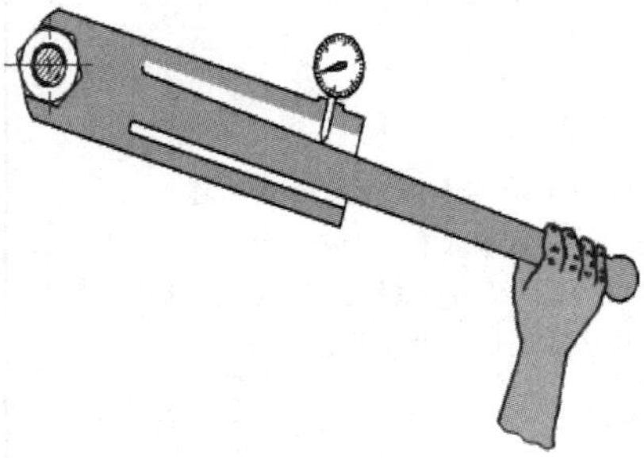

图 3.1.4　测力矩扳手

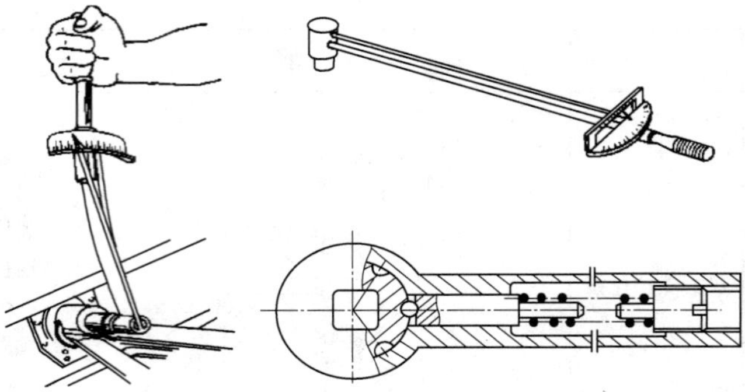

(a) 定力矩扳手工作图　　(b) 定力矩扳手原理图

图 3.1.5　定力矩扳手

2. 螺纹连接的防松

连接螺纹都能满足自锁条件，且螺母和螺栓头部支撑面处的摩擦也能起到防松作用，所以在静载荷作用下，螺纹连接不会自动松脱。但在冲击、振动或变载荷的作用下，或温度变化很大时，螺纹副间的摩擦力可能减小或消失，从而造成螺纹自动松脱，螺纹连接一旦出现松脱，轻者会影响机器的正常运转，重者会造成严重事故。因此为了防止连接松脱，保证连接安全可靠，设计时必须采取有效的防松措施。防松的根本问题在于防止受载荷时发生相对转动。防松的方法按其工作原理分为摩擦防松、机械防松和破坏螺旋副运动关系防松，具体防松结构见表 3.1.3。

表 3.1.3　　螺纹连接常用的防松方法

防松方法		结构形式	特点和应用
摩擦防松	对顶螺母	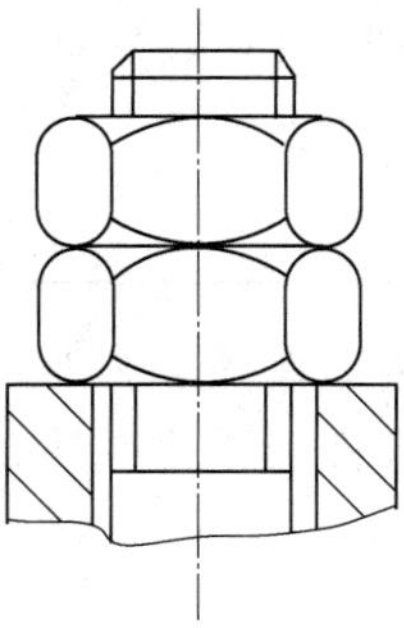	两螺母对顶拧紧后，使旋合螺纹间始终受到附加的压力和摩擦力的作用。工作载荷有变动时，该摩擦力仍然存在。该结构简单，适用于平稳、低速和重载的固定装置上的连接
	弹簧垫圈	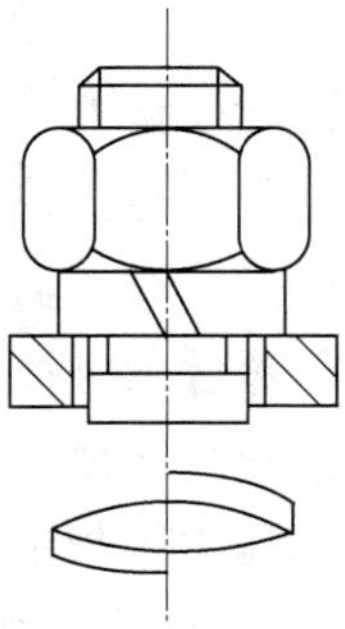	螺母拧紧后，靠垫圈压平而产生的弹性反力使旋合螺纹间压紧。同时垫圈斜口的尖端抵住螺母与被连接件的支撑面也有防松作用。该结构简单、使用方便。但由于垫圈的弹力不均，在冲击、振动的工作条件下，其防松效果较差，一般用于不重要的连接

续表

防松方法		结构形式	特点和应用
摩擦防松	自锁螺母	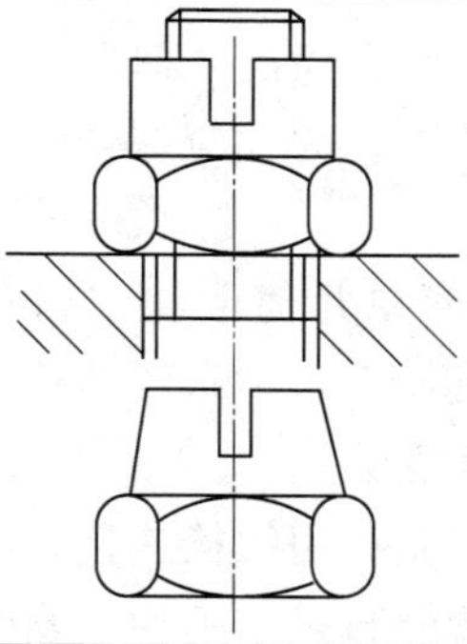	螺母一端制成非圆形收口或开缝后径向收口。当螺母拧紧后，开口胀开，利用收口的弹力使旋合螺纹间压紧。该结构简单，防松可靠，可多次拆装而不降低防松性能
机械防松	开口销与六角开槽螺母	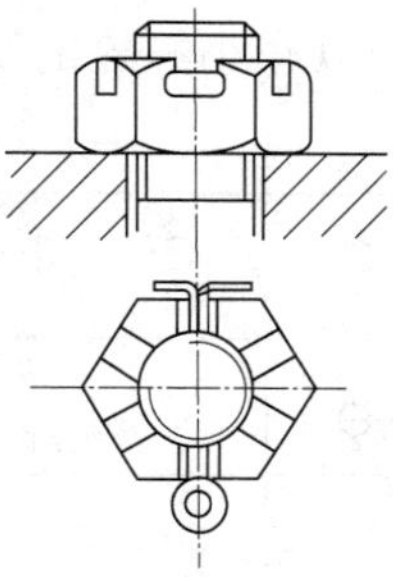	六角开槽螺母拧紧后，将开口销穿入螺栓尾部小孔和螺母的槽内，并将开口销尾部掰开与螺母侧面贴紧。也可用普通螺母代替六角开槽螺母，但需拧紧螺母后再配钻销孔。该结构适用于较大冲击、振动的高速机械中运动部件的连接
	止动垫圈	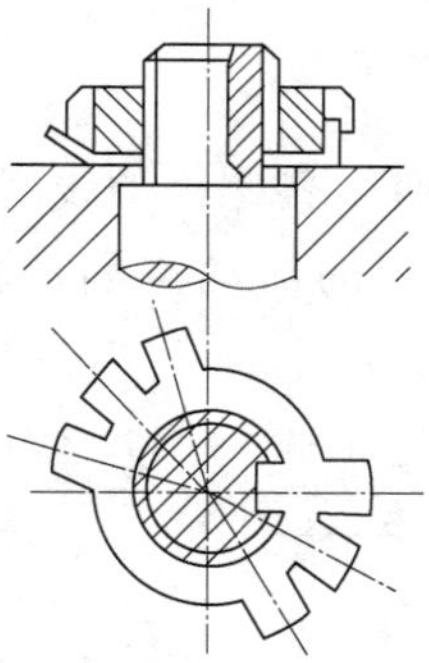	螺母拧紧后，将单耳或双耳止动垫圈分别向螺母和被连接的侧面折弯贴紧，即可将螺母锁住。若两个螺栓需要双连锁紧时，可采用双连止动垫圈，使两个螺母相互制动。该结构简单，使用方便，防松可靠
破坏螺旋副运动关系防松	冲点	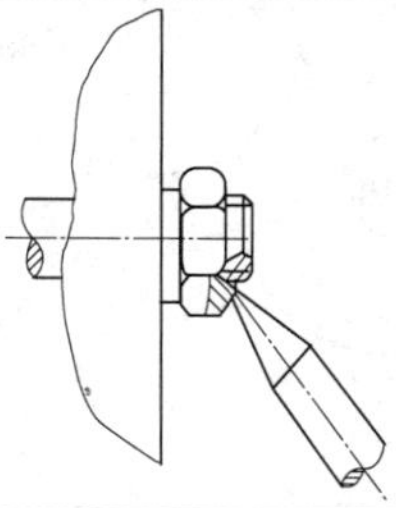	用冲头在螺栓杆末端与螺母的旋合缝处打冲，利用冲点防松。冲点可以在端面，也可以在侧面，冲点中心一般在螺纹的小径处。该防松方法可靠，但拆卸后连接件不能再使用
	涂胶粘剂	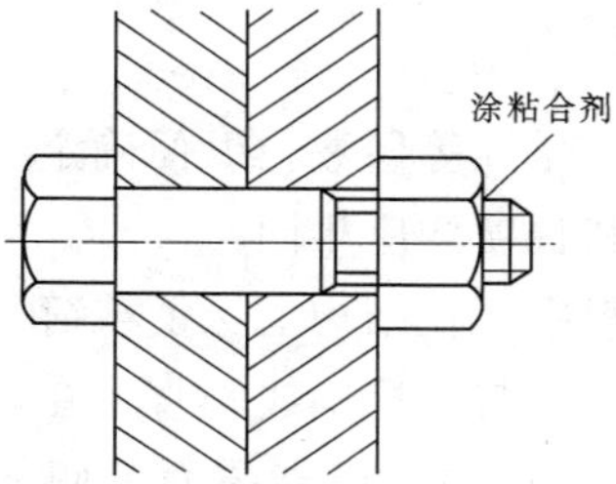	在旋合螺纹间涂以液体胶粘剂，拧紧螺母后，胶粘剂硬化，固着，防止螺纹副发生相对转动

3.1.2.4 螺栓组设计参考资料

1. 螺栓组连接的结构设计

对螺栓组连接的结构设计主要目的是合理确定连接结合面的几何形状和螺栓的布置形式，保证各螺栓和连接结合面受力均匀，便于加工和装配。为此应综合考虑以下几个方面的问题：

（1）连接结合面的几何形状通常都设计为对称的简单几何形状，如圆形、环形、矩形、框形、三角形等。这样不但有利于加工制造，而且便于对称布置螺栓，使螺栓组的对称中心和连接结合面的行心重合，从而保证连接结合面受力均匀。

（2）螺栓的布置应使得各螺栓的受力合理。对于铰制孔用螺栓连接，不要在平行于工作载荷的方向上成排地布置8个以上的螺栓，以免载荷分布过于不均。当螺栓连接承受弯矩或转矩时，应使螺栓的位置适当靠近连接结合面边缘，以减小螺栓的受力（图3.1.6）。

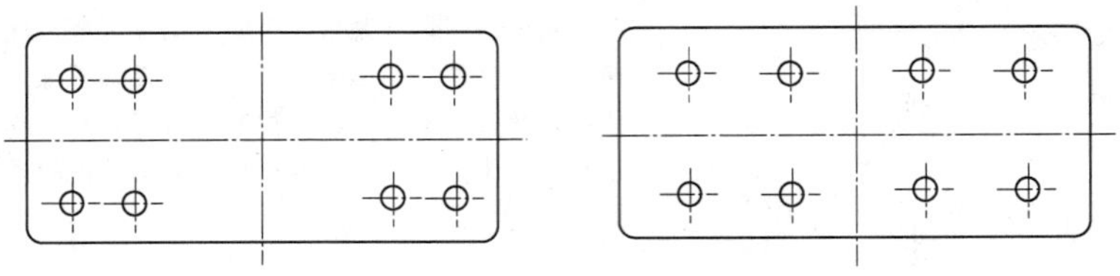

(a) 合理　　(b) 不合理

图3.1.6　承受弯矩或转矩时螺栓布置

（3）螺栓的排列应有合理的间距、边距。布置螺栓时，各螺栓轴线间以及螺栓轴线和机体壁间的最小距离 A、B、C、E，应根据扳手所需要的活动空间的大小来决定（图3.1.7）。

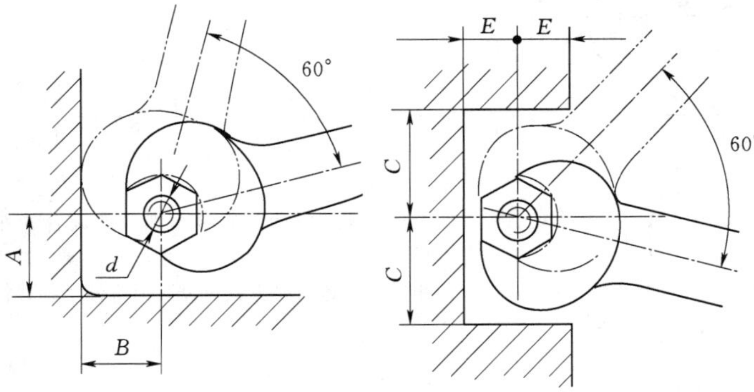

图3.1.7　扳手活动空间

（4）分布在同一圆周上的螺栓数目，应取成4、6、8等偶数，以便确定在圆周上钻孔时的分度和画线，同一螺栓组中螺栓的材料、直径和长度均应相同。

（5）避免螺栓承受附加的弯曲载荷。在设计过程中要在结构上保证载荷不偏心，在工艺上保证被连接件、螺母和螺栓头部的支撑面平整，并与螺栓轴线垂直。在铸、锻件等粗糙表面上安装螺栓时，应设计成凸台或沉头座（图3.1.8）；当支撑面为倾斜面时，应采用斜面垫圈（图 3.1.9）；特殊情况下也可以采用球面垫圈（图 3.1.10）。

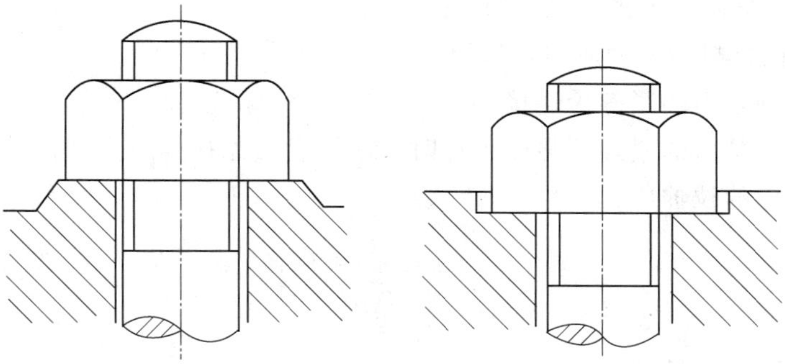

图 3.1.8　凸台与沉头座应用

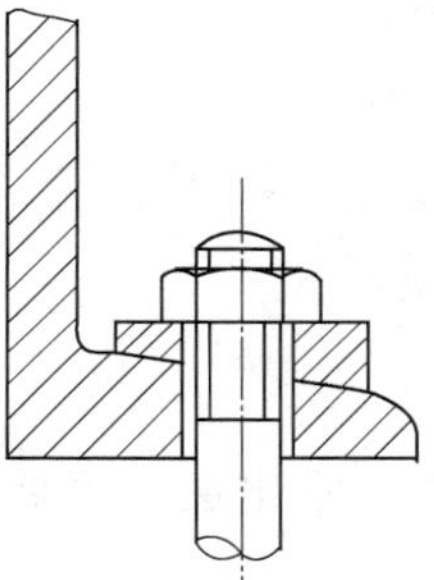

图 3.1.9　斜面垫圈

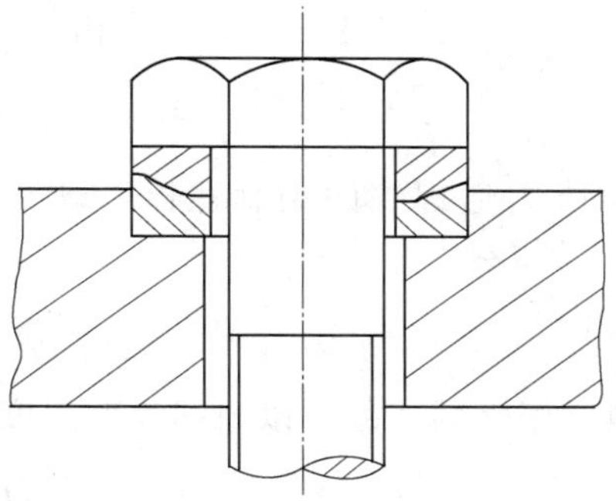

图 3.1.10　球面垫圈

2. 螺栓连接的强度计算

在此以单个螺栓连接为例讨论螺栓连接强度的计算方法，对其他螺栓连接也同样适用。根据工程实例分析可知螺栓在工程应用中主要受到拉力与剪切力作用。对于受拉螺栓，其主要破坏形式是螺栓杆螺纹部分发生断裂，因而设计时应该保证螺栓的静力或疲劳拉伸强度；对于受剪螺栓，其主要破坏形式是螺栓杆和孔壁的贴合面上出现压溃或螺栓杆被剪断，其设计准则是保证连接的挤压强度和螺栓的剪切强度，其中连接挤压强度对连接的可靠性起决定性作用。

对于受拉螺栓强度分析，以起重吊钩的螺纹连接为例，阐述螺栓连接的强度计算方法。如图 3.1.11 所示，当连接承受工作载荷 F 时，螺栓所受到的工作拉力为 F，则螺栓危险截面的拉伸强度条件为

$$\sigma=\frac{F}{\frac{\pi}{4}d_1^2}\leqslant[\sigma] \tag{3.1.1}$$

或

$$d_1\geqslant\sqrt{\frac{4F}{\pi[\sigma]}} \tag{3.1.2}$$

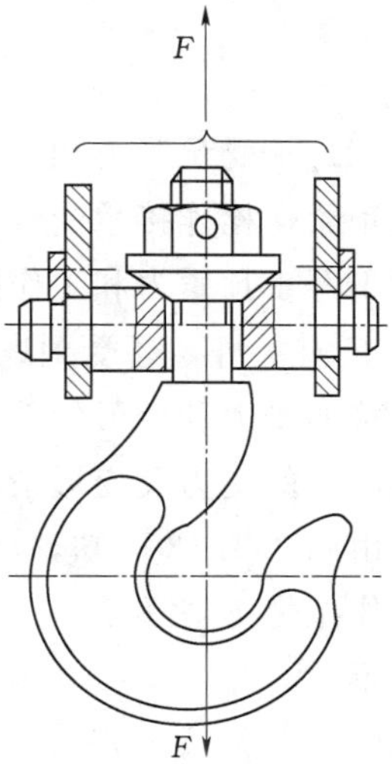

图 3.1.11　起重吊钩螺栓连接

式中 F——工作拉力，N；

d_1——螺栓危险截面的直径，mm；

$[\sigma]$——螺栓材料的需用应力，MPa。

(1) 仅承受预紧力的紧螺栓连接。

对于仅承受预紧力的紧螺栓强度计算时，应综合考虑拉伸应力和扭转切应力的作用。

螺栓危险截面的拉伸应力为

$$\sigma=\frac{F}{\frac{\pi}{4}d_1^2} \tag{3.1.3}$$

螺栓危险截面的扭转切应力为

$$\tau=\frac{F_0\tan(\psi+\varphi_v)\frac{d_2}{2}}{\frac{\pi}{16}d_1^3}=\frac{\tan\psi+\tan\varphi_v}{1-\tan\psi\tan\varphi_v}\frac{2d_2}{d_1}\cdot\frac{F_0}{\frac{\pi}{4}d_1^2} \tag{3.1.4}$$

对于M10～M16普通螺纹的钢制螺栓，取 $\tan\varphi_v\approx0.17$，$\frac{d_2}{d_1}=1.04\sim1.08$，$\tan\psi\approx0.05$，可得

$$\tau\approx0.5\sigma \tag{3.1.5}$$

由于螺栓材料是塑性的，故可以根据第四强度理论，求出螺栓预紧下的计算应力为

$$\sigma_{ca}=\sqrt{\sigma^2+3\tau^2}=\sqrt{\sigma^2+3(0.5\sigma)^2}\approx1.3\sigma \tag{3.1.6}$$

由此可见，对于M10～M16普通螺纹的钢制螺栓，在拧紧时虽是同时承受拉伸和扭转的共同作用，但在计算时可只按拉伸强度计算，并将所受到的拉力（预紧力）增大30%来考虑扭转的影响。

故危险截面的强度计算公式修正为

$$\sigma_{ca}=\frac{1.3F_0}{\frac{\pi}{4}d_1^2}\leqslant[\sigma] \tag{3.1.7}$$

(2) 承受预紧力和工作拉力的紧螺栓连接。

预紧螺栓连接承受轴向工作载荷后，由于螺栓和被连接件的变形，螺栓所受到的总拉力并不等于预紧力和工作拉力之和。根据理论分析，螺栓的总拉力除和预紧力 F_0、工作拉力 F 有关外，还受到螺栓刚度 C_b 及被连接件刚度 C_m 等因素影响。因此，应从分析螺栓连接的受力和变形的关系入手，找出螺栓总拉力的大小。单个螺栓连接在承受轴向拉伸载荷前后的受力及变形情况如图3.1.12与图3.1.13所示。

由图3.1.13可知，当连接承受工作载荷 F 时，螺栓的总拉力 F_2 等于残余预紧力 F_1 与工作拉力 F 之和，$F_2=F_1+F$。根据螺栓预紧力F_0与残余预紧力 F_1 与总拉力 F_2 的关系可得

$$F_2=F_0+\frac{C_b}{C_b+C_m}F \tag{3.1.8}$$

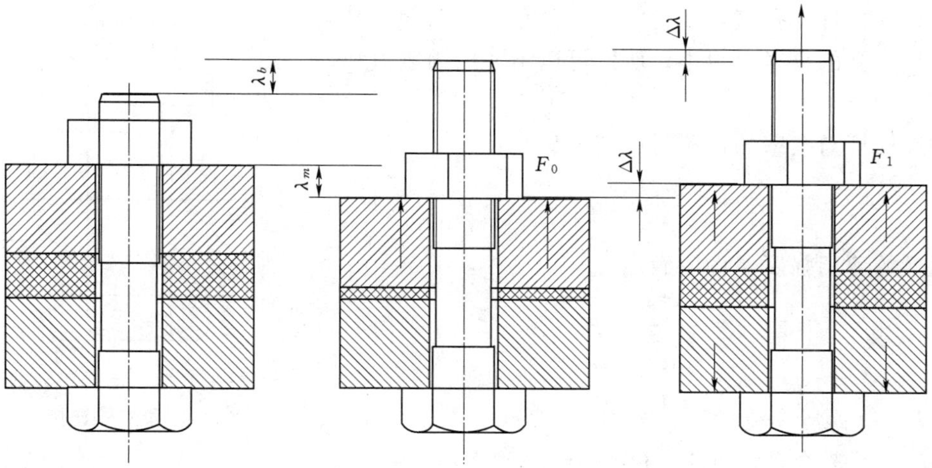

图 3.1.12　单个紧螺栓连接受力变形图

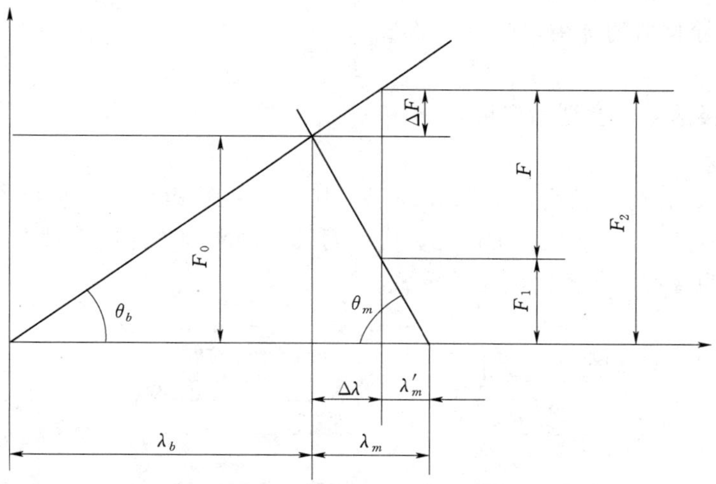

图 3.1.13　单个螺栓连接受力变形线图

式中，$\frac{C_b}{C_b+C_m}$称为螺栓的相对刚度，其值在 0～1，一般设计时可根据垫片材料不同用下列推荐数据：金属垫片（或无垫片）0.2～0.3；皮革垫片 0.7；铜皮饰面垫片 0.8；橡胶垫片 0.9。

故螺栓危险截面的拉伸强度条件为

$$\sigma_{ca}=\frac{1.3F_2}{\frac{\pi}{4}d_1^2}\leqslant[\sigma] \tag{3.1.9}$$

(3) 承受工作剪力的紧螺栓连接。

如图 3.1.14 所示，这种连接是利用铰制孔用螺栓抗剪切来承受载荷 F。螺栓杆与孔壁之间无间隙，接触表面受挤压；在连接结合面处，螺栓杆受剪切，因此，应该分别按挤压及剪切强度条件计算。

假设螺栓杆与孔壁表面上的压力分布是均匀的，又因这种连接所受的预紧力很小，所以可以不考虑预紧力和螺纹摩擦力的影响。

故螺栓杆与孔壁的挤压强度应该满足：

$$\sigma_p=\frac{F}{d_0 L_{\min}}\leqslant[\sigma_p] \tag{3.1.10}$$

螺杆的剪切强度条件应满足：

$$\tau=\frac{F}{\frac{\pi}{4}d_0^2}\leqslant[\tau] \tag{3.1.11}$$

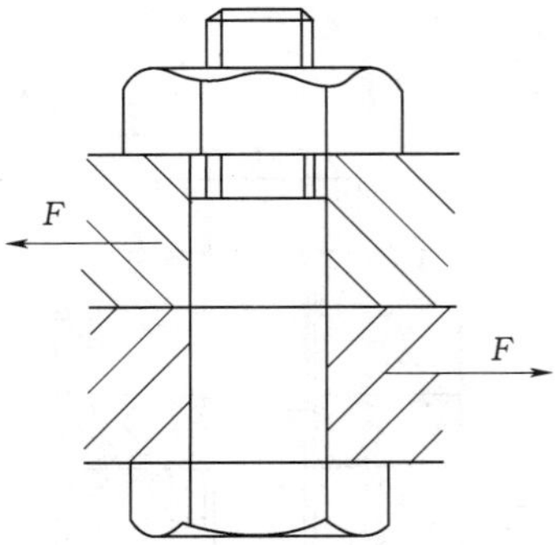

图 3.1.14　承受工作剪力的紧螺栓连接

式中　F——螺栓所受的工作剪力；

d_0——螺栓剪切面的直径，mm；

$L_{\min}$——螺栓杆与孔壁挤压面的最小高度，mm，设计时应使 $L_{\min}\geqslant1.25d_0$；

$[\sigma_p]$——螺栓孔壁材料的许用挤压应力，MPa；

$[\tau]$——螺栓材料的许用切应力，MPa。

3.1.3　键连接

3.1.3.1　键连接的常用类型和应用

1. 平键连接

平键连接的定心精度较高，应用较广泛，其优点是结构简单、装拆方便、对中性较好。但由于这种键连接不能承受轴向力，因而对轴上的零件不能起到轴向固定的作用。

图 3.1.15 为普通平键连接的结构形式。

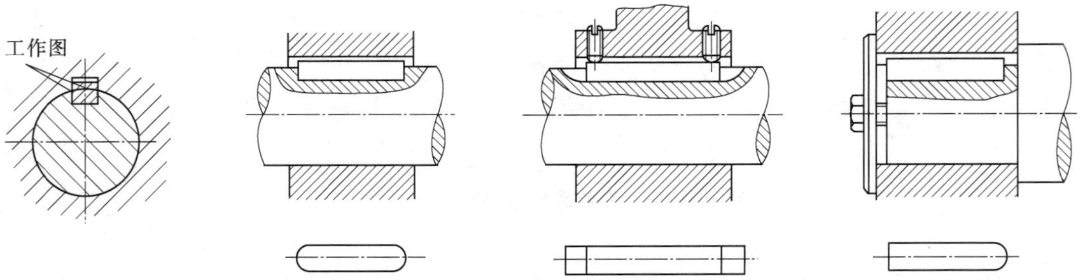

(a) 键连接　　(b) 圆头　　(c) 平头　　(d) 单圆头

图 3.1.15　普通平键连接

从图 3.1.15 可看出键的上表面和轮毂的键槽底面间留有间隙，工作面是两侧面，工作时，靠键同键槽侧面的挤压来传递转矩。

平键分为普通平键、薄型平键、导向平键和滑键四种。前两种键用于静连接，后两种键用于动连接。

(1) 普通平键。

普通平键按构造分为圆头（A 型），如图 3.1.15（b）所示；平头（B 型），如图 3.1.15（c）所示；单圆头（C 型），如图 3.1.15（d）所示。

圆头平键宜放在轴上用键槽铣刀铣出的键槽中，键在键槽中轴向固定良好。平头平键是放在用盘铣刀铣出的键槽中。单圆头平键则常用于轴端与毂类零件的连接。

圆头平键的缺点是键的头部侧面与轮毂上的键槽不接触，因而键的圆头部分不能充分利用，而且轴上键槽端部的应力集中较大。但平头平键避免了上述缺点。

（2）薄型平键。

薄型平键也分圆头、平头和单圆头3种形式，键的高度约为普通平键的60%～70%，由于传递转矩的能力较低，常用于空心轴、薄壁结构及一些径向尺寸受限制的场合。

（3）导向平键。

采用导向平键或滑键均可满足被连接的毂类零件工作过程中在轴上做轴向移动。由于导向平键较长，需用螺钉固定在轴上的键槽中，同时键上制有起键螺孔，可拧入螺钉使键退出键槽，以便于拆卸。导向平键适用于轴上传动零件滑移较小的情况下。

（4）滑键。

当零件需滑移的距离较大时，宜采用滑键而不采用导向平键。这是因为导向平键的长度越大，制造越困难。当采用滑键时，滑键固定在轮毂上，轮毂带动滑键在轴上的键槽中作轴向滑移。这样，可将键做得较短，只需在轴上铣出较长的键槽即可，从而降低加工难度。

2. 半圆键连接

半圆键连接工艺性较好，装配方便，尤其适用于锥形轴端与轮毂的连接。半圆键工作时，靠其侧面来传递转矩。由于其轴上键槽较深，对轴的强度削弱较大，所以一般只用于轻载静连接中。

轴上键槽的加工方法是用尺寸与半圆键相同的半圆键槽铣刀铣出。由图3.1.16可看出，键在槽中能绕其几何中心摆动以适应轮毂中键槽的斜度。

3. 楔键连接

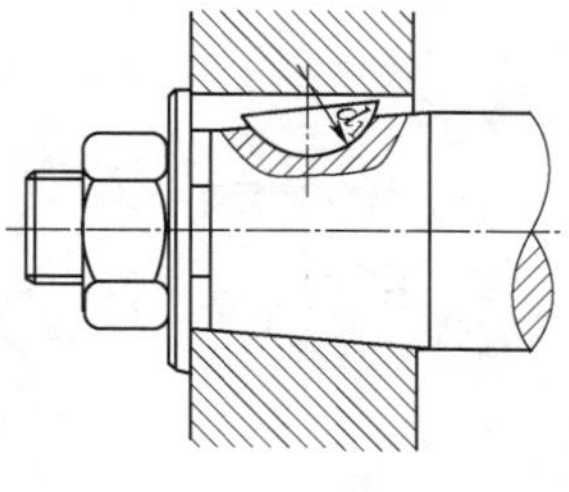

图3.1.16 半圆键连接

楔键连接如图3.1.17所示。键是楔紧在轴和轮毂的键槽里的，键楔紧后，轴和轮毂的配合产生偏心和偏斜，因此楔键连接主要用于毂类零件定心精度要求不高和低转速的场合。

键的工作面是上下两面，工作时，靠键的楔紧作用来传递转矩，同时还能承受单向的轴向载荷，对轮毂起到单向的轴向固定作用。楔键连接在传递有冲击和振动的较大转矩时，可能会导致轴与轮毂发生相对转动，但由于楔键的侧面与键槽侧面间有很小的间隙，此时键的侧面能像平键那样参加工作，以保证连接的可靠性。

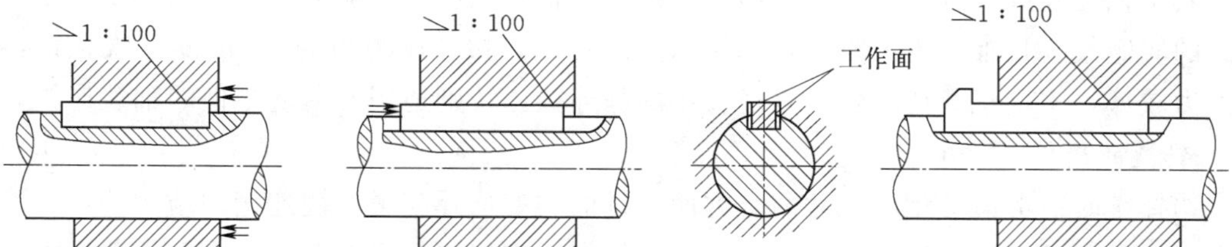

(a) 用圆头楔键　(b) 用平头楔键　(c) 用钩头楔键

图3.1.17 楔键连接

楔键分为普通楔键和钩头楔键，普通楔键有圆头、平头和单圆头3种形式。装配圆头楔键时，要先将键放入轴上键槽中，然后打紧轮毂；而装配平头、单圆头和钩头楔键时，则是在轮毂装好后才将键放入键槽并打紧。钩头楔键的钩头供拆卸用，安装在轴端时，应注意加装防护罩。

4. 花键

花键连接适用于定心精度要求高、载荷大或经常滑移的连接。花键连接是由外花键和内花键组成。花键连接在强度、工艺和使用方面有下述一些优点：①连接受力较为均匀；②齿根处应力集中较小，轴与毂的强度削弱较少；③可承受较大的载荷；④轴上零件与轴的对中性好；⑤导向性较好；⑥可用磨削的方法提高加工精度及连接质量。缺点是齿根仍有应力集中，有时需用专门设备加工，成本较高。

花键连接可用于静连接或动连接。按齿形不同，可分为矩形花键和渐开线花键两类，均已标准化。

（1）矩形花键。

矩形花键的齿形尺寸有轻系列和中系列两个系列。轻系列多用于静连接或轻载连接；中系列多用于中等载荷的连接。矩形花键的定心方式为小径定心（图3.1.18），特点是定心精度高，稳定性好。矩形花键连接应用较为广泛。

（2）渐开线花键。

渐开线花键的齿廓为渐开线，分度圆压力角有30°和45°两种（图3.1.19），齿顶高分别为0.5m和0.4m，（m为模数）。与渐开线齿轮相比，渐开线花键齿较短，齿根较宽，不发生根切的最小齿数较少。

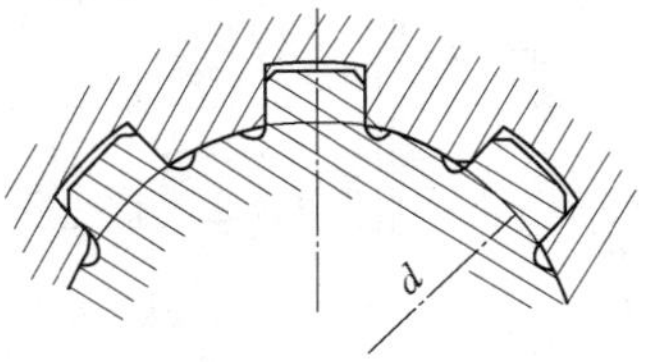

图3.1.18 矩形花键连接

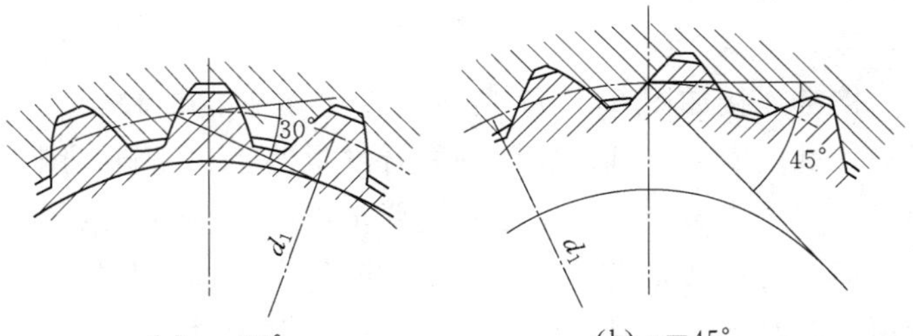

(a) $\alpha=30°$　(b) $\alpha=45°$

图3.1.19 渐开线花键连接

渐开线花键的定心方式为齿形定心。当齿受载时，齿上的径向力能起到自动定心作用。其工艺性较好，制造精度也较高，花键齿的根部强度高，应力集中小，易于定心，当传递的转矩较大且轴径也大时，宜选用渐开线花键连接。压力角为45°的渐开线花键，承载能力较低，多用于载荷较轻，直径较小的静连接，特别适用于薄壁零件的轴毂连接。

5. 键的选择

选择键时应考虑类型和尺寸两个方面。键的类型选择应考虑键连接的结构特点、使用要求和工作条件；键的尺寸选择应考虑是否符合标准规格和强度要求。在尺寸选择中，考虑键的主要尺寸，即键的截面尺寸（一般以键宽b×键高h表示）和键长L。键的截面尺寸按轴的直径d由《平键键槽的尺寸和公差》（GB/T 1095—2003）中选定；键的长度L

一般应等于或略短于轮毂的长度。通常轮毂的长度 L' 可取 1.5～2 倍的轴的直径 d。同时键长也应符合《平键键槽的尺寸和公差》（GB/T 1095—2003）规定的长度系列。重要的键连接在选出键的类型和尺寸后，还应进行强度校核计算。键的材料通常用 45 钢，如果强度不够，通常采用双键或者花键。

3.1.3.2　键连接设计参考资料

图 3.1.20 为平键连接传递转矩时，连接中各零件的受力情况。

普通平键连接（静连接）的主要失效形式是工作面被压溃，如果键没有严重过载，一般不会出现键的剪断，通常只按工作面上的挤压应力进行强度校核计算。导向平键连接和滑键连接（动连接）的主要失效形式是工作面的过度磨损，通常按工作面上的压力进行强度校核计算。

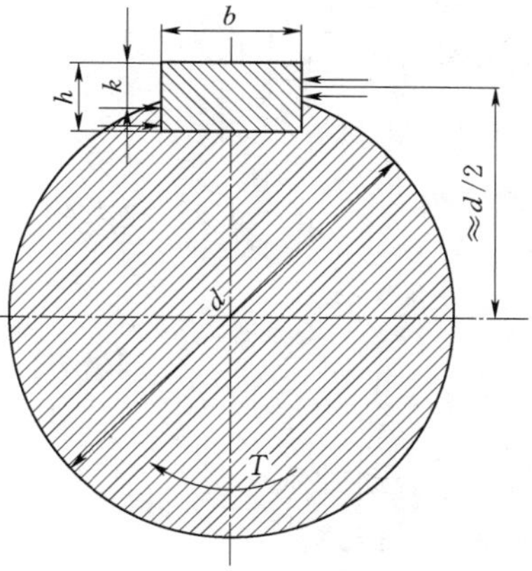

图 3.1.20　平键连接受力情况

普通平键连接的强度条件为

$$\sigma_p=\frac{2T\times10^3}{kld}\leqslant[\sigma_p] \qquad (3.1.12)$$

导向平键连接和滑键连接的强度条件为

$$p=\frac{2T\times10^3}{kld}\leqslant[p] \qquad (3.1.13)$$

$$T=F\times y\approx F\times\frac{d}{2}$$

$$k=0.5h$$

圆头平键 $l=L-b$，平头平键 $l=L$，单圆头平键 $l=1-\frac{b}{2}$。

以上式中　T——传递的转矩，N·m；

k——键与轮毂键槽的接触高度；

h——键的高度，mm；

l——键的工作长度，mm；

L——键的公称长度，mm；

b——键的宽度，mm；

d——轴的直径，mm；

$[\sigma_p]$——键、轴、轮毂三者中最弱材料的许用挤压应力，MPa；

$[p]$——键、轴、轮毂三者中最弱材料的许用压力，MPa。

3.1.4　销连接

销主要用来固定零件之间的相对位置，称为定位销（图 3.1.21），它是组合加工和装配时的重要辅助零件；也可用于连接，称为连接销（图 3.1.22），可传递不大的载荷；还可作为安全装置中的过载剪断元件，称

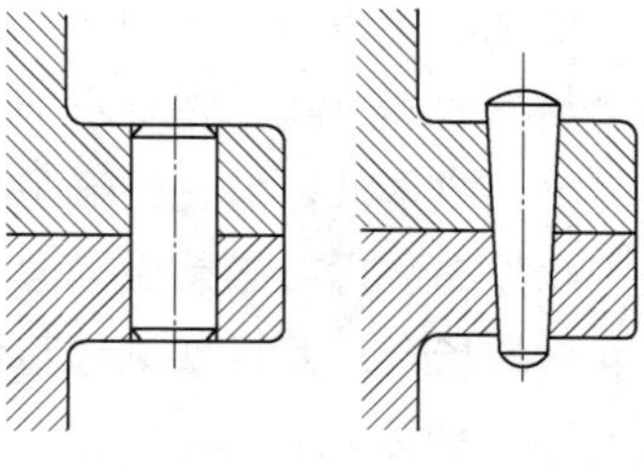

图 3.1.21　定位销

为安全销（图 3.1.23）。

销有圆柱销、圆锥销、槽销、销轴和开口销等多种类型，均已标准化。

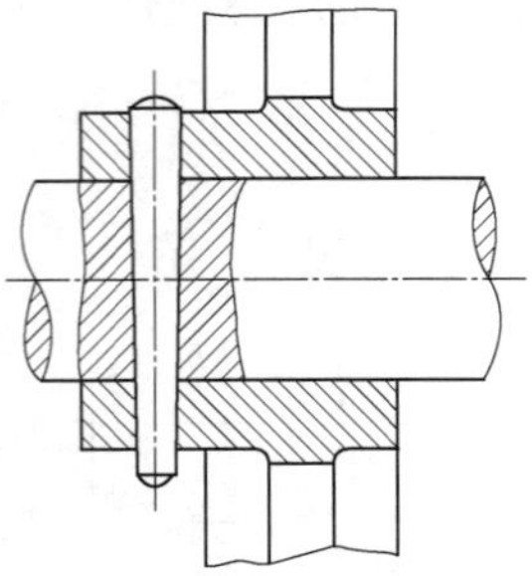

图 3.1.22 连接销

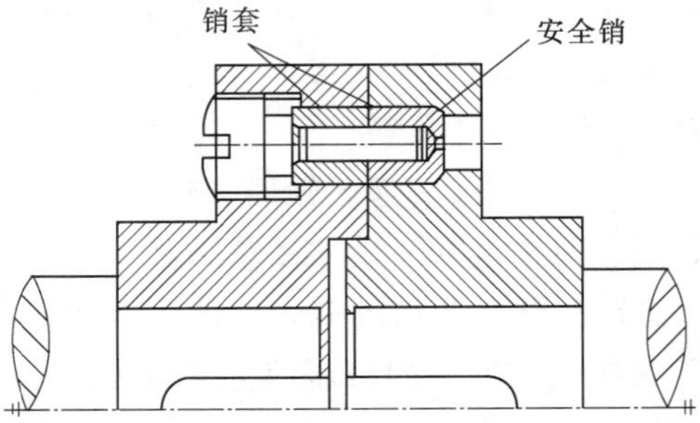

图 3.1.23 安全销

项目 3.2 通用零部件

3.2.1 滑动轴承

3.2.1.1 概述

根据轴承中摩擦性质的不同，可把轴承分为滑动摩擦轴承（简称滑动轴承）和滚动摩擦轴承（简称滚动轴承）。滑动轴承在轧钢机、汽轮机、内燃机、铁路机车及车辆、金属切削机床、航空发动机附件、雷达、卫星通信地面站、天文望远镜以及各种仪表中应用颇为广泛。

滑动轴承的类型很多，按其承受载荷方向不同，可以分为径向轴承和止推轴承。根据其滑动表面间润滑状态不同，可以分为液体轮滑轴承、不完全液体润滑轴承和自润滑轴承。根据液体润滑承载机理不同，又可以分为液体动力润滑轴承和液体静压润滑轴承。

要正确地设计滑动轴承，必须合理地解决以下问题：①轴承的形式和结构设计；②轴瓦的结构和材料选择；③轴承结构参数确定；④润滑剂的选择和供应；⑤轴承的工作能力和热平衡计算。

3.2.1.2 滑动轴承的主要结构形式

1. 径向轴承

径向轴承一般由轴承座、轴瓦（轴套）和润滑装置组成，可分为整体式轴承、剖分式轴承。

（1）整体式轴承。

图 3.2.1 所示为典型的整体式径向滑动轴承，由轴承座和轴套组成。轴承座上设有安装润滑油杯的螺纹孔。在轴承上开有油孔，并在轴套的内表面上开有油槽。整体式滑动轴承结构简单，成本低，但无法调节轴径和轴承孔之间的间隙，当套筒磨损到一定程度后必须更换；此外在装拆时必须做轴向移动，有时很不方便。故多用于轻载、低速、间歇工作且不经常装拆的场合。其标准见《整体有衬正滑动轴承座型式与尺寸》（JB/T 2560—2007）。

（2）剖分式轴承。

图 3.2.2 所示为典型的剖分式滑动轴承。它由轴承座、轴承盖、剖分的上、下轴瓦、

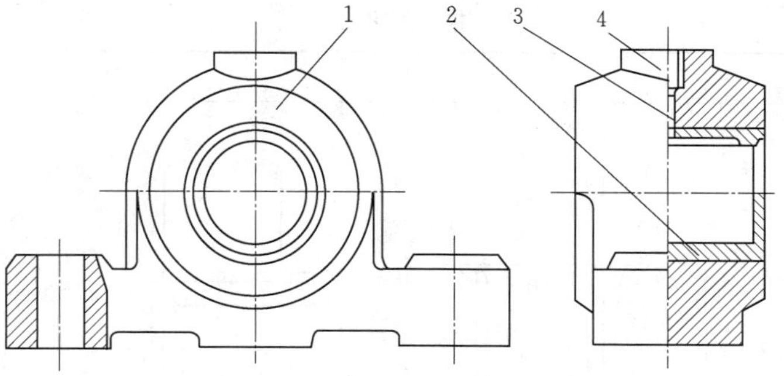

图 3.2.1 整体式径向滑动轴承

1—轴承座；2—整体轴套；3—油孔；4—螺纹孔

螺栓等组成。为了使润滑油能够均匀地分布在整个工作表面上，一般在轴瓦不承受载荷的表面开出油沟和油孔。轴承盖和轴承座的剖分面做成阶梯形定位止口，这样在安装时容易对中，并可承受剖分面方向的径向分力，保证连接螺栓不受横向载荷。由于在轴承盖和轴承座靠近中心处的剖分面间放有垫片，这样，当轴瓦工作面磨损后，适当地减少垫片，并进行刮瓦，就可调节轴颈和轴瓦间的间隙。采用剖分式滑动轴承，装拆很方便。其标准见 JB/T 2561—2007。另外，还可以将轴瓦的瓦背制成凸球面，并将其支撑面制成凹球面，从而组成调心轴承，用于制成挠度较大或多支点的长轴。

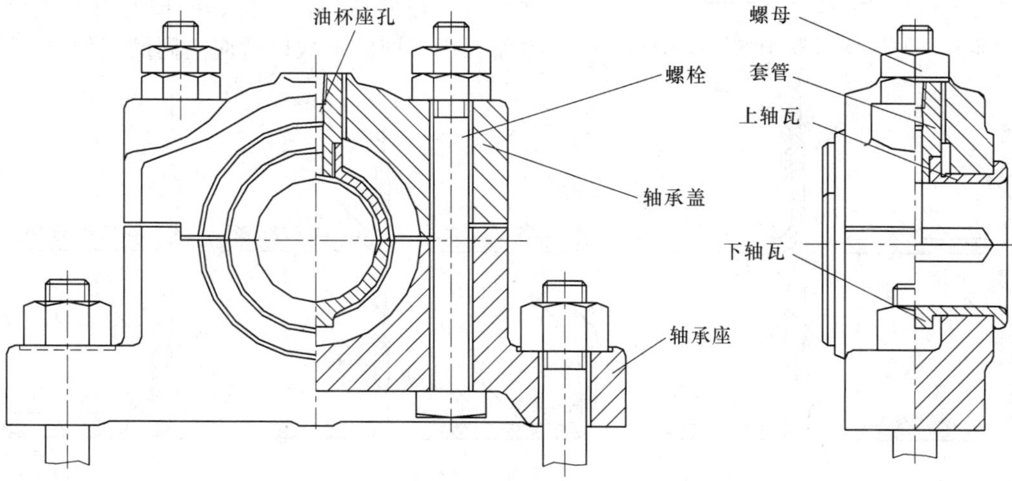

图 3.2.2 剖分式滑动轴承

2. 止推轴承

止推轴承由轴承座、止推轴颈组成，具体结构如图 3.2.3 所示。常用的结构形式有空心式、单环式和多环式，其结构及尺寸见表 3.2.1。通常不用实心式轴颈，因其端面上的压力分布极不均匀，靠近中心处的压力很高，对润滑极为不利。空心式轴颈接触面上压力分布均匀，润滑条件较实心式有所改善。单环式是利用轴颈的环形端面止推，而且可以利用纵向油槽输入润滑油，结构简单，润滑方便，广泛用于低速、轻载的场合。多环式止推轴承不仅能承受较大的轴向载荷，有时还可以承受双向轴向载荷。

表 3.2.1 **止推轴承形式**

空心式	单环式		多环式
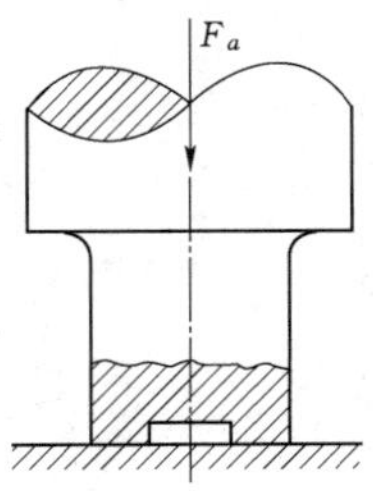	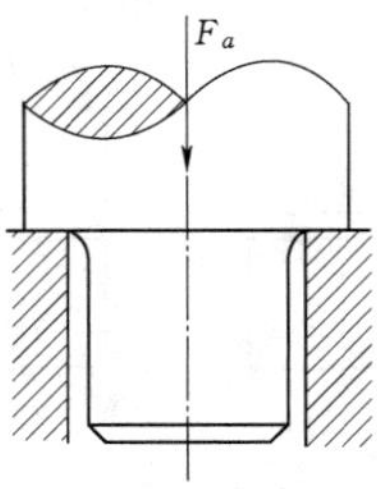	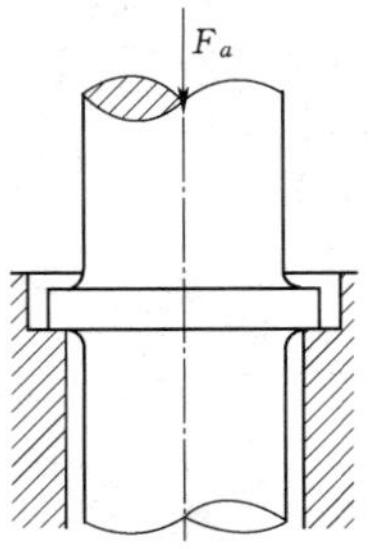	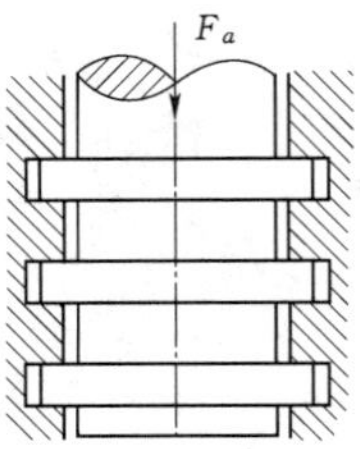

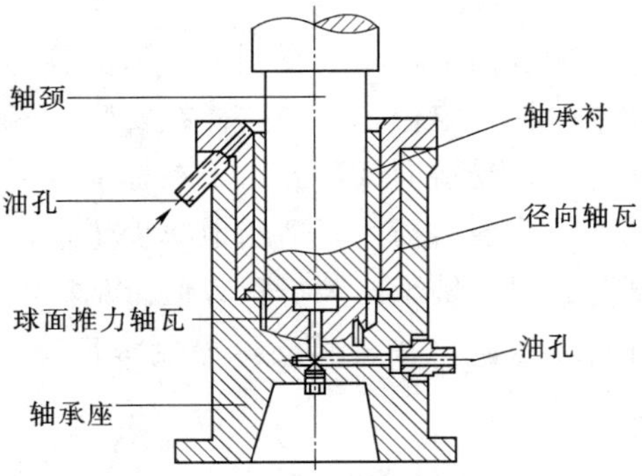

图 3.2.3 空心式止推轴承与轴颈结构图

3. 轴瓦结构

轴瓦是滑动轴承中重要的零件，它的结构设计是否合理对轴承性能影响很大。有时为了节省贵重合金材料或者由于结构上的需要，常在轴瓦的内表面上浇铸或轧制一层轴承合金，成为轴承衬（图 3.2.4）。轴瓦应具有一定的强度和刚度，在轴承中定位可靠，便于输入润滑剂，容易散热，并且拆装、调整方便，为此，轴瓦应在外形结构、定位、油槽开设和配合等方面采用不同的形式以适应不同的工作要求。

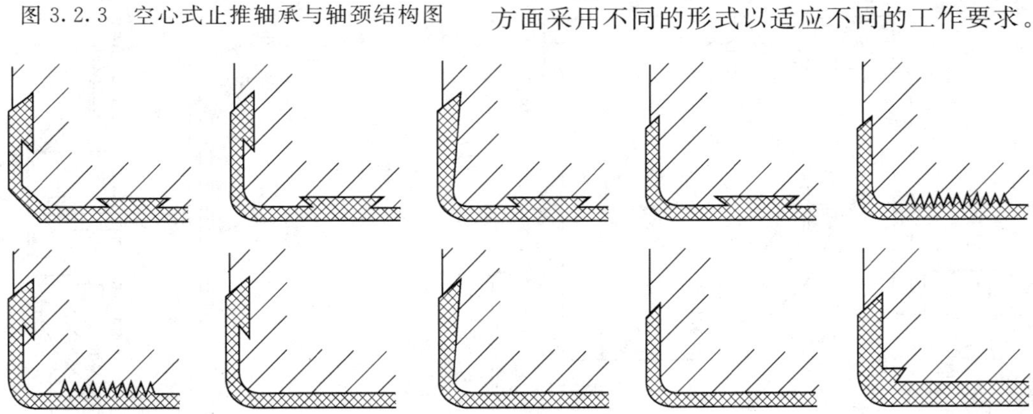

图 3.2.4 轴瓦与轴承衬的结合形式

整体式轴瓦结构如图 3.2.5 所示，其根据材料及制法不同，分为整体式轴套和单层、双层或多层材料的卷制轴套。非金属整体式轴瓦既可以是整体非金属轴套，也可以是在钢套上镶衬非金属材料。

对开式轴瓦结构，有厚壁轴瓦和薄壁轴瓦之分。厚壁轴瓦（图 3.2.6）用铸造方法制造，内表面可以附有轴承衬，常将轴承合金用离心铸造法浇铸在铸铁、钢或青铜轴瓦的内表面。为了使得轴承合金与轴瓦贴合得好，常在轴瓦内表面上制出各种形式的榫头、凹沟和螺纹。

轴瓦的固定（图 3.2.7），轴瓦和轴承座不允许有相对位移。为了防止轴瓦沿轴向和

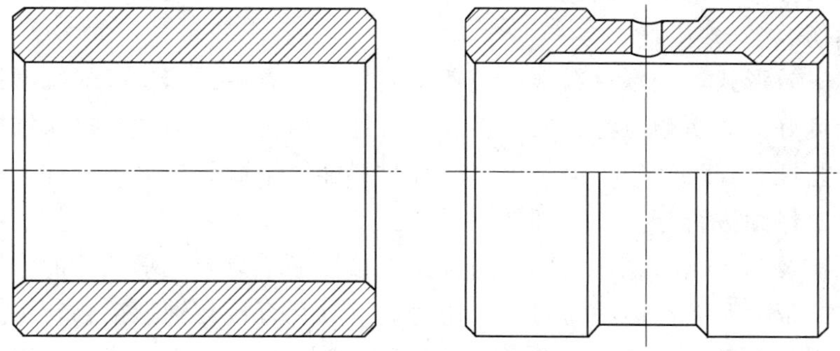

图 3.2.5　整体式轴瓦结构

周向移动，可将其两端做出凸缘来做轴向定位，也可以用紧定螺钉或销钉将其固定在轴承座上，或在轴瓦剖分面上冲出定位唇以供定位用。

为了将润滑油引入轴承，并均匀流到整个工作表面，轴瓦上开有供油孔、油槽。油孔和油槽应开在非承载区，否则会降低油膜承载能力。油孔和油槽的分布形式如图 3.2.8 所示。

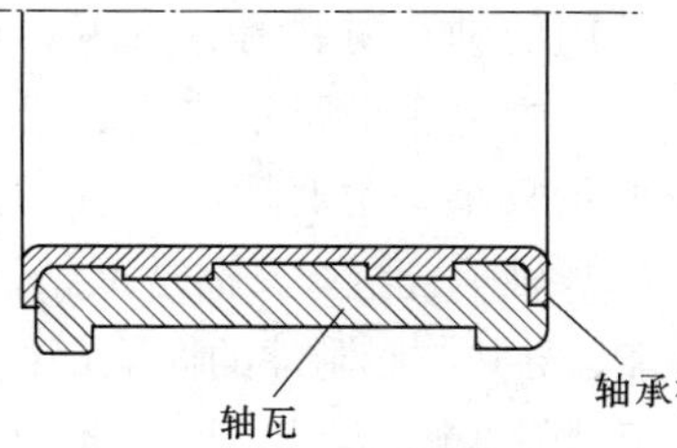

图 3.2.6　对开式厚壁轴瓦

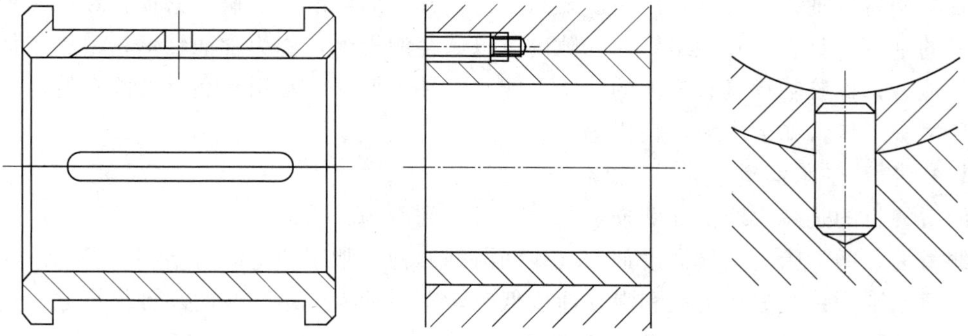

(a) 轴向定位　　(b) 紧定螺钉固定　　(c) 销钉固定

图 3.2.7　轴瓦的固定

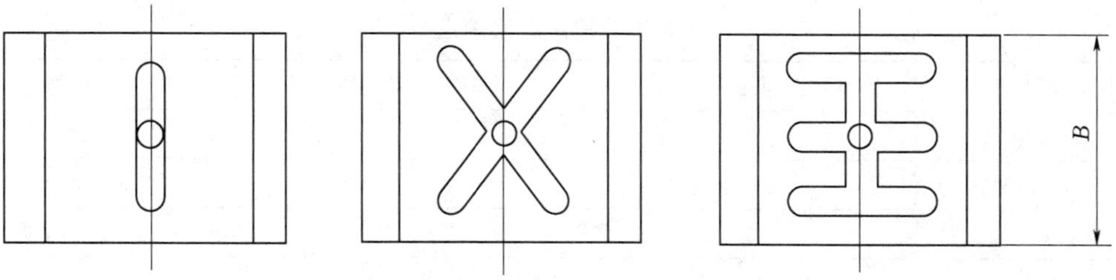

图 3.2.8　油孔和油槽

3.2.1.3　滑动轴承材料

滑动轴承的失效形式主要有：①磨粒磨损；②刮伤；③咬粘（胶合）；④疲劳剥落；

⑤腐蚀。除此之外，由于工作条件不同，滑动轴承还可能出现气蚀、流体侵蚀、电侵蚀和微动磨损等损伤。

针对上述失效形式，轴承材料性能应着重满足以下条件：①良好的减摩性、耐磨性和抗胶合性；②良好的摩擦顺应性、嵌入性和磨合性；③足够的强度和抗腐蚀能力；④良好的导热性、工艺性、经济性等。但是没有一种材料能够全面具备上述条件，因此必须针对各种具体情况，仔细进行分析后合理选用材料。

对于轴承盖及轴承座来说，一般不与轴颈直接接触，只起支承轴瓦的作用，常用灰铸铁制造。在载荷很大及有冲击载荷时，采用铸钢。轴瓦直接与轴颈接触，主要失效形式是磨损，也会发生胶合及疲劳破坏。故要求轴瓦的材料摩擦系数小、耐磨性好、抗胶合，并且具有足够的疲劳强度和必要的塑性、良好的工艺性和经济性。

常用的轴瓦材料有：青铜、轴承合金、黄铜、灰铸铁等。

(1) 青铜主要是铜与锡、铅或铝的合金。其中以铸锡、锌、铅的青铜应用最多。青铜的摩擦系数小，耐磨性好，机械强度也较高，适用于中速、中载或重载的场合。

(2) 轴承合金（又称巴氏合金）主要是锡、铅、锑、铜的合金。由于其耐磨性，塑性、跑合性能、导热与吸附油的性能都好，故适用于高速、重载或中速、中载的情况。但它价格较贵，机械强度较低，使用时一般浇铸在铸钢、铸铁或青铜的轴瓦上，作为轴承衬使用。

(3) 其他材料有时还使用黄铜、灰铸铁、耐磨铸铁制造轴瓦，适用于轻载及低速场合。在采用铸铁轴瓦时，轴颈的硬度要高于铸铁轴瓦的硬度，以避免磨损轴颈；用粉末冶金制成的轴承，具有多孔性组织，孔隙内可以储存润滑油，称为含油轴承，常用于加油不方便的地方；橡胶轴承具有较大的弹性，能减轻轴的振动，可用水润滑，能在有灰尘和泥沙的环境中工作，如潜水泵、钻机等。

3.2.1.4　滑动轴承润滑

润滑的目的是减少摩擦和磨损，同时还可起到冷却、吸振、防尘、防锈等作用。润滑剂有润滑油、润滑脂、固体润滑剂、气体润滑剂四种。常用的是润滑脂和润滑油。润滑脂选择一般原则为：①当压力高和滑动速度低时，选择针入度小一些的品种，反之，选择针入度大一些的品种；②所用润滑脂的滴点，一般应较轴承的工作温度高约 20～30℃，以免工作时润滑脂过多地流失；③在有水淋或潮湿的环境下，应选择防水性强的钙基或铝基润滑脂。具体选择可参考表 3.2.2。

表 3.2.2　　滑动轴承常用润滑油选择

压力 p/MPa	轴颈圆周速度 v/(m/s)	最高工作温度/℃	选用牌号
≤1.0	≤1	75	3 号钙基油
1.0～6.5	0.5～5	55	2 号钙基油
≥6.5	≤0.5	75	3 号钙基油
≤6.5	0.5～5	120	2 号钠基油
>6.5	≤0.5	110	1 号钙钠基油
1.0～6.5	≤1	−50～100	锂基油
>6.5	0.5	60	2 号压延机脂

润滑油的选用主要是指润滑油黏度的选择，应考虑轴承的载荷、速度、工作温度、摩擦表面状况以及润滑方式等条件。原则上讲，当转速高、压力小时，应选黏度较低的油；反之，当转速低、压力大时，应选黏度高的油。但润滑油黏度随温度的升高而降低，故在较高温度下工作的轴承，所用油黏度应该比通常高一些。不完全液体润滑轴承润滑油的选择参考表3.2.3。

表3.2.3　　滑动轴承润滑油选择（不完全液体润滑，工作温度<60℃）

轴颈圆周速度 v/(m/s)	平均压力 p<3MPa	轴颈圆周速度 v/(m/s)	平均压力 p=3～7.5MPa
<0.1	L-AN68、100、150	<0.1	L-AN150
0.1～0.3	L-AN68、100	0.1～0.3	L-AN100、150
0.3～2.5	L-AN46、68	0.3～0.6	L-AN100
2.5～5.0	L-AN32、46	0.6～1.2	L-AN68、100
5.0～9.0	L-AN15、22、32	1.2～2.0	L-AN68
>9.0	L-AN7、10、15		

为了获得良好的润滑效果，除了正确选择润滑剂外，还应选用合适的润滑方法和润滑装置。润滑油的供给可以是间歇的或连续的。间歇供油润滑直接由人工用油壶向油杯中注油，适用于低速、轻载和不重要的轴承。连续供油有以下几种方法：

（1）滴油润滑，图3.2.9（a）所示为芯捻油杯，利用纱线的毛细管作用把油引到轴承中。图3.2.9（b）为针阀式注油油杯，用手柄控制针阀运动，使油孔关闭或开启，用调节螺母控制供油量。

（2）飞溅润滑，通常利用传动齿轮或甩油环［图3.2.9（c）］将油池中的润滑油飞溅到箱体内壁上，再由油沟导入轴承中进行润滑。

（3）压力循环润滑，利用油泵将具有一定压力的润滑油经油路导入轴承进行润滑，供油量充足，润滑可靠，并有冷却和冲洗轴承作用，但结构复杂，成本高。常用于高速、重载和载荷变化较大的轴承中。

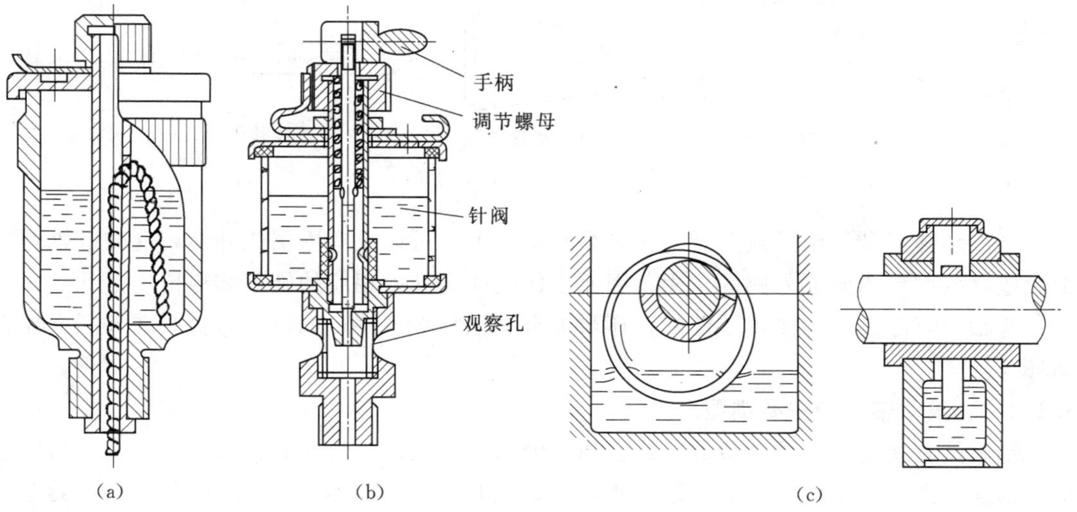

图3.2.9　润滑装置

润滑脂主要用于轴颈速度小于 2m/s、难以经常供油或摆动工作情况下。钙基润滑脂应用最广，但它在 100℃附近开始稠度急剧降低，因此只能在 60℃下使用；钠基润滑脂滴点高，一般用在 120℃以下，但怕水；锂基润滑脂有一定的抗水性和较好的稳定性，适用于－20～120℃。脂润滑只能间歇供给。

3.2.2 滚动轴承

3.2.2.1 概述

滚动轴承是现代机器中广泛应用的部件之一，它是依靠主要原件的滚动接触来支撑转动零件。滚动轴承绝大多数已经标准化，并由专业工厂大量生产及供应各种常规规格的轴承。滚动轴承具有摩擦阻力小、功率消耗少、启动容易等优点。

滚动轴承的基本结构如图 3.2.10 所示，由内外圈、滚动体和保持架所组成。内圈用来和轴颈装配，外圈和轴承座装配。通常是内圈随轴颈回转，外圈固定，但也可以使外圈回转而内圈不动，或是内、外圈同时回转。当内、外圈相对转动时，滚动体即在内外圈的滚道间滚动。保持架将滚动体彼此隔开，使其沿圆周均匀分布，避免滚动体相互接触，减少磨损。

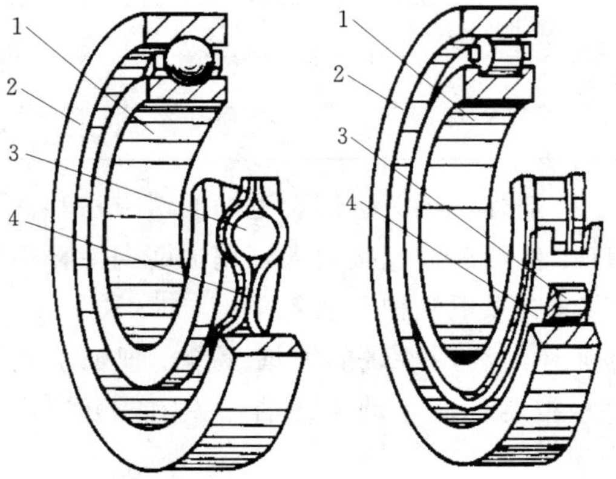

图 3.2.10 滚动轴承的基本结构

1—内圈；2—外圈；3—滚动体；4—保持架

常见的滚动体形状有球、圆柱滚子、圆锥滚子、滚针和鼓形滚子 5 种，如图 3.2.11 所示。

轴承的内圈、外圈和滚动体，一般采用铬轴承钢 GCr15，热处理后硬度不低于 61HR。保持架多数用低碳钢冲压制成，也有用黄铜、塑料等制成实体式。

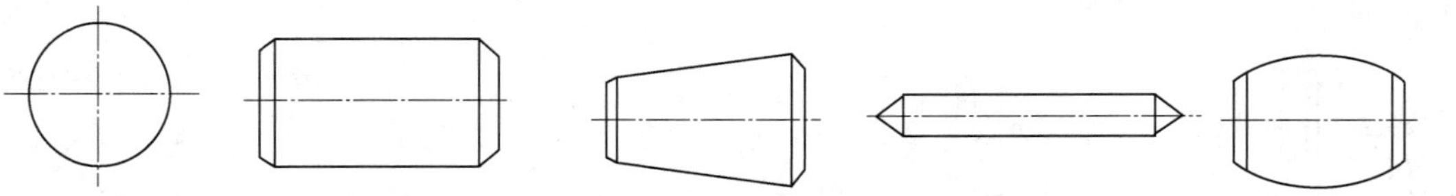

图 3.2.11 常见滚动体

当滚动体是圆柱滚子或滚针时，在某些情况下，可以没有内圈或外圈，这时的轴颈或轴承座就要起到内圈或外圈的作用，因而工作表面应具备相应的硬度和粗糙度。此外，还有一些轴承，除了以上 4 种零件外，还增加有其他特殊零件，如带密封盖或在外圈上加止动环等。

3.2.2.2 滚动轴承的主要类型

轴承按其所能承受的载荷方向或公称接触角的不同，分为向心轴承、推力轴承与向心推力轴承（图 3.2.12）。主要承受径向载荷 F_r 的轴承称为向心轴承，其中有几种类型能够同时承受不大的轴向载荷；只能承受轴向载荷 F_a 的轴承称为推力轴承，推力轴承中与轴颈配合在一起的元件称为轴圈；能同时承受径向载荷和轴向载荷的叫做向心推力轴承。其中滚动体与外圈接触处的法线与垂直于轴承轴心线的平面之间的夹角 α 称为轴承的接触角，接触角 α 越大轴向承载能力越高，夹角 β 即载荷角。

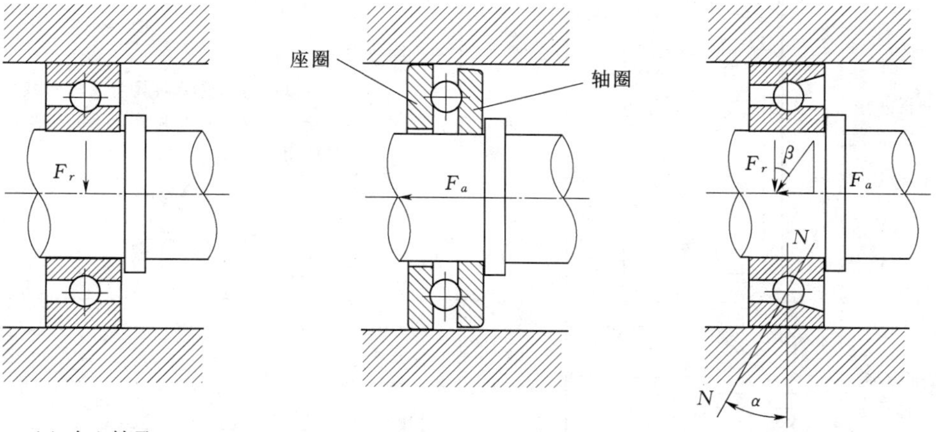

(a) 向心轴承　　(b) 推力轴承　　(c) 向心推力轴承

图 3.2.12　不同类型轴承的承载情况

常用滚动轴承的类型、特性及应用见表 3.2.4。

表 3.2.4　　常用滚动轴承的类型、特性及应用

类型代号	结构形式名称	简　图	结构形式代号	轴向承载能力	性　能　特　点
1	调心球轴承	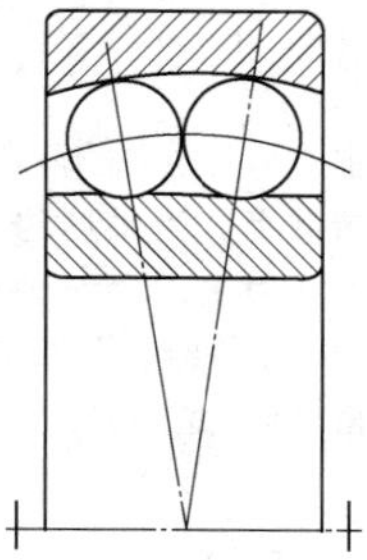	10000	少量	因外圈滚道表面是以轴承中点为中心的球面，故能自动调心，允许内圈（轴）相对外圈（外壳）轴线偏斜量≤2°～3°。一般不宜承受纯轴向载荷
2	调心滚子轴承	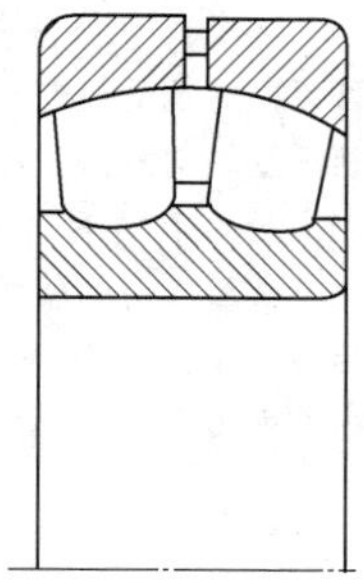	20000	少量	性能、特点与调心球轴承相同，但具有较大的径向承载，允许内圈对外圈轴线偏斜量≤1.5°～2.5°

续表

类型代号	结构形式名称	简　图	结构形式代号	轴向承载能力	性　能　特　点
3	圆锥滚子轴承	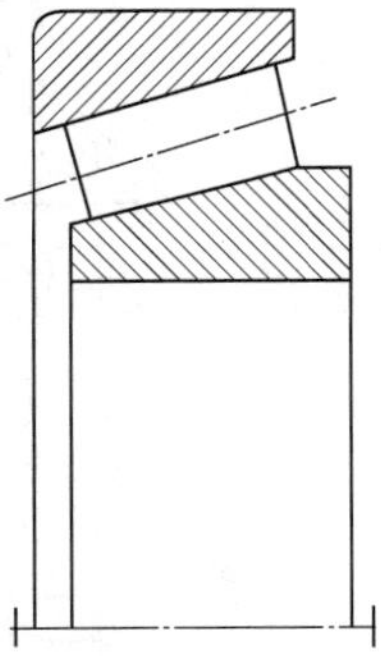	30000	较大	可以同时承受径向载荷及轴向载荷，外圈可分离，安装时可调整轴承的游隙，一般成对使用
4	推力球轴承	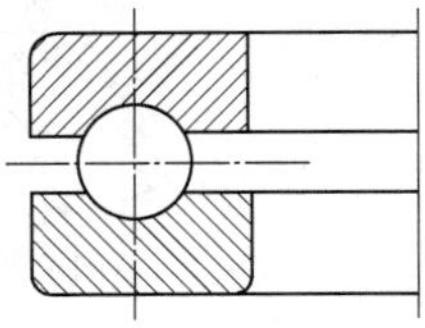	51000	只能承受单向的轴向载荷	只能承受轴向载荷。高速时离心力大，钢球与保持架磨损，发热严重，寿命降低，故极限转速很低。为了防止钢球与滚道之间的滑动，工作时必须加有一定的轴向载荷。轴线必须与轴承座底面垂直，载荷必须与轴线重合，以保证钢球载荷的均匀分配
	双向推力球轴承	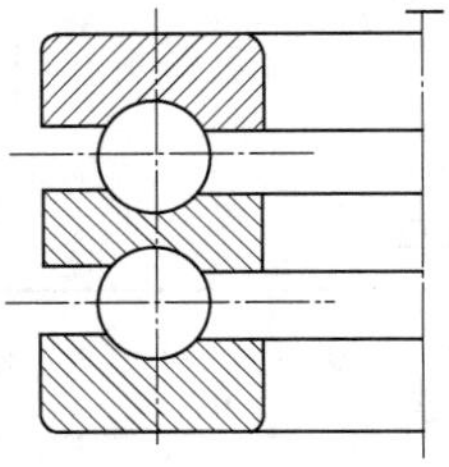	52000	能承受双向的轴向载荷	
5	深沟球轴承	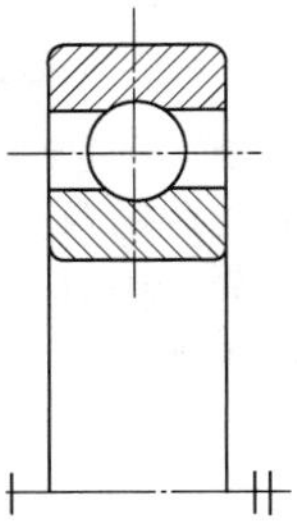	60000	少量	主要承受径向载荷，也可以同时承受小的轴向载荷。当量摩擦系数最小。在高转速时，可用来承受纯轴向载荷。工作中允许内、外圈轴线偏斜量≤8′～16′，大量生产，价格最低
6	角接触球轴承	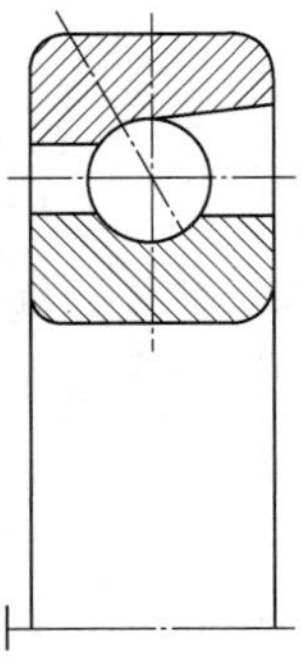	7000C	一般	可以同时承受径向载荷及轴向载荷，可以单独承受轴向载荷。能在较高转速下正常工作。由于一个轴承只能承受单向的轴向力，因此，一般成对的使用。承受轴向载荷的能力与接触角 α 有关。接触角大的，承受轴向载荷的能力也高
			7000AC	较大	
			7000B	更大	

续表

<table>
<tr><th>类型代号</th><th>结构形式名称</th><th>简　图</th><th>结构形式代号</th><th>轴向承载能力</th><th>性 能 特 点</th></tr>
<tr><td>NA</td><td>有保持架滚针轴承</td><td>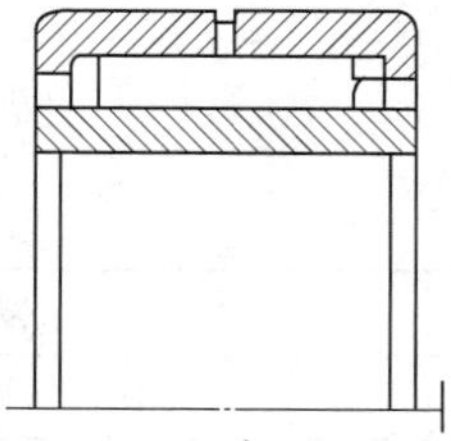</td><td>NA 0000</td><td>无</td><td>在同样内径条件下，与其他类型轴承相比，其外径最小，内圈或外圈可以分离，工作时允许内、外圈有少量的轴向错动。有较大的径向承载能力。一般不带保持架，摩擦系数较大</td></tr>
</table>

3.2.2.3　滚动轴承代号

在常用的各类滚动轴承中，每一种类型又可做成几种不同的结构、尺寸和公差等级，以便适应不同的技术要求。为了简明地表示轴承的类型、尺寸、技术要求以及一些特殊的结构和性能，GB /T 272—1993《滚动轴承代号方法》、JB/T 2974—2004《滚动轴承代号方法的补充规定》，规定了用一组字母和数字组成的代号来表示每一个轴承。

轴承代号由前置代号、基本代号和后置代号组成，用字母和数字等表示。轴承代号的构成见表 3.2.5。

表 3.2.5　　轴 承 代 号 的 组 成

<table>
<tr><th>前置代号</th><th colspan="5">基本代号</th><th colspan="8">后　置　代　号</th></tr>
<tr><td rowspan="3">轴承的分部件代号</td><td>五</td><td>四</td><td>三</td><td>二</td><td>一</td><td rowspan="3">内部结构代号</td><td rowspan="3">密封与防尘结构代号</td><td rowspan="3">保持架及其材料代号</td><td rowspan="3">特殊轴承材料代号</td><td rowspan="3">公差等级代号</td><td rowspan="3">游隙代号</td><td rowspan="3">多轴承配置代号</td><td rowspan="3">其他代号</td></tr>
<tr><td rowspan="2">类型代号</td><td colspan="2">尺寸代号</td><td colspan="2" rowspan="2">内经代号</td></tr>
<tr><td>宽度系列代号</td><td>直径系列代号</td></tr>
</table>

1. 前置代号

前置代号用字母表示，用以说明成套轴承部件的特点，具体含义参考表 3.2.6。

表 3.2.6　　前 置 代 号 字 母 含 义

代号	含　义	示例
L	可分离轴承的可分离内圈或外圈	LNU205
R	不带可分离内圈和外圈的轴承（滚针轴承仅适用于 NA 型）	RNU205
K	滚子和保持架组件	K81105
WS	推力圆柱滚子轴承轴圈	WS81105
GS	推力圆柱滚子轴承座圈	GS81105
F	凸缘外圈的向心球轴承（仅适用于 $d \leqslant 10$mm）	F619/5
KOW－	无轴圈推力轴承	KOW－51105
KIW－	无座圈推力轴承	KIW－51106
LR	带可分离的内圈或外圈与滚动体组件轴承	—

2. 基本代号

基本代号由轴承类型代号、尺寸代号和内径代号三部分自左至右顺序排列组成。类型代号用阿拉伯数字（以下简称数字）或大写拉丁字母（以下简称字母）表示，尺寸代号和内径代号用数字表示。

（1）类型代号见表 3.2.7。

表 3.2.7　滚动轴承类型代号

轴承代号	轴　承　类　型	轴承代号	轴　承　类　型
0	双列角接触球轴承	6	深沟球轴承
1	调心球轴承	7	角接触球轴承
2	调心滚子轴承和推力调心滚子轴承	8	推力圆柱滚子轴承
3	圆锥滚子轴承	N	圆柱滚子轴承：双列或多列用字母 NN 表示
4	双列深沟球轴承	U	外球面球轴承
5	推力球轴承	QJ	四点接触球轴承

（2）尺寸代号。

尺寸代号由轴承的宽（高）度系列代号（一位数字）和直径系列代号（一位数字）左右排列组成。它反映了同种轴承在内圈孔径相同时内、外圈的宽度、厚度的不同及滚动体大小不同。显然，尺寸代号不同的轴承其外廓尺寸不同，承载能力也不同。

尺寸系列代号有时可以省略：除圆锥滚子轴承外，其余各类轴承宽度系列代号“0”均省略；深沟球轴承和角接触球轴承的 10 尺寸系列代号中的“1”可以省略；双列深沟球轴承的宽度系列代号“2”可以省略，具体见表 3.2.8～表 3.2.10。

表 3.2.8　向心轴承和推力轴承尺寸代号

直径系列代号		向心轴承								推力轴承			
		宽度系列代号								高度系列代号			
		8	0	1	2	3	4	5	6	7	9	1	2
		尺寸系列代号											
外径尺寸依次递增	7	—	—	17	—	37	—	—	—	—	—	—	—
	8	—	08	18	28	38	48	58	68	—	—	—	—
	9	—	09	19	29	39	49	59	69	—	—	—	—
	0	—	00	10	20	30	40	50	60	70	90	10	—
	1	—	01	11	21	31	41	51	61	71	91	11	—
	2	82	02	12	22	32	42	52	62	72	92	12	22
	3	83	03	13	23	33	—	—	—	73	93	13	23
	4	—	04	—	24	—	—	—	—	74	94	14	24
	5	—	—	—	—	—	—	—	—	—	95	—	—

表 3.2.9 宽度系列代号的数字及其意义

代号	7	8	9	0	1	2	3	4	5	6
意义	特低	特窄	低	窄	正常	宽	特宽 3	特宽 4	特宽 5	特宽 6

表 3.2.10 直径系列代号的数字及其意义

代号	7	8	9	0	1	2	3	4	5
意义	超特轻	超轻	超轻	特轻	特轻	轻	中	重	特重

(3) 内径代号。

滚动轴承内径用两位数字表示，具体轴承内径表示方法见表 3.2.11。

表 3.2.11 滚动轴承内径表示

轴承公称内径/mm		内 径 代 号	示 例
0.6～10（非整数）		用公称内径毫米数直接表示，在其与尺寸系列代号之间用“/”分开	深沟球轴承 618/2.5 $d=2.5$mm
1～9（整数）		用公称内径毫米数直接表示，对深沟及角接触球轴承 7、8、9 直径系列，内径与尺寸系列代号之间用“/”分开	深沟球轴承 625 618/5 $d=5$mm
10～17	10	00	深沟球轴承 6200 $d=10$mm
	12	01	
	15	02	
	17	03	
20～480 （22，28，32 除外）		公称内径除以 5 的商数，商数为个位数，需在商数左边加“0”，如 08	调心滚子轴承 23208 $d=40$mm
≥500 以及 22，28，32		用公称内径毫米数直接表示，但在与尺寸系列之间用“/”分开	调心滚子轴承 230/500，$d=500$mm； 深沟球轴承 62/22，$d=22$mm

3. 后置代号

轴承的后置代号是用字母和数字等表示轴承的内部结构特点、公差等级、游隙，以及一些特殊要求等。后置代号的内容很多，但并不都经常用到，本节介绍几种常用代号。

(1) 内部结构代号，同一类型轴承有不同的内部结构时，用规定的字母表示其差别。例如，角接触球轴承分别用 C、AC、B 代表 3 种不同的公称接触角 $\alpha=15°$、25°、40°。又如，用 E 表示加强型。

(2) 公差等级代号，所谓公差等级代号即是不同的尺寸精度和旋转精度的特殊组合。对于公差等级符合标准规定的 2 级、4 级、5 级、6x 级、6 级和 0 级的轴承，其公差等级代号分别为：/P2、/P4、/P5、/Px、/P6、/P0，按上列顺序依次从高级到低级。其中，0 级为普通级，在轴承代号中不标出。6x 仅用于圆锥滚子轴承。

(3) 游隙代号。对于游隙符合标准规定的 1 组、2 组、0 组、3 组、4 组、5 组的轴承，其游隙代号分别为：/C1、/C2、(0 组不标出)、/C3、/C4、/C5，径向间隙按上列顺序由小到大。目前工程实践中越来越普遍使用的游隙是 3 组。

(4) 后置代号。还可能有其他项目，但较少用到，详细可查看 GB/T 272—1993 及有关标准。

滚动轴承代号表示方法举例如下：

6 2 08
- 08 —— 内径 $d=40$mm
- 2 —— 尺寸系列代号（0）2，其中宽度系列为 0（省略不标），直径系列为 2
- 6 —— 轴承类型为深沟球轴承

3 02 12
- 12 —— 内径 $d=60$mm
- 02 —— 尺寸系列代号（0）2，其中宽度系列为 0，直径系列为 2
- 3 —— 轴承类型为圆锥滚子轴承

3.2.2.4 滚动轴承装置的结构设计

为保证轴承正常工作，除正确选择轴承类型和确定型号外，还需要合理地进行轴承的组合设计，主要解决轴系的轴向固定、轴承与相关零件的配合、间隙调整和润滑密封等方面的问题。

1. 轴系支点的轴向固定形式

为保证滚动轴承轴系能正常传递轴向力且不发生串动，在轴上各零件定位固定的基础上，必须合理地设计轴系支点的轴向固定结构。

（1）两端单向固定。

如图 3.2.13 和图 3.2.14 所示，轴系中的每个轴承分别承受轴系一个方向的轴向力，限制轴系的一个方向的移动，两个支点的轴承合起来就能承受轴系双向的轴向力，从而限制了轴系沿轴向的双向移动，这种固定方式称为两端单向固定。它适用于工作温度变化不大的短轴，为允许轴工作时有少量热膨胀，轴承安装时应留有 0.25～0.4mm 的轴向间隙，结构图上不必画出间隙。

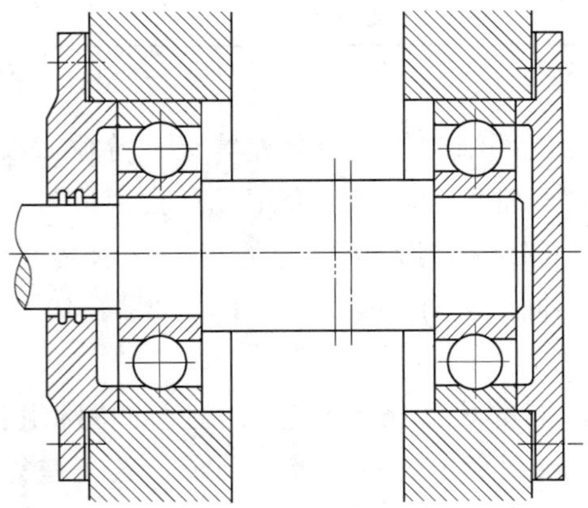

图 3.2.13 两端固定的深沟球轴承轴系

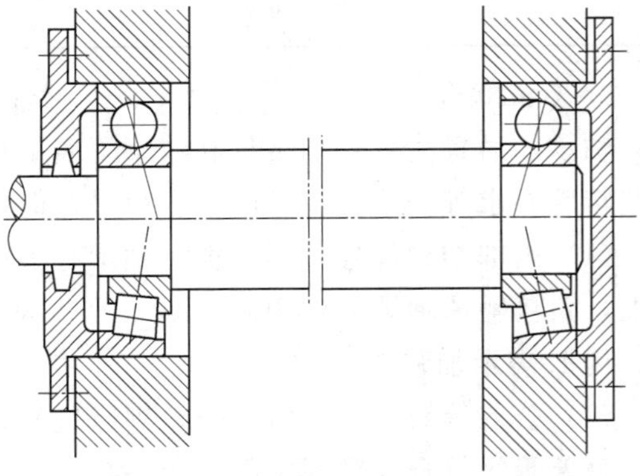

注：上半为角接触球轴承，下半为圆锥滚子轴承

图 3.2.14 两端固定的角接触轴承轴系

（2）一端双向固定、一端游动。

如图 3.2.15 中所示，轴系中一个支点为固定端，由单个轴承或轴承组承受轴系的双向轴向力，限制轴系的双向移动，另一个支点为游动端，能使轴沿轴向自由游动。为避免松脱，游动轴承内圈应与轴作轴向固定（常采用弹性挡圈）。用圆柱滚子轴承作游动支点时，轴承外圈要与机座作轴向固定，靠滚子与套图间的游动来保证轴的自由伸缩。这种固

定方式适用于较长的轴或工作温度变化大的轴，此时轴的热膨胀伸缩量大。

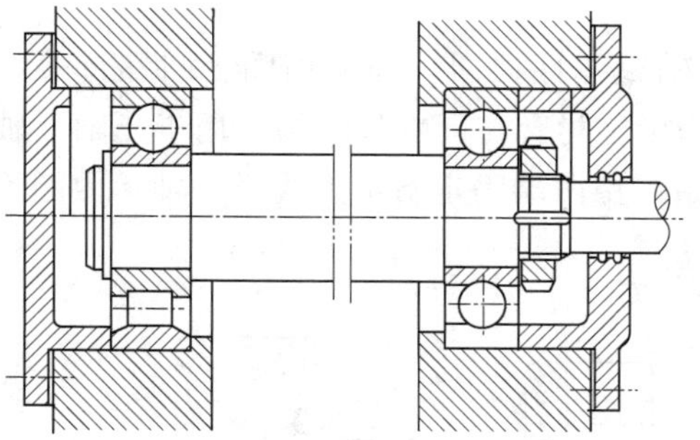

(a)游动端上半为深沟球轴承例，
下半为圆柱滚子轴承例

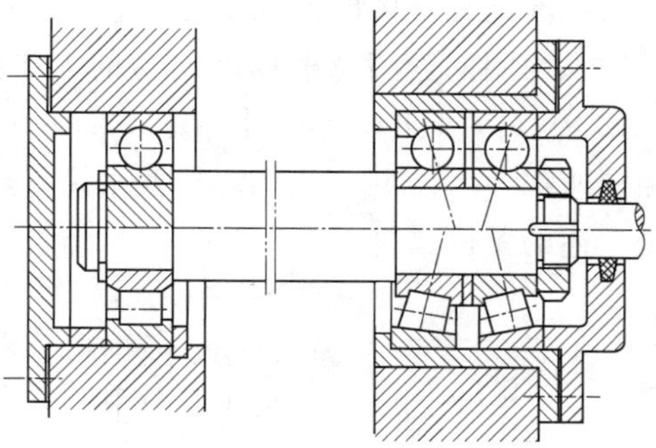

(b) 上半为球轴承例，下半为滚子轴承例

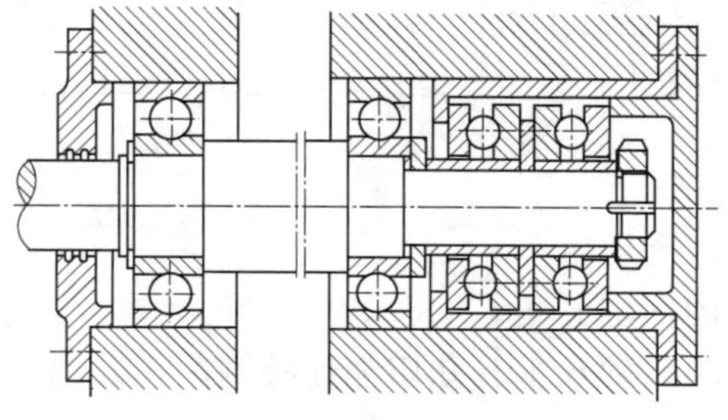

(c) 右端组合支承例

图 3.2.15　一端双向固定、一端游动轴系

(3) 两端游动。

要求能左右双向游动的轴，可采用两端游动的轴系结构。图 3.2.16 为人字齿轮传动的高速主动轴，为了自动补偿轮齿两侧螺旋角的制造误差，使轮齿受力均匀，采用允许轴系左右少量轴向游动的结构，故两端都选用圆柱滚子轴承。与其相啮合的低速齿轮轴系则必须两端固定，以便两轴都得到轴向定位。

轴承在轴上的轴向定位常用轴肩或套筒，定位端面应与轴线有较好的垂直度。为保证可靠定位，轴肩圆角半径 r_l 必须小于轴承的圆角半径 r。轴肩高度通常不大于内圈高度的 3/4，过高不便于轴承拆卸（图 3.2.17）。

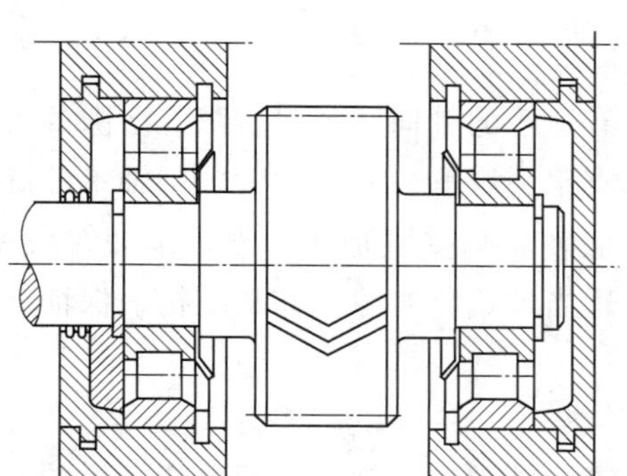

图 3.2.16　两端游动轴系

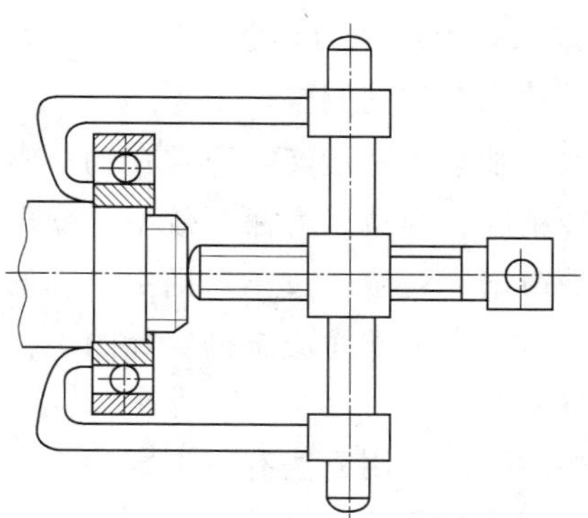

图 3.2.17　轴承拆卸

2. 滚动轴承的轴向紧固

（1）滚动轴承内圈的固定方法。

轴承内圈的紧固应根据轴向力的大小选用轴用弹性挡圈、轴端挡圈、圆螺母等［图 3.2.18 中（a）、（b）、（c）］，图 3.2.18（d）为紧定衬套与圆螺母结构，用于光轴上轴向力和转速都不大的调心轴承。一般来说，当轴系采用两端固定支承型式时，轴承内圈不需采取上述的紧固措施。

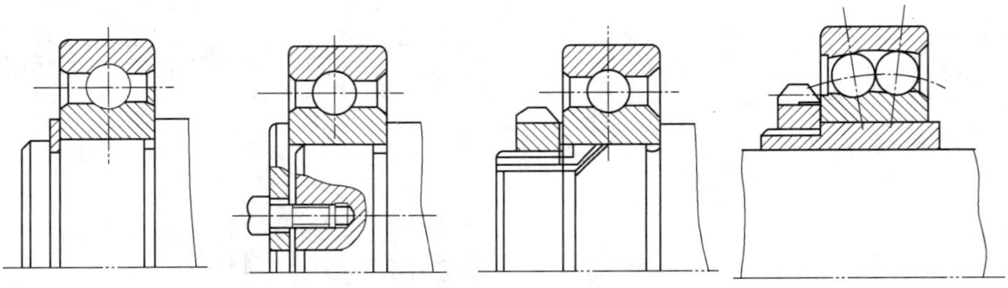

（a）轴用弹性挡圈　（b）轴端挡圈　（c）圆螺母　（d）紧定衬套

图 3.2.18　轴承内圈固定方法

（2）滚动轴承外圈的固定方法。

轴承外圈的紧固常采用轴承盖、孔用弹性挡圈、座孔凸肩、止动环等结构措施，如图 3.2.19 所示。

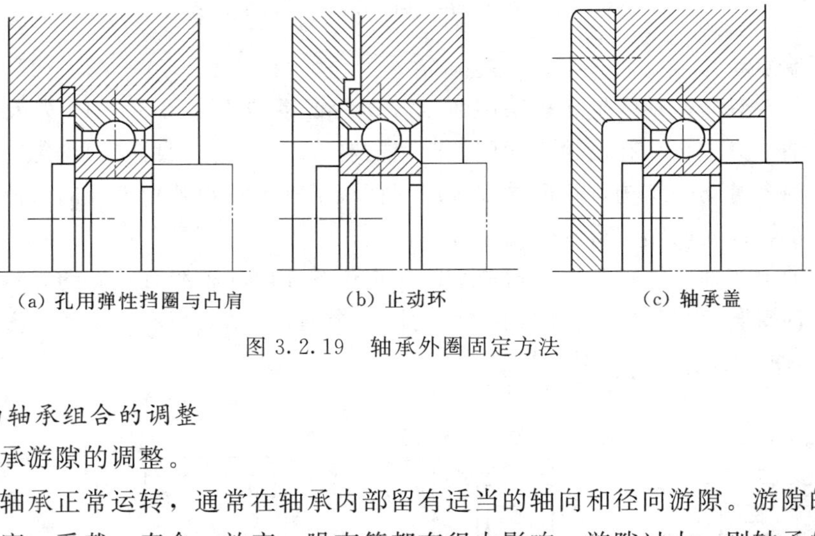

（a）孔用弹性挡圈与凸肩　（b）止动环　（c）轴承盖

图 3.2.19　轴承外圈固定方法

3. 滚动轴承组合的调整

（1）轴承游隙的调整。

为保证轴承正常运转，通常在轴承内部留有适当的轴向和径向游隙。游隙的大小对轴承的回转精度、受载、寿命、效率、噪声等都有很大影响。游隙过大，则轴承的旋转精度降低，噪声增大；游隙过小，则由于轴的热膨胀使轴承受载加大、寿命缩短、效率降低。因此，轴承组合装配时应根据实际的工作状况适当地调整游隙，并从结构上保证能方便地进行调整。

调整游隙的常用方法有以下 3 种：

垫片调整：角接触轴承组合，通过增加或减少轴承盖与轴承座间的垫片组的厚度来调整游隙。深沟球轴承组合的热补偿间隙也是靠垫片调整。

螺钉调整：用螺钉和调整端盖调整轴承游隙，这种方法调整方便，但不能承受大的轴向力。

调整环：调整环的厚度可在装配时调整。

（2）轴承组合位置的调整。

某些传动零件在安装时要求处于准确的轴向工作位置，才能保证正确啮合。图3.2.20所示的圆锥齿轮传动简图，装配时要求两个齿轮的节锥顶点重合，因此，两轴的轴承组合必须保证轴系能作轴向位置的调整。

图3.2.21为小锥齿轮轴系装配图，为便于齿轮轴向位置的调整，采用了套杯结构。图中轴承正装，套杯与轴承座之间的垫片用来调整锥齿轮的轴向位置，而轴承盖与套杯之间的垫片是用来调整轴承的游隙。

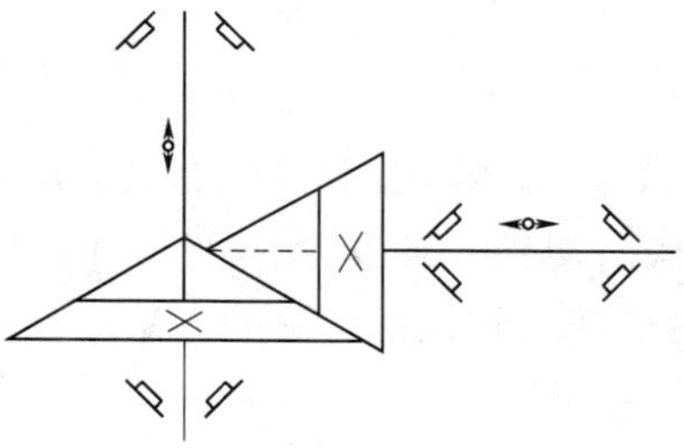

图3.2.20 圆锥齿轮传动简图

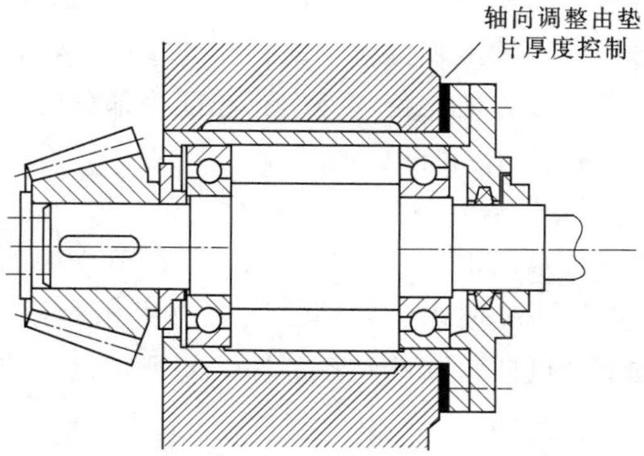

图3.2.21 小锥齿轮轴系装配图

4. 滚动轴承的配合与装配

轴承的配合是指内圈与轴的配合及外圈与座孔的配合，轴承的轴向固定是通过配合来保证的。由于滚动轴承是标准件，所以与其他零件配合时，轴承内孔为基准孔，外圈是基准轴，其配合代号不用标注。实际上轴承的孔径和外径都具有公差带较小的负偏差，与一般圆柱体基准孔和基准轴的偏差方向、数值都不相同，所以轴承内孔与轴的配合比一般圆柱体的同类配合要紧得多。

轴承配合种类的选择应根据转速的高低、载荷的大小、温度的变化等因素来决定。配合过松，会使旋转精度降低，振动加大；配合过紧，可能因为内、外圈过大的弹性变形而影响轴承的正常工作，也会使轴承装拆困难。一般来说，转速高、载荷大、温度变化大的轴承应选紧一些的配合，经常拆卸的轴承应选较松的配合，转动套圈配合应紧一些，游动支点的外圈配合应松一些。与轴承内圈配合的回转轴常采用n6、m6、k5、k6、j5、js6；与不转动的外圈相配合的轴承座孔常采用J6、J7、H7、G7等配合。

由于滚动轴承的配合通常较紧，为便于装配，防止损坏轴承，应采取合理的装配方法保证装配质量，组合设计时也应采取相应措施。

安装轴承时，小轴承可用铜锤轻而均匀地敲击配合套圈装入。大轴承可用压力机压入。尺寸大且配合紧的轴承可将孔件加热膨胀后再进行装配。需注意的是，力应施加在被装配的套圈上，否则会损伤轴承。拆卸轴承时，可采用专用工具，如图3.2.22所示，为

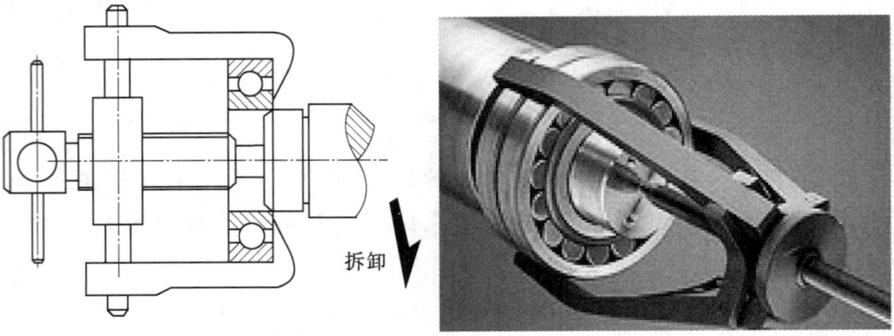

图 3.2.22 轴承拆卸

便于拆卸，轴承的定位轴肩高度应低于内圈高度，其值可查阅轴承样本。

套杯内的轴承装拆时轴向移动的距离较长，通常采用圆锥滚子轴承，其内、外圈分别装配，操作较方便，且套杯内孔非配合部分的直径应稍大些，既利于轴承外圈的装入，又减少了内孔精加工面积。

5. 滚动轴承的预紧

由于轴承内部有一定的游隙，外载荷作用下轴承的滚动体与套圈接触处也会产生弹性变形，所以工作时内、外圈之间会发生相对移动，从而使轴系的支承刚度及旋转精度下降。对于精度要求高的轴系部件（如精密机床的主轴部件）常采用预紧的方法增强轴承的刚度。

预紧是指在安装轴承部件时，采取一定措施，预先对轴承施加一轴向载荷，使轴承内部的游隙消除，并使滚动体和内、外套圈之间产生一定的预变形，处于压紧状态。预紧后的轴承在工作载荷作用时，其内、外圈的轴向及径向的相对移动量比未预紧时小得多，支承刚度和旋转精度得到显著的提高。但预紧量应根据轴承的受载情况和使用要求合理确定，预紧量过大，轴承的磨损和发热量增加，会导致轴承寿命降低。

通常是对成对使用的角接触轴承进行预紧。常用的预紧方法见图 3.2.23。图 3.2.23（a）为正装的圆锥滚子轴承通过夹紧外圈而预紧；图 3.2.23（b）为角接触球轴承反装，在两轴承外圈之间加一金属垫片（其厚度控制预紧量大小）通过圆螺母夹紧内圈使轴承预紧，也可将两轴承相邻的内圈端面磨窄，其效果与外圈加金属垫相同；图 3.2.23（c）为在一对轴承中间装入长度不等的套筒，预紧量由套筒的长度差控制；图 3.2.23（d）为用弹簧预紧，可得到稳定的预紧力。

6. 滚动轴承的润滑与密封

（1）润滑的目的。

润滑可以降低滚动轴承内部的摩擦，减少磨损和发热量；轴承的摩擦发热使轴承升温，油润滑可以起到冷却作用，从而降低轴承的工作温度，延长使用寿命；良好的润滑状态，可在滚动体与滚道间形成一层使两者隔开的油膜，可以使接触压力减小，轴承零件表面覆盖一层润滑剂，可以防止表面氧化生锈。

（2）润滑方式的选择。

轴承常用的润滑方式有脂润滑、油润滑和固体润滑。

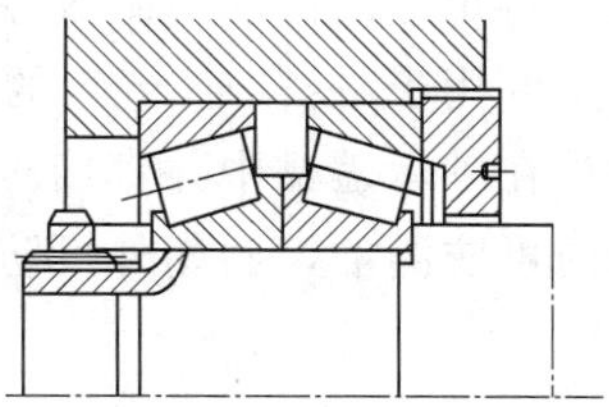
(a) 圆键滚子轴承正装

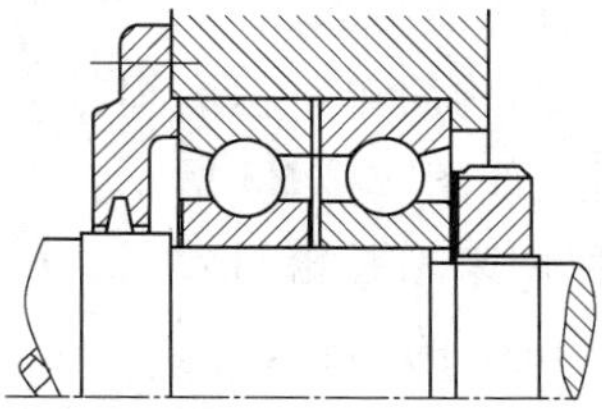
(b) 触接触球轴承反装,外圈加垫片

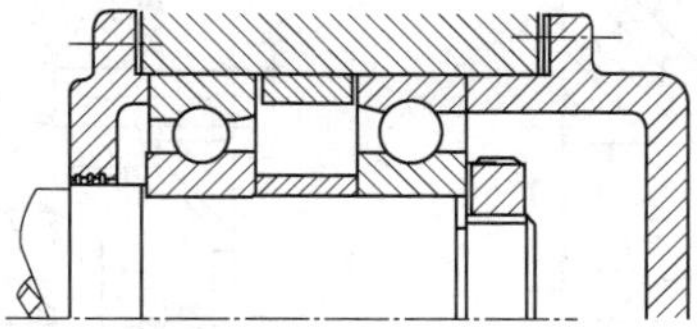
(c) 轴承内、外圈加衬套

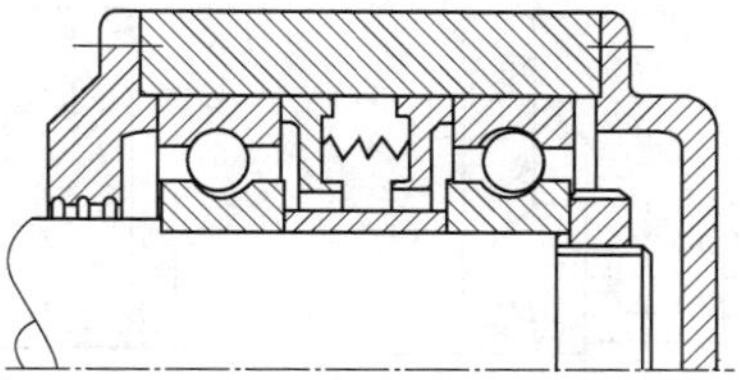
(d) 弹簧预紧

图 3.2.23 轴承预紧方法

选哪一类润滑方式，这与轴承的速度有关。选择润滑方式时，可查阅表 3.2.12 各类润滑方式的 d_n 值界限表。

表 3.2.12　　选择润滑方式的 d_n 值界限

轴承类型	脂润滑	油润滑			
		油浴	滴油	喷油	油雾
深沟球轴承	16	25	40	60	>60
调心球轴承	16	25	40	—	—
角接触球轴承	12	25	40	60	>60
圆柱滚子轴承	8	12	—	25	—
圆锥滚子轴承	16	25	40	60	>60
调心滚子轴承	10	16	23	30	—
推力球轴承	4	6	12	15	—

脂润滑：润滑膜强度高，能承受较大的载荷，不易流失，容易密封，一次加脂可以维持相当长一段时间。适用于较低的值。

油润滑：在高速高温条件下选用。转速高时选用黏度低的润滑油；载荷大时选用黏度高的润滑油。

固体润滑：适用于在一些条件下（如高温、真空等），采用脂润滑和油润滑达不到可靠的润滑要求的场合。

7. 滚动轴承的密封

滚动轴承密封的目的是阻止灰尘、水、和其他杂物进入轴承，并阻止润滑剂流失。其密封装置可分为接触式密封和非接触式密封。

(1) 接触式密封：常用的软材料如毛毡、橡胶、皮革等；减摩性好的硬质材料如石墨、青铜等。放置在转动轴直接接触而起密封作用，其密封形式主要有以下 3 种。

1）毡圈油封。毡圈油封如图 3.2.24 所示，将矩形剖面的毡圈放在轴承盖上的梯形槽中，与轴直接接触。结构简单，但磨损较大，主要用于 $v<4\sim5$m/s 的脂润滑场合。

2）唇形密封圈。如图 3.2.25 所示，皮碗放在轴承盖槽中并直接压在轴上，环形螺旋弹簧压在皮碗的唇部用来增强密封效果。唇朝内可防漏油，唇朝外可防尘。安装简便，使用可靠，适用 $v<10$m/s 的场合。

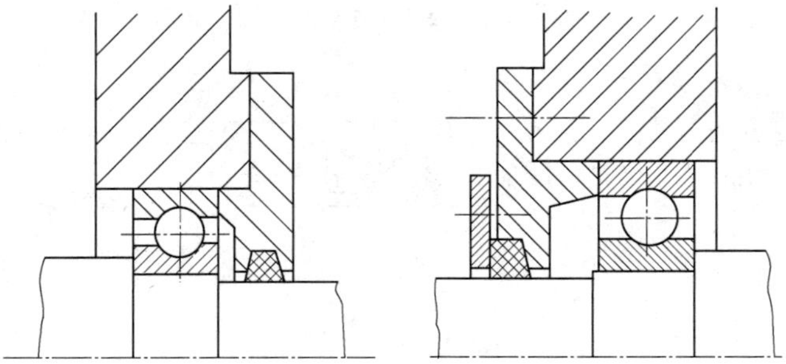

图 3.2.24　毡圈密封

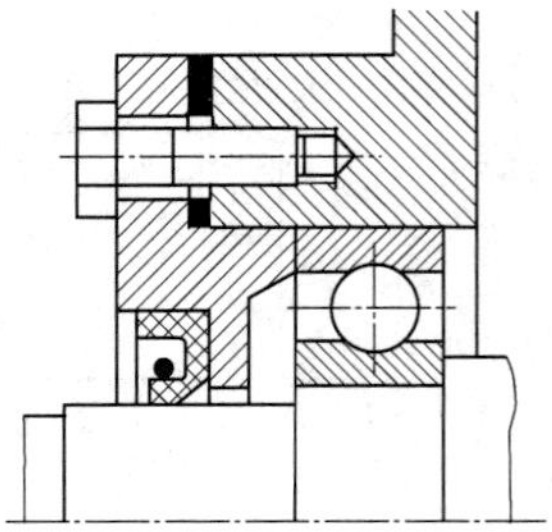

图 3.2.25　唇形密封圈

3）密封环。如图 3.2.26 所示，密封环用含铬的耐磨铸铁制造，适用于滑动速度小于 100m/s 处；用锡青铜制造时，适用于滑动速度为 60～80m/s 的场合。

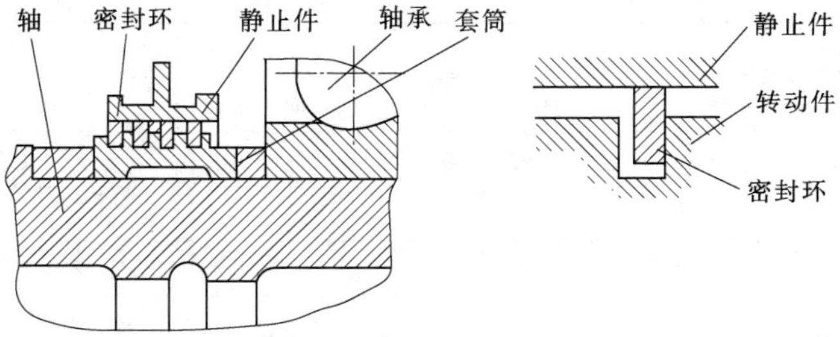

图 3.2.26　密封环

（2）非接触式密封：可避免在接触处的滑动摩擦。这类密封没有与轴直接接触，多用于速度较高的场合，见图 3.2.27。

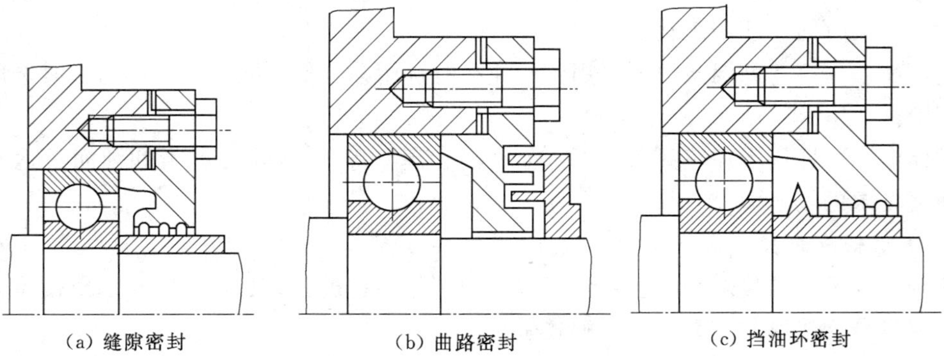

（a）缝隙密封　　（b）曲路密封　　（c）挡油环密封

图 3.2.27　非接触式密封方式

1）油沟式密封。如图 3.2.27（a）所示，在轴与轴承盖的通孔壁间留 0.1～0.3mm 的窄缝隙，并在轴承盖上车出沟槽，在槽内充满油脂。结构简单，用于 $v<5\sim6$m/s 的场合。

2）迷宫式密封。将旋转和固定的密封零件间的间隙制成迷宫形式，缝隙间填入润滑油脂以加强密封效果。适合于油润滑和脂润滑的场合。

3）组合式密封。在油沟密封区内的轴上装上一个甩油环，当油落在环上时可靠离心力的作用甩掉再导回油箱。在高速时密封效果好。

3.2.3　联轴器

3.2.3.1　联轴器的功能与类型

1. 联轴器功能

联轴器是机械传动中常用的部件，主要用来把两轴连接在一起或者连接轴与其他回转零件，以传递运动与转矩，有时也可以做安全装置。由于机器的工况各异，因此对联轴器提出了各种不同的要求，如传递力矩的大小、转速高低、扭转刚度变化情况、体积大小、缓冲吸振能力等，为了适应这些不同的要求需要各种不同类型的联轴器。

2. 联轴器的类型

联轴器所连接的两轴，由于制造及安装误差、承载后的变形以及温度变化的影响等，会引起两轴相对位置的变化，往往不能保证严格的对中。轴线的相对位移如图 3.2.28 所示。这就要求设计和选用联轴器时，要从结构上采取各种不同的措施，使之具有适应一定范围的相对位移的性能。

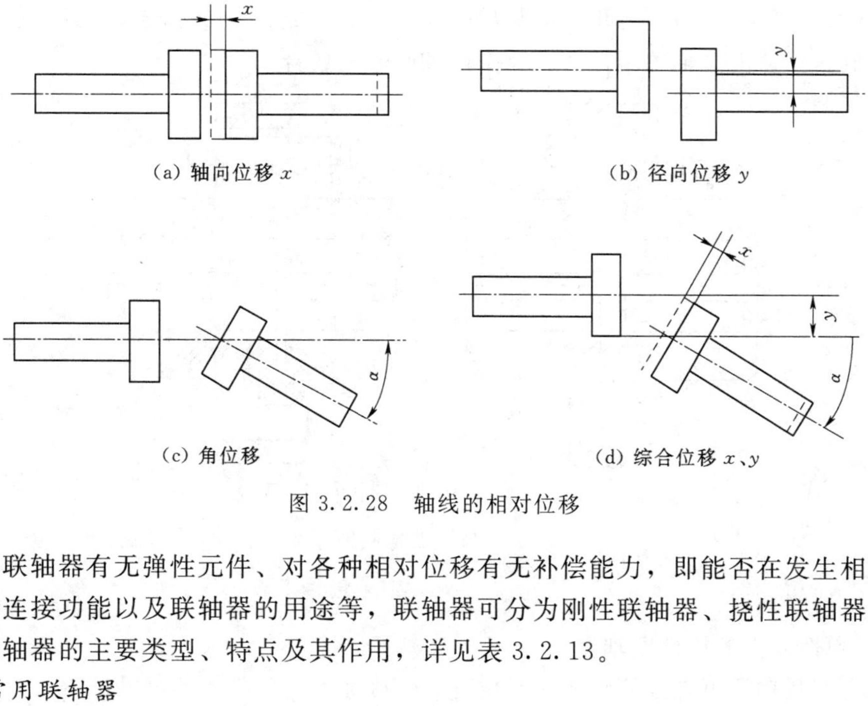

(a) 轴向位移 x　(b) 径向位移 y

(c) 角位移　(d) 综合位移 x、y

图 3.2.28　轴线的相对位移

根据联轴器有无弹性元件、对各种相对位移有无补偿能力，即能否在发生相对位移条件下保持连接功能以及联轴器的用途等，联轴器可分为刚性联轴器、挠性联轴器和安全联轴器。联轴器的主要类型、特点及其作用，详见表 3.2.13。

3. 常用联轴器

（1）刚性联轴器。

刚性联轴器的类型有：套筒式、夹壳式和凸缘式等。本章只介绍较为常用的凸缘联轴器。凸缘联轴器是把两个带有凸缘的半联轴器用普通平键分别与两轴连接，然后用螺栓把

表 3.2.13　　联轴器类型

类别	在传动系统中的作用	备　注
刚性联轴器	只能传递运动和转矩，不具备其他功能	包括凸缘联轴器、套筒联轴器、夹壳联轴器等
挠性联轴器	无弹性元件的挠性联轴器，不仅能传递运动和转矩，而且具有不同程度的轴向、径向、角向补偿性能	包括齿式联轴器、万向联轴器、链条联轴器、滑块联轴器等
	有弹性元件的挠性联轴器，能传递运动和转矩；具有不同程度的轴向、径向、角向补偿性能；还具有不同程度的减振、缓冲作用，改善传动系统的工作性能	包括各种非金属弹性元件挠性联轴器和金属弹性元件挠性联轴器，各种弹性联轴器的结构不同，差异较大，在传动系统中的作用亦不尽相同
安全联轴器	传递运动和转矩，过载安全保护。挠性安全联轴器还具有不同程度的补偿性能	包括销钉式、摩擦式、磁粉式、离心式、液压式等安全联轴器

两个半联轴器连成一体，以传递运动和转矩。凸缘联轴器结构形式有两种：普通凸缘联轴器与对中榫凸缘联轴器。

普通凸缘联轴器［图 3.2.29（a）］：用铰制孔螺栓来连接两个半联轴器，靠螺栓杆承受挤压与剪切来传递转矩。

对中榫凸缘联轴器［图 3.2.29（b）］：用普通孔螺栓来连接两个半联轴器，靠接合面的摩擦力来传递转矩。一个半联轴器的凸肩与另一个半联轴器上的凹槽相配合而对中。

凸缘联轴器的材料可以用灰铸铁或碳钢，重载时或圆周速度大于 30m/s 时应用铸钢或锻钢。凸缘联轴器对两轴对中性的要求很高，当两轴有相对位移存在时，就会在机件内引起附加载荷，使工作情况恶化，但其构造简单、成本低、可传递较大转矩，故其主要适用于转速低、无冲击、轴的刚性大、对中性较好时的场合。

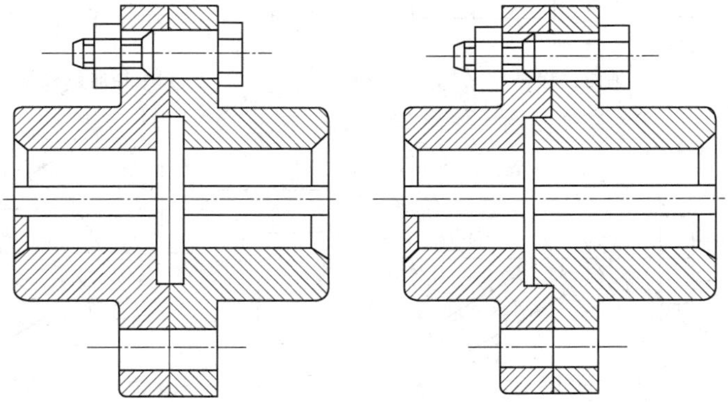

(a)　　(b)

图 3.2.29　凸缘联轴器

（2）挠性联轴器。

1）无弹性元件的挠性联轴器。

这种类型联轴器可补偿两轴的相对位移，但因无弹性元件不能缓冲减振。常用的主要有：十字滑块联轴器、齿轮联轴器与万向联轴器。

如图 3.2.30 所示，十字滑块联轴器由两个半联轴器 1、3 和一个中间圆盘 2 所组成。中间圆盘两端的凸块相互垂直，并分别与两个半联轴器的凹槽相嵌合，凸块的中线通过圆盘中心。因中间圆盘的凸块在半联轴器的凹槽内滑动，所以可以补偿两轴的相对位移，但与此同时对凹槽和凸块的工作面硬度要求较高，并需加润滑剂，且转速高时易磨损，且附加载荷大，故宜用于低速的场合。它允许的径向位移 $y \leqslant 0.04d$（d 为轴径），角位移≤30°。

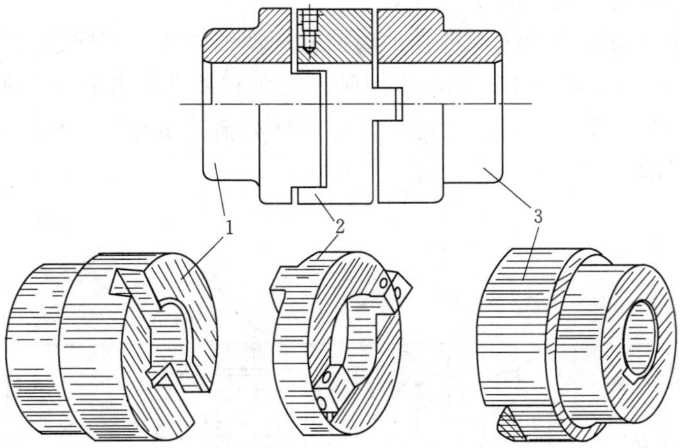

图 3.2.30　十字滑块联轴器

齿轮联轴器如图 3.2.31 所示，其结构主要由两个具有外齿的半联轴器 1、4 和两个具有内齿的外壳 2、3 组成，外壳与半联轴器通过内、外齿的相互啮合而相连。轮齿间留有较大的齿侧间隙，外齿轮的齿顶做成球面，球面中心位于轴线上，转矩靠啮合的齿轮传递。

由于外齿的齿顶制成椭球面，且保证与内齿啮合后具有适当的顶隙和侧隙，所以在传动时能补偿两轴的综合位移。该联轴器能传递较大的转矩，但结构较复杂，制造较困难，成本高，在重型机器和起重设备中应用较广。

单向万向联轴器结构简图如图 3.2.32 所示，它主要由两个分别固定在主、从动轴上

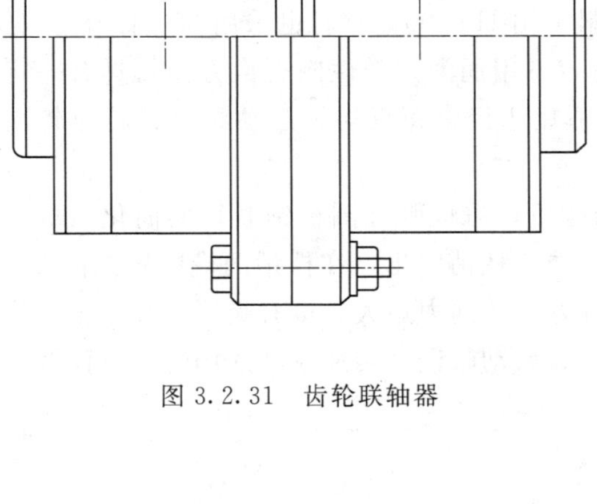

图 3.2.31　齿轮联轴器

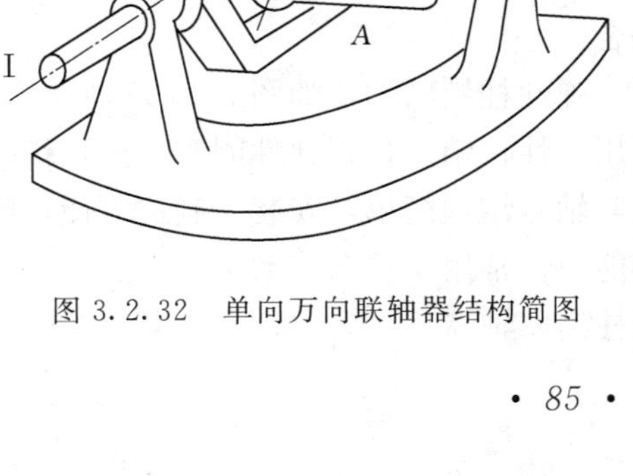

图 3.2.32　单向万向联轴器结构简图

的叉形接头和一个十字形零件组成。叉形接头和十字头是铰接的，因此允许被连接两轴轴线夹角很大。该联轴器能可靠地传递转矩和运动，结构紧凑，效率高，可用于相交轴间的连接，或有较大角位移的场合。但是如果在传动过程中，若两轴线不重合，即使主动轴等速转动，从动轴仍将为周期性的变速转动。

为了避免单向联轴器两轴线不重合主动轴、从动轴转速不等问题，可以采用双万向联轴器（图 3.2.33），但必须使主动轴与中间轴的夹角和从动轴与中间轴的夹角相等，且中间轴两端的叉形接头位于同一平面内时，其主、从动轴的角速度才相等，否则从动轴仍将为周期性的变速转动。

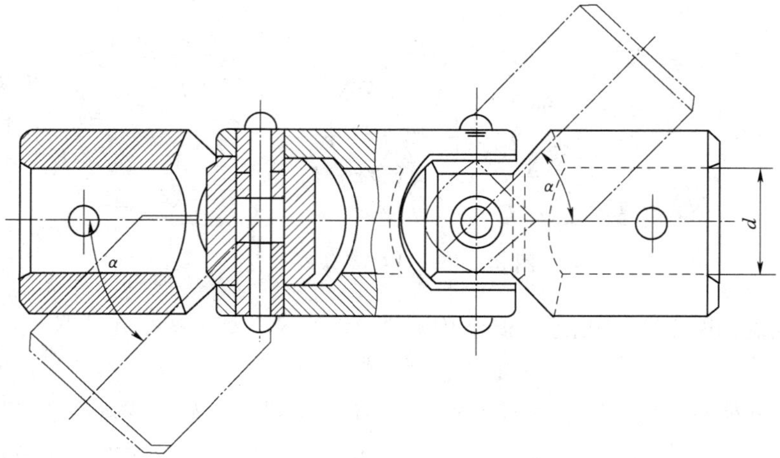

图 3.2.33 双万向联轴器结构简图

2）有弹性元件的挠性联轴器。

这类联轴器因装有弹性元件，不仅可以补偿两轴间的相对位移，而且具有缓冲减振能力。弹性元件所能储存的能量越多，则联轴器的缓冲能力越强；弹性元件的弹性滞后性能与弹性变形时零件间的摩擦功越大，则联轴器的减振能力越好。这类联轴器目前应用很广，其主要结构形式有：弹性圈柱销联轴器、弹性柱销联轴器、梅花形弹性联轴器、膜片弹性联轴器。

弹性圈柱销联轴器如图 3.2.34 所示，其结构与凸缘联轴器相似，只是用套有弹性圈 1 的柱销 2 代替了连接螺栓。因为通过带有弹性圈的柱销传递转矩，故可以缓冲减振。弹性套的材料常用耐油橡胶，其半联轴器的材料常用 HT200，有时也采用 35 钢；柱销材料多用 35 钢。这种联轴器结构简单，制造容易，不用润滑，弹性圈更换方便，具有一定的补偿两轴线相对偏移和减振、缓冲的性能。适用于经常正反转、启动频繁、转速较高的场合。

弹性柱销联轴器如图 3.2.35 所示，其结构可以看成弹性圈柱销联轴器简化而成。即采用弹性柱销 1 代替弹性圈和金属柱销。为了防止柱销滑出，在柱销两端配置挡圈 2。这种联轴器结构简单，安装、制造方便，耐久性好，传递力矩大，也有吸振和补偿轴向位移的能力。常用于轴向窜动量较大、经常正反转、启动频繁、转速较高的场合，可代替弹性圈柱销联轴器。

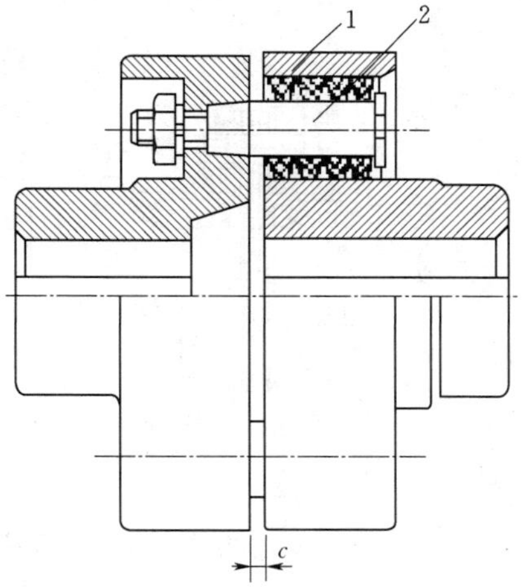

图 3.2.34 弹性圈柱销联轴器

1—弹性圈；2—柱销

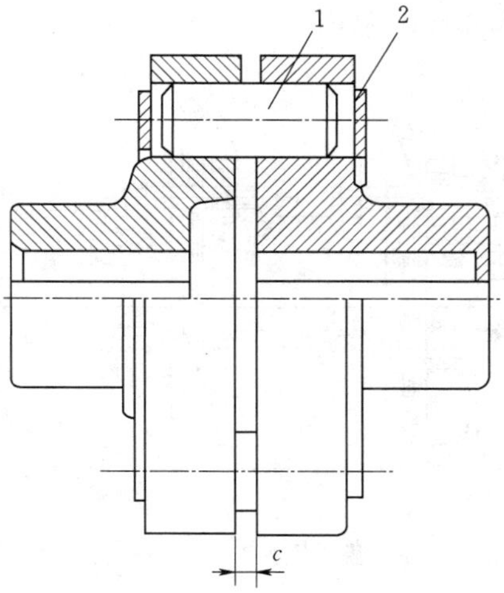

图 3.2.35 弹性柱销联轴器

梅花形弹性联轴器如图 3.2.36 所示，其半联轴器与轴的配合可做成圆柱形或圆锥形。装配联轴器时将梅花形弹性元件的花瓣部分夹紧在两个半联轴器端面凸齿交错插进所形成的齿侧空间，以便在联轴器工作时起到缓冲减振的作用。弹性件可根据使用要求选用不同硬度的聚氨酯橡胶、铸型尼龙等材料制造。工作温度范围为－35～80℃，短时工作温度可达到 100℃。

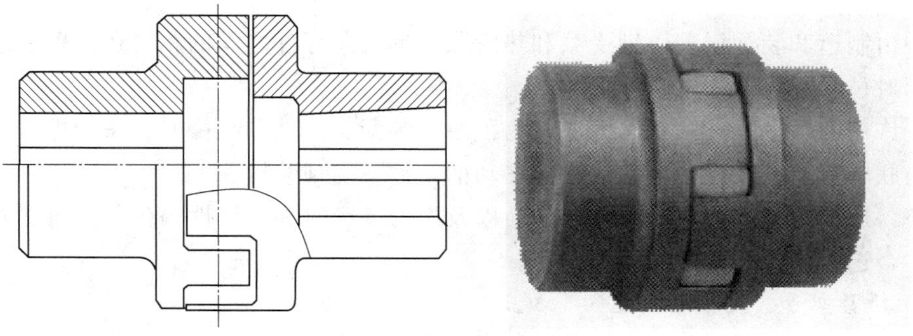

图 3.2.36 梅花形弹性联轴器

膜片弹性联轴器结构如图 3.2.37 所示，有单向、双向两种类型，结构主要由轴套、弹性片、胀紧套和隔套组成。其弹性元件为一定数量的很薄的多边环形（或圆环形）金属膜片叠合而成的膜片组，膜片上有沿圆周均布的若干个螺栓孔，用铰制孔螺栓交错间隔与两边的半联轴器连接。这样将弹性元件上的弧段分为交错受压缩和受拉伸的两部分，拉伸部分传递转矩，压缩部分趋向皱折。当所连接的两轴存在轴向、径向和角位移时，金属膜片便产生波状变形。这种联轴器结构比较简单，弹性元件的连接没有间隙，不需要润滑，维护方便，平衡容易，质量小，对环境适应性强，发展前途广阔，但扭转弹性较低，缓冲减振性能差，主要用于载荷比较平稳的高速传动。

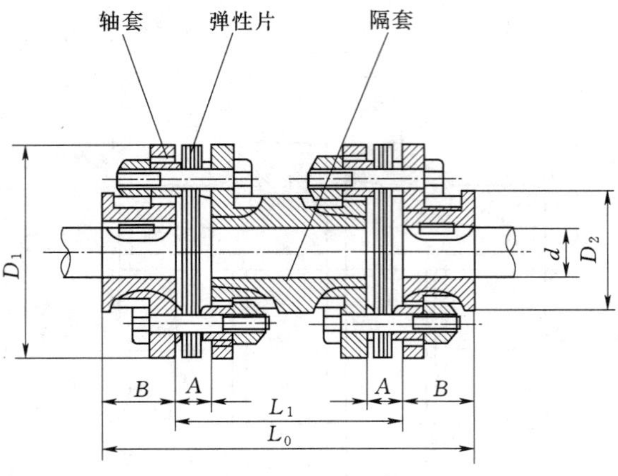

(a) 双向膜片弹性联轴器结构

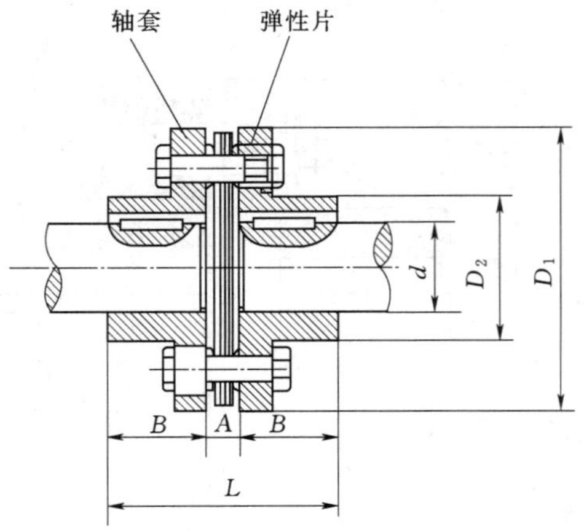

(b) 单向膜片弹性联轴器结构

图 3.2.37　膜片弹性联轴器

3.2.3.2　联轴器的选择

常用联轴器大多已标准化或规格化，一般情况下只需正确选择联轴器的类型、确定联轴器的型号及尺寸。必要时，可对其易损的薄弱环节进行负荷能力的校核计算，转速高时，还应验算其外缘的离心应力和弹性元件的变形，进行平衡检验等。

1. 联轴器类型的选择

选择联轴器类型时，应考虑：

(1) 所需传递转矩的大小和性质，对缓冲、减振功能的要求以及是否可能发生共振等。

(2) 由制造和装配误差、轴受载和热膨胀变形以及部件之间的相对运动等引起的两轴轴线的相对位移程度。

(3) 许用的外形尺寸和安装方法，为了便于装配、调整和维修所必需的操作空间。对于大型的联轴器，应能在轴不需作轴向移动的条件下实现装拆。

此外，还应考虑工作环境、使用寿命以及润滑、密封和经济性等条件，再参考各类联轴器特性，选择一种合用的联轴器类型。

2. 联轴器型号、尺寸的确定

对于已标准化和系列化的联轴器，选定合适类型后，可按转矩、轴直径和转速等确定联轴器的型号和结构尺寸。

联轴器的计算转矩：

$$T_{ca}=K_A T \tag{3.2.1}$$

式中　T——联轴器的名义转矩，N·m；

T_{ca}——联轴器的计算转矩，N·m；

K_A——工作情况系数，其值见表 3.2.14。

根据计算转矩、轴直径和转速等，由下面条件，可从有关手册中选取联轴器的型号和结构尺寸。

$$T_{ca}\leqslant[T] \tag{3.2.2}$$

$$n \leqslant n_{max} \tag{3.2.3}$$

式中 $[T]$——所选联轴器的许用转矩，N·m；

n——被连接轴的转速，r/min；

n_{max}——所选联轴器允许的最高转速，r/min。

多数情况下，每一型号的联轴器适用的轴径均有一个范围。各厂家选型手册的技术参数中已给出轴径的最大与最小值，或者给出适用直径的尺寸系列，被连接的两轴应在此范围之内。一般情况下，被连接的两轴的直径是不同的，两个轴端的形状也可能不同。

表 3.2.14　　工作情况系数 K_A

分类	工作情况及举例	电动机、汽轮机	四缸和四缸以上内燃机	双缸内燃机	单缸内燃机
Ⅰ	转矩变化很小，如发电机、小型通风机、小型离心泵	1.3	1.5	1.8	2.2
Ⅱ	转矩变化小，如透平压缩机、木工机床、运输机	1.5	1.7	2.0	2.4
Ⅲ	转矩变化中等，如搅拌机、增压泵、有飞轮的压缩机、冲床	1.7	1.9	2.2	2.6
Ⅳ	转矩变化和冲击载荷中等，如织布机、水泥搅拌机、拖拉机	1.9	2.1	2.4	2.8
Ⅴ	转矩变化和冲击载荷大，如造纸机、挖掘机、起重机、碎石机	2.3	2.5	2.8	3.2
Ⅵ	转矩变化大并有极强烈冲击载荷，如压延机、无飞轮的活塞泵、重型初轧机	3.1	3.3	3.6	4.0

项目3.3 轴系的设计

3.3.1 轴的用途及分类

轴是组成机器的主要零件之一。一切作回转运动的零件（例如齿轮、蜗轮等），都必须安装在轴上才能实现运动及动力的传递，大多数轴还起着传递转矩的作用。因此轴的主要功用是支撑回转零件及传递运动和动力。

按照轴的承载情况，可将其分为：转轴、心轴和传动轴。转轴在工作中既承受弯矩又承受转矩的轴（见图 3.3.1 中的轴），这类轴在各种机器中最为常见，如机床的主轴，减速器轴等。心轴只承受弯矩而不承受转矩的轴。心轴又分为转动心轴［图 3.3.2（a）］和固定心轴［图 3.3.2（b）］两种。传动轴只承受转矩而不承受弯矩（或弯矩很小）的轴，如汽车传动轴见图 3.3.3。

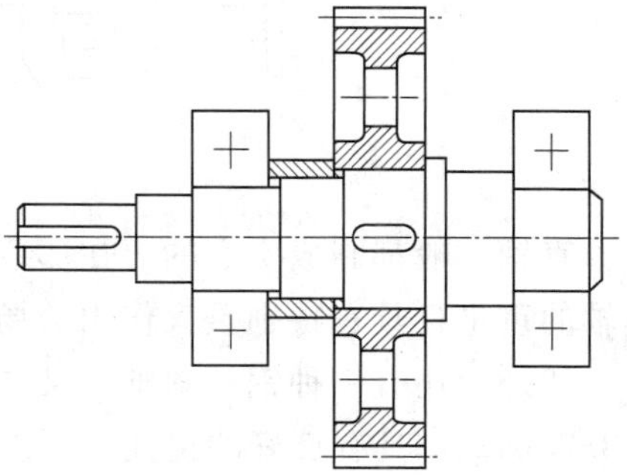

图 3.3.1　转轴

按照轴的轴线形状，轴还可分为曲轴（图 3.3.4）和直轴两大类。曲轴是专用零件，主要用于做往复运动的机械中。直轴根据外形的不同，可分为光轴［见图 3.3.5（a）中的轴］和阶梯轴［见

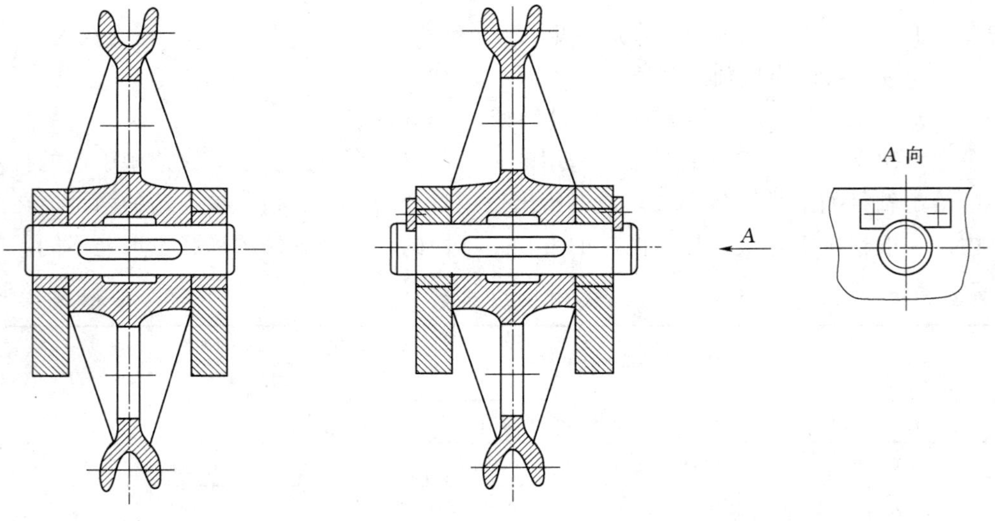

图 3.3.2 心轴

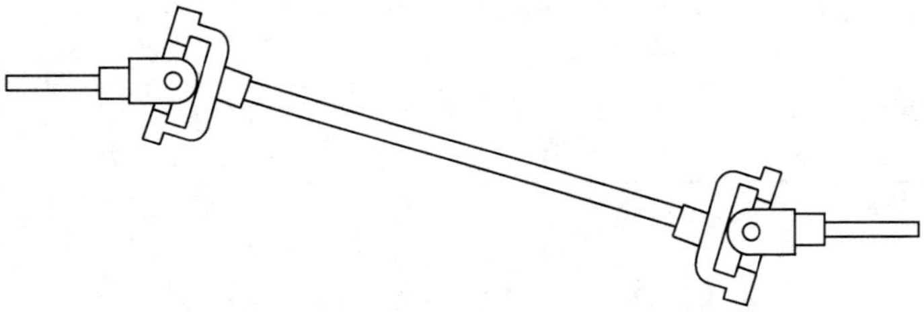

图 3.3.3 传动轴

图 3.3.5 (b) 中的轴] 两种。光轴形状简单，加工容易，应力集中源少，但轴上的零件不易装配及定位；阶梯轴则正好与光轴相反。因此光轴主要用于心轴和传动轴，阶梯轴则常用于转轴。

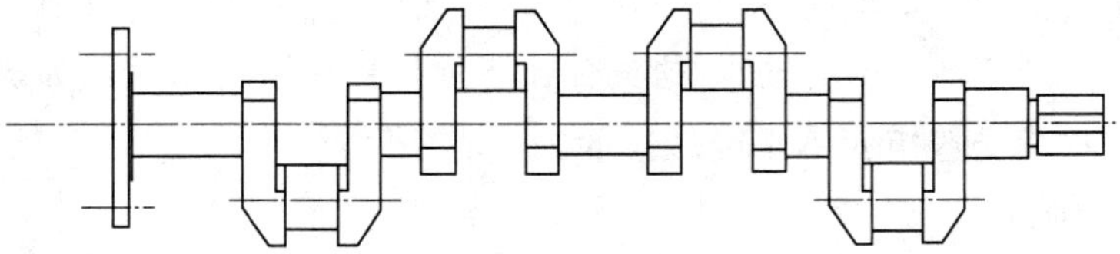

图 3.3.4 曲轴

直轴一般都制成实心的。在那些由于机器结构的要求而需在轴上装配其他零件或者减小轴的重量且具有特别重大作用的场合，则将轴制成空心的（见图 3.3.6)。

此外，还有一种钢丝软轴，又称钢丝挠性轴。它是由多组钢丝分层卷绕而成的［见图 3.3.7 (a)]，具有良好的挠性，可以把回转运动灵活地传到任何位置［见图 3.3.7 (b)]。它能用于受连续振动的场合，具有缓和冲击的作用。

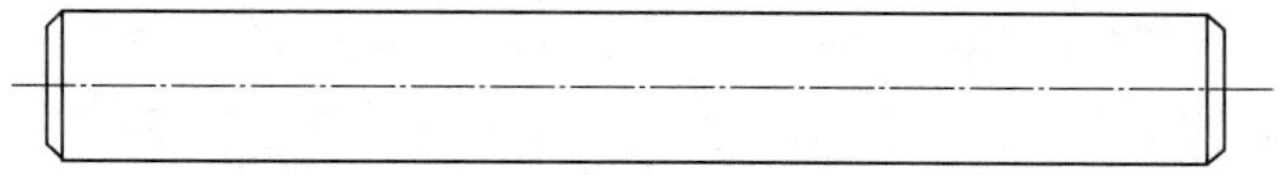

(a) 光轴

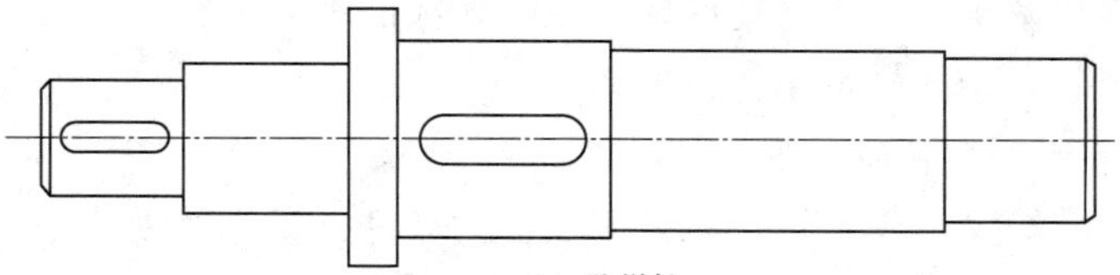

(b) 阶梯轴

图 3.3.5　直轴

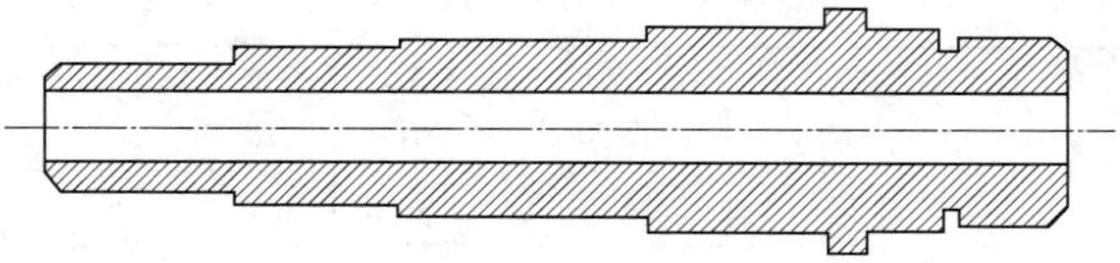

图 3.3.6　空心轴

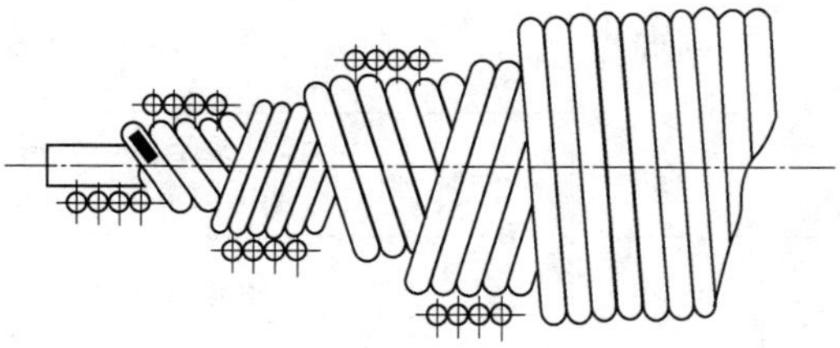

(a)

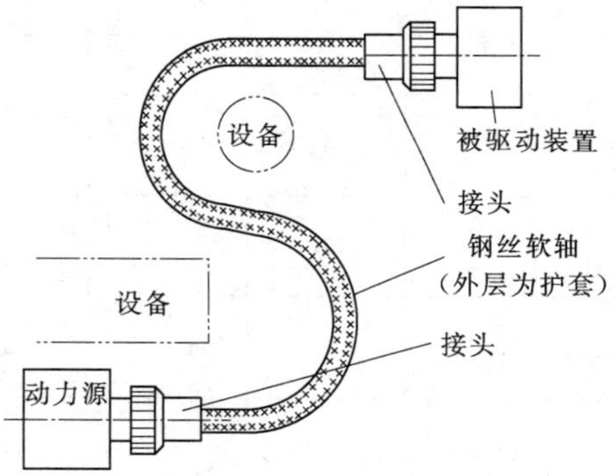

(b)

图 3.3.7　软轴及其应用

3.3.2　轴设计的主要内容

轴的设计也和其他零件的设计相似，包括结构设计和工作能力计算两方面的内容。

轴的结构设计是根据轴上零件的安装、定位以及轴的制造工艺等方面的要求，合理地确定轴的结构形式和尺寸。轴的结构设计不合理，会影响轴的工作能力和轴上零件的工作可靠性，还会增加轴的制造成本和轴上零件装配的困难度等。因此，轴的结构设计具有较大的灵活性和多样性。

轴的工作能力计算指的是轴的强度、刚度和振动稳定性等方面的计算。多数情况下，轴的工作能力主要取决于轴的强度。这时只需对轴进行强度计算，以防止断裂或塑性变形。而对刚度要求高的轴（如车床主轴）和受力大的细长轴，还应进行刚度计算，以防止工作时产生过大的弹性变形。对高速运转的轴，还应进行振动稳定性计算，以防止发生共振而破坏。

3.3.3 轴的材料

1. 轴毛坯的选择

对于光轴或轴段直径变化不大的轴、不太重要的轴，可选用轧材圆棒做轴的毛坯，有条件的可直接用冷拔圆钢；对于重要的轴、受载较大的轴、直径变化较大的阶梯轴，一般采用锻坯；对于形状复杂的轴可用铸造毛坯。

2. 根据使用条件选用轴的材质

多数轴既承受转矩又承受弯矩，多处于变应力条件下工作，因此轴的材料应具有较好的强度和韧性，用于滑动轴承时，还要具有较好的耐磨性。

轴的常用材料见表3.3.1。

表3.3.1　　轴的常用材料及其主要力学性能

材料牌号	热处理	毛坯直径 d/mm	硬度 HBW	抗拉强度 σ_b/MPa	屈服强度 σ_s/MPa	弯曲疲劳 σ_{-1}/MPa	备　注
Q236-A	—	—	—	440	240	200	用于不重要或载荷不大的轴
Q276-A	—	—	190	520	280	220	
35	正火		143～187	520	270	250	用于一般轴
45	正火	≤100	170～217	600	300	275	用于较重要的轴，应用最广
	调质	≤200	217～255	640	360	300	
40Cr	调质	≤100	241～286	750	550	350	用于载荷较大而无很大冲击的轴
35SiMn 45SiMn	调质	≤100	229～286	800	520	400	性能接近于40Cr，用于中小型轴
40MnB	调质	≤200	241～286	750	500	335	性能接近于40Cr，用于重载荷的轴
35CrMo	调质	≤100	207～269	750	550	390	用于重载荷轴
20 Cr	渗碳淬火回火	≤60	表面56～62 HRC	650	400	280	用于要求强度、韧度及耐磨性均较好的轴
QT600-3	—	—	190～270	600	370	215	用于制造复杂外形的轴
QT800-2	—	—	245～335	800	480	290	

3.3.4 轴的结构设计

轴的结构设计主要是定出轴的合理外形和轴各段的直径、长度和局部结构。其结构取决于轴的承载性质、大小、方向以及传动布置方案，轴上零件的布置与固定方式，轴承的类型与尺寸，轴毛坯的型式，制造工艺与装配工艺，安装运输条件及制造经济性等。设计轴的合理结构，要考虑的主要因素如下：①使轴受力合理，使扭矩合理分流，弯矩合理分配；②应尽量减质量，节约材料，尽量采用等强度外形尺寸；③轴上零、部件定位应可靠（如轮毂应长出相关轴段2～3mm等）；④尽量减少应力集中，提高疲劳强度；⑤要考虑加工工艺所必需的结构要素（如中心孔、螺尾退刀槽、砂轮越程槽等），尽量减少加工刀具的种类，轴上的倒角、圆角、键槽等应尽可能取相同尺寸，键槽应尽量开在一条线上，以减少装卡次数；⑥要便于装拆和维修，要留有装拆或调整所需的空间和零件所需的滑动距离，轴端或轴的台阶处应有方便装拆的倒角，轴上所有零件应无过盈地装配到位，可采用锥套等易装拆的结构；⑦对于要求刚度大的轴，要考虑减少变形的措施；⑧在满足使用要求的条件下，合理确定轴的加工精度和表面粗糙度，合理确定轴与轴上零件的配合性质；⑨要符合标准零部件及标准尺寸的规定。

1. 拟定轴上零件的装配方案

拟定轴上零件的装配方案是进行轴的结构设计的前提，它决定着轴的基本形式。所谓装配方案，就是预定出轴上主要零件的装配方向、顺序和相互关系。例如图3.3.8中的装配方案是：齿轮、套筒、右端轴承、轴承端盖、半联轴器依次从轴的左端向右安装，右端只装轴承及其端盖。这样就对各轴段的粗细顺序作了初步安排。拟定装配方案时，一般应考虑几个方案，进行分析比较与选择。

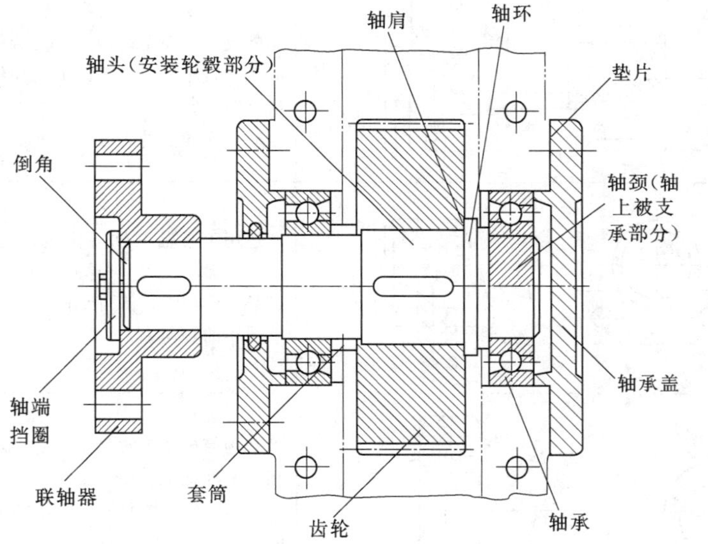

图3.3.8　轴上零件装配与轴的机构示意图

2. 轴上零件的定位与轴向固定

为了防止轴上零件受力时发生沿轴向或周向的相对运动，轴上零件除了有游动或空转的要求者外，都必须进行必要的轴向和周向定位，以保证其正确的工作位置。

（1）轴上零件的轴向定位与固定见表3.3.2。

（2）轴上零件的周向定位与固定。

周向定位与固定的目的是为了传递运动和转矩，以防止轴上零件与轴发生相对转动。常用的周向定位零件有键、花键、销、紧定螺钉以及过盈配合等，其中紧定螺钉只用在传力不大之处。

3. 各轴段直径和长度的确定

各轴段所需的直径与轴上载荷的大小有关。初步确定轴的直径时，通常还不知道支反力的作用点，不能决定弯矩的大小与分布情况，因而还不能按轴所受的具体载荷及其引起的应力来确定轴的直径。但在进行轴的结构设计前，通常已能求得轴所受的转矩。因此，

表 3.3.2　　　　轴上零件的轴向定位与固定

方法	简　图	特点与应用
轴肩、轴环	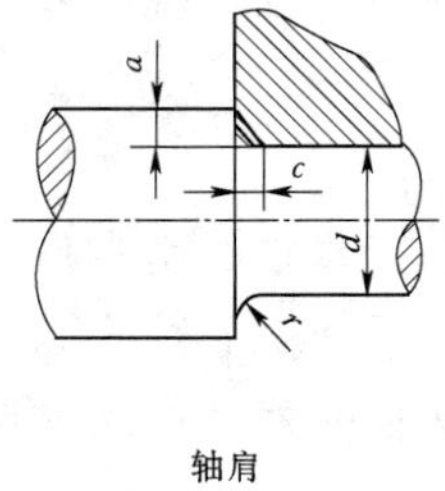轴肩 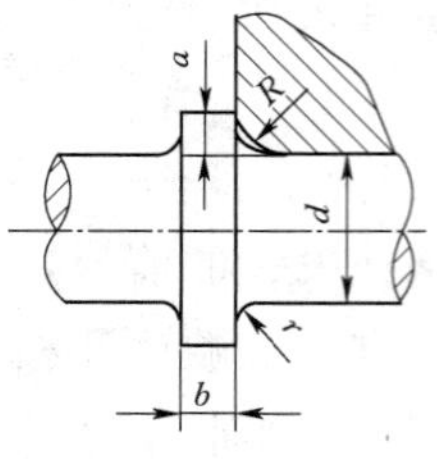轴环	结构简单、定位可靠，可承受较大轴向力。常用于齿轮、带轮、链轮、联轴器、轴承等的轴向定位。 为保证零件紧靠定位面，应使 $r<c$ 或 $r<R$。 轴肩高度 a 应大于 R 或 c，通常可取 $a=(0.07\sim0.1)\,d$。 轴环宽度 $b\approx1.4a$。 与滚动轴承相配合处的 a 与 r 值应根据滚动轴承的类型与尺寸确定（见滚动轴承章），轴肩及轴环将增大轴的坏料直径，增加切削量
套筒	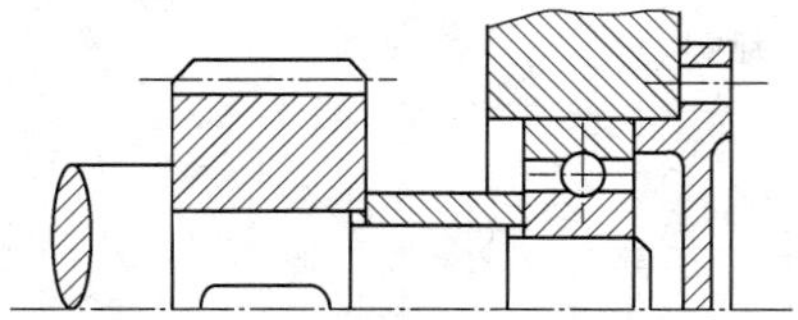	结构简单、定位可靠，轴上不需开槽、钻孔和切制螺纹，因而不影响轴的疲劳强度，一般用于零件间距离较小的场合，以免增加结构重量。轴的转速很高时不宜采用。 套筒两端面的表面粗糙度要与配合面匹配
轴端挡板	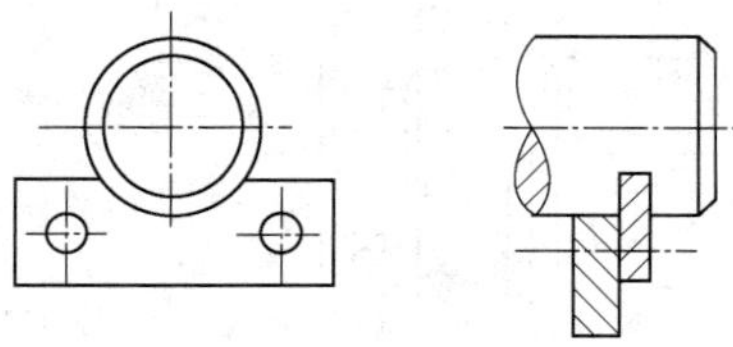	适用于心轴的轴端固定，见《螺栓紧固轴端挡圈》(GB/T 892)（单孔）及《轴端挡板》(JB/ZQ 4348)（双孔），既可轴向定位又可周向定位，只能承受小的轴向力
弹性挡圈	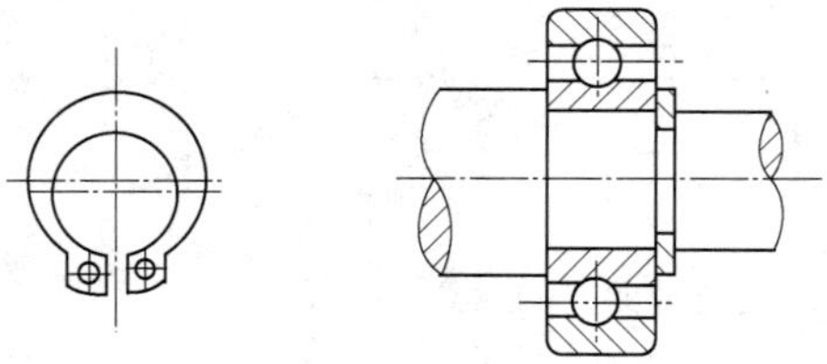	结构简单紧凑，只能承受很小的轴向力，常用于固定滚动轴承。 轴用弹性挡圈的结构尺寸见《轴用弹性挡圈》（GB/T 894.1～GB/T 894.2），轴上需开槽，强度被削弱
紧定螺钉	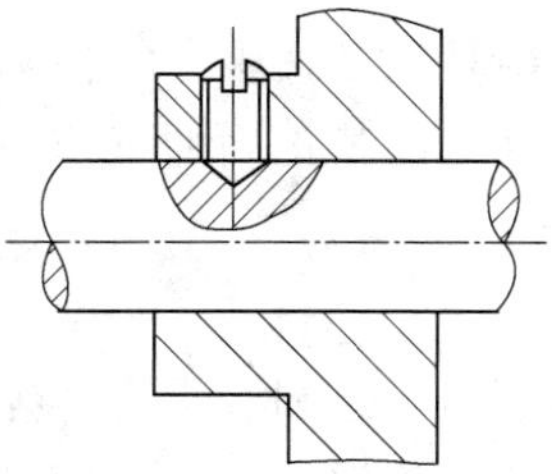	适用于轴向力很小、转速很低或仅为防止零件偶然油轴向滑动的场合。为防止螺钉松动，可加锁圈。 紧定螺钉同时亦可起周向固定作用。 紧定螺钉用孔的结构尺寸见《开槽锥端紧定螺钉》(GB/T 71)
锁紧挡圈	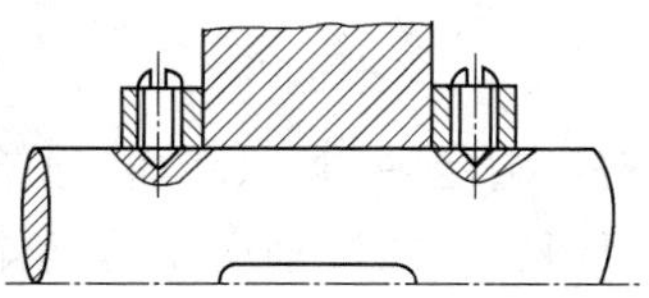	结构简单，但不能承受大的轴向力。常用于光轴上零件的固定，有冲击、振动时应有防松措施。螺钉锁紧挡圈的结构尺寸见《螺钉锁紧挡圈》（GB/T 884）

续表

方法	简　　图	特 点 与 应 用
圆锥面	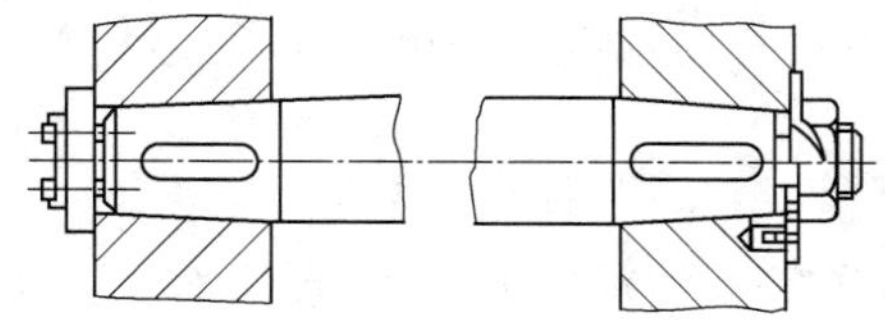	能消除轴与轮毂间的径向间隙，装拆较方便，可兼作周向固定，能承受冲击载荷。大多用于轴端零件固定，常与轴端压板或螺母联合使用，使零件获得双向轴向固定。轮毂要长出锥轴段 2mm 左右，以确保压紧。锥轴及孔加工较难，轴向定位不很准确。高速轻载时可不用键。 圆锥形轴伸见《圆锥形轴伸》(GB/T 1570)
圆螺母	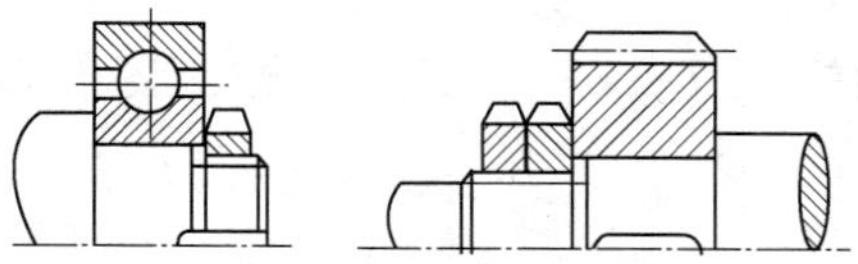	固定可靠，装拆方便，可承受较大的轴向力。由于轴上切制螺纹，使轴的疲劳强度有所降低。常用双圆螺母或圆螺母与止动垫圈固定轴端零件，当零件间距离较大时，亦可采用圆螺母代替套筒，以减小结构重量，与轴肩配合达到双向定位。见《小圆螺母》(GB/T 810)、《圆螺母》(GB/T 812) 及《圆螺母用止动垫圈》(GB/T 858)
轴端挡圈	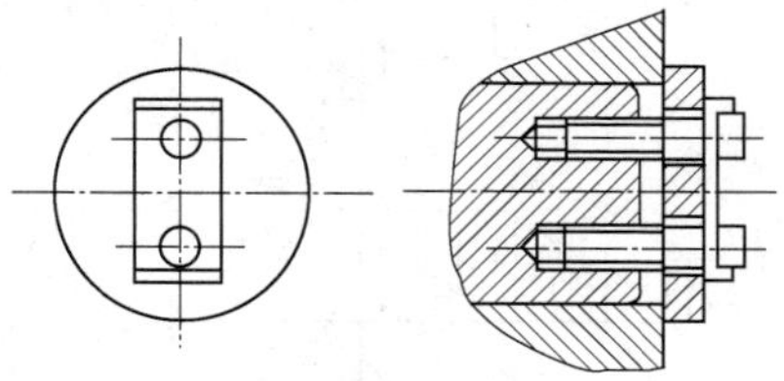	常用于固定轴端零件。可以承受剧烈的振动和冲击载荷。 螺栓紧固轴端挡圈的结构尺寸见《螺栓紧固轴端挡圈》(GB/T 892)(单孔)及《轴端挡板》(JB/ZQ 43478—2006)(双孔)
胀紧连接套	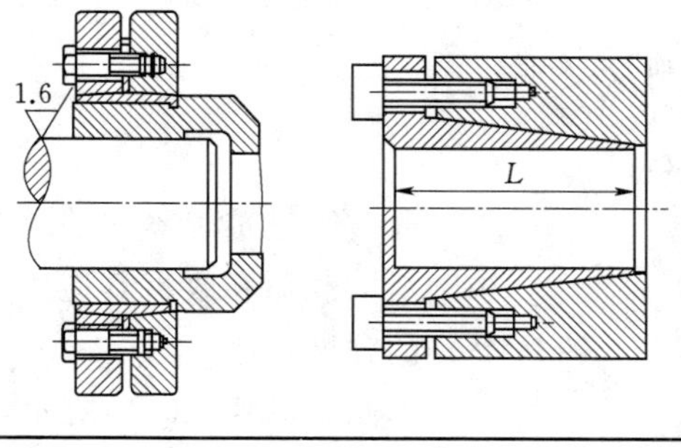	既用于轴向定位也用于周向定位。 轴不需加工键槽，提高了轴的强度。对中性好，压紧力可调整，多次拆卸能保持良好的配合性质。轴的加工精度要求不高。 可方便地在轴向和周向调整安装位置，拆装方便

可按轴所受的转矩初步估算轴所需的最小直径 d_{min}，然后再按轴上零件的装配方案和定位要求，从 d_{min} 处起逐一确定各段轴的直径。在实际设计中，轴的直径亦可凭设计者的经验取定，或参考同类机械用类比的方法确定。

有配合要求的轴段，应尽量采用标准直径。安装标准件（如滚动轴承、联轴器、密封圈等）部位的轴径，应取为相应的标准值及所选配合的公差。

为了使齿轮、轴承等有配合要求的零件装拆方便，并减少配合表面的擦伤，在配合轴段前应采用较小的直径。为了使与轴作过盈配合的零件易于装配，相配轴段的压入端应制出锥度；或在同一轴段的两个部位上采用不同的尺寸公差。

确定各轴段长度时，应尽可能使结构紧凑，同时还要保证零件所需的装配或调整空间。轴的各段长度主要是根据各零件与轴配合部分的轴向尺寸和相邻零件间必要的空隙来确定的。为了保证轴向定位可靠，与齿轮和联轴器等零件相配合部分的轴段长度一般应比轮毂长度短2～3mm。

4. 提高轴的强度常用的措施

轴上零件的结构、工艺以及轴上零件的安装布置方式对轴的受力状况，轴的强度和刚度有很大影响，所以应在这些方面进行充分考虑，以提高轴的承载能力，减小轴的尺寸和质量，降低制造成本。

(1) 合理布置轴上零件以减小轴的载荷。

为了减小轴所承受的弯矩，传动件应尽量靠近轴承，并尽可能不采用悬臂的支承形式，力求缩短支承跨距及悬臂长度等。

当转矩由一个传动件输入，再由几个传动件输出时，为了减小轴上扭矩，应将输入件放在中间，而不要置于一端。如图3.3.9 (a) 所示，输入扭矩为 $T_1=T_2+T_3+T_4$，按图3.3.9 (a) 所示布置时，轴所受的最大扭矩为 $T_2+T_3+T_4$，若改为图3.3.9 (b) 布置时，轴所受的最大扭矩减小为 T_3+T_4。

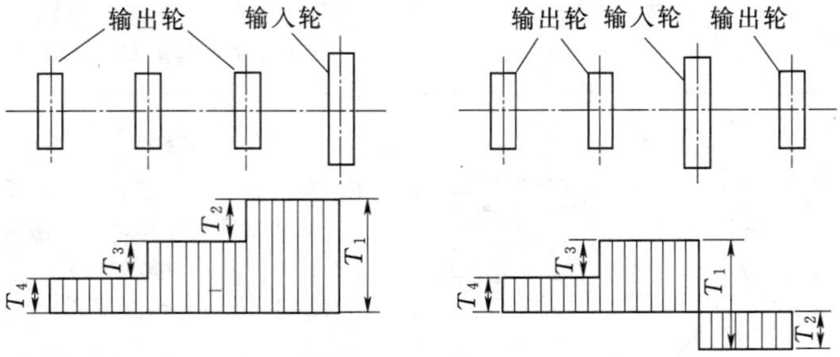

(a) 不合理的布置　　(b) 合理的布置

图3.3.9　轴上零件的布置

(2) 改进轴上零件的结构以减小轴的载荷。

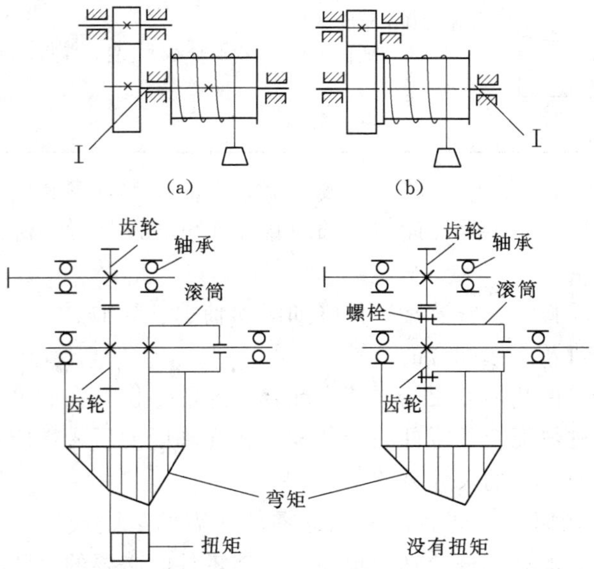

图3.3.10　起重机两种安装方案分析

通过改进轴上零件的结构也可减小轴上的载荷和改善其应力特征，提高轴的强度和刚度。

如图3.3.10 (a) 所示，卷筒轴工作时，既受弯矩又受转矩作用，当卷筒的安装结构改为图3.3.10 (b) 时，卷筒轴则只受弯矩作用，且轴向结构更紧凑，因此改变了轴的应力状态。

5. 改进轴的结构以减小应力集中的影响

轴通常是在变应力条件下工作的，轴的截面尺寸发生突变处要产生应力集中，轴的疲劳破坏往往在此发生，轴的结构应尽量避免形状的突然变化。为了提高轴的疲劳强度，应尽量减少应力集中源和降低应力集中程度。为此轴肩处应采用较大的过渡圆角半径 r 来降低应力集中。但对定位轴肩，还必须保证零件得到可靠的定位。当靠轴肩定位的零件的圆角半径很小时，为了增大轴肩处的圆角半径，可采用内凹圆角或加装隔离环。图 3.3.11 所示为几种减轻圆角应力集中的例子。

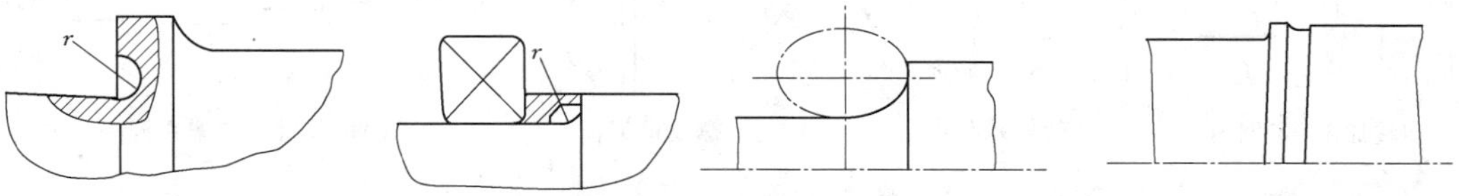

(a) 凹切圆角　(b) 中间环　(c) 椭圆形圆角　(d) 减载槽

图 3.3.11　轴肩过渡结构

当轴与轮毂为过盈配合时，配合边缘处会产生较大的应力集中。

为了减小应力集中，可在轮毂上或轴上开卸载槽；或者加大配合部分的直径。由于配合的过盈量愈大，引起的应力集中也愈严重，因而在设计中应合理选择零件与轴的配合。具体结构如图 3.3.12 所示。

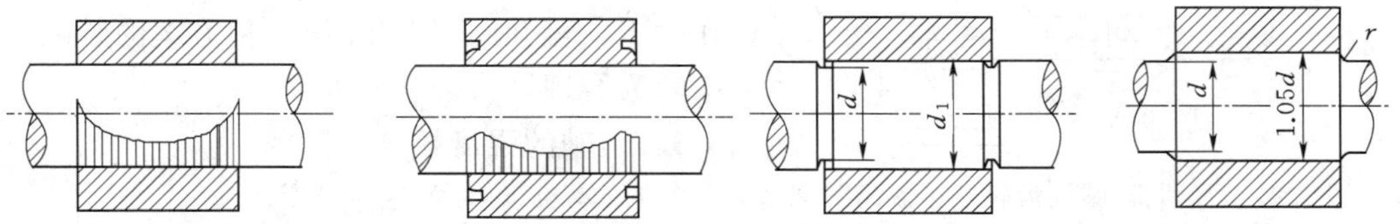

(a) 过盈配合处的应力集中

应力集中系数减小 15%～25%
(b) 轮毂上开卸载槽

$d_1=(1.06\sim1.08)d$
应力集中系数减小 40%
(c) 轴上开卸载槽

$r>(0.1\sim0.2)d$
应力集中系数减小 30%～40%
(d) 增大配合处直径

图 3.3.12　轮毂配合的应力集中及其降低方法

用盘状铣刀加工的键槽比用键槽铣刀加工的键槽在过渡处对轴的截面削弱较为平缓，因而应力集中较小；渐开线花键比矩形花键在齿根处的应力集中小，在做轴的结构设计时应予以考虑；由于切制螺纹处的应力集中较大，故应尽量避免在轴上受载较大的区段切制螺纹。

6. *改进轴的表面质量以提高轴的疲劳强度*

轴的表面粗糙度和表面强化处理方法也会对轴的疲劳强度产生影响。轴的表面愈粗糙，疲劳强度也愈低。因此，应合理减小轴的表面及圆角处的加工粗糙度值。当采用对应力集中甚为敏感的高强度材料制作轴时，表面质量尤其应予以注意。

表面强化处理的方法有：表面高频淬火等热处理；表面渗碳、氰化、氮化等化学热处理；碾压、喷丸等强化处理。通过碾压、喷丸进行表面强化处理时可使轴的表层产生预压应力，从而提高轴的抗疲劳能力。

7. *保证轴的结构工艺性*

设计轴时，要使轴的结构便于加工、测量、装拆和维修，力求减少劳动量，提高劳动生产率。为了便于加工，减小加工工具的种类，应使一轴上的圆角半径、键槽、越程槽、退刀槽的尺寸各自相同（见图 3.3.13）。一根轴上的各个键槽应开在轴的同一母线上。当有几个花键轴段时，花键尺寸最好也统一。为了便于装配，轴的配合直径应圆整为标准值，轴端应加工出倒角（一般为45°）；过盈配合零件轴端应加工出导向锥面。

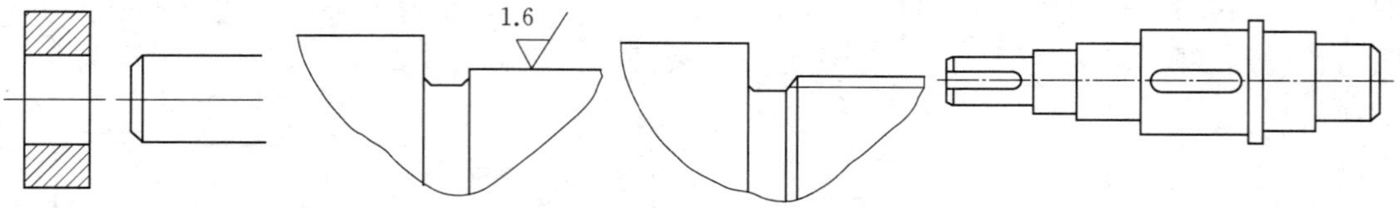

轴端加工45°倒角　砂轮越程槽　螺纹退刀槽　不同轴段键槽布置在同一母线上

图 3.3.13　轴工艺结构

通过上面的讨论也可以进一步说明，轴上零件的装配方案对轴的结构形式起着决定性的作用。为了强调同时拟定不同的装配方案进行分析对比与选择的重要性，现以圆锥-圆柱齿轮减速器（图 3.3.14）输出轴的两种装配方案为例进行对比。显而易见，图 3.3.15 第二种方案的轴向定位套筒长，质量大。相比之下，可知图 3.3.15 第一种方案的装配方案较为合理。

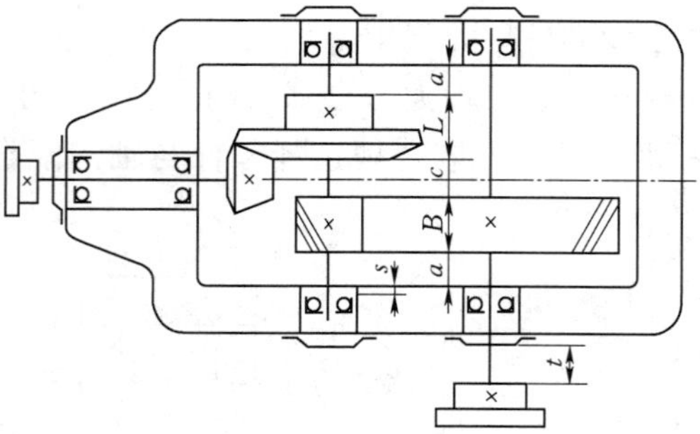

图 3.3.14　圆锥-圆柱齿轮减速器简图

3.3.5　轴的强度校核计算

1. 按扭转强度条件计算

这种方法是根据轴所受的扭矩来计算轴的强度，对于轴上作用较小的弯矩时，通常采用降低许用扭转切应力的办法予以考虑。通常在做轴的结构设计时，常采用这种方法估算轴径。实心轴的扭转强度条件为

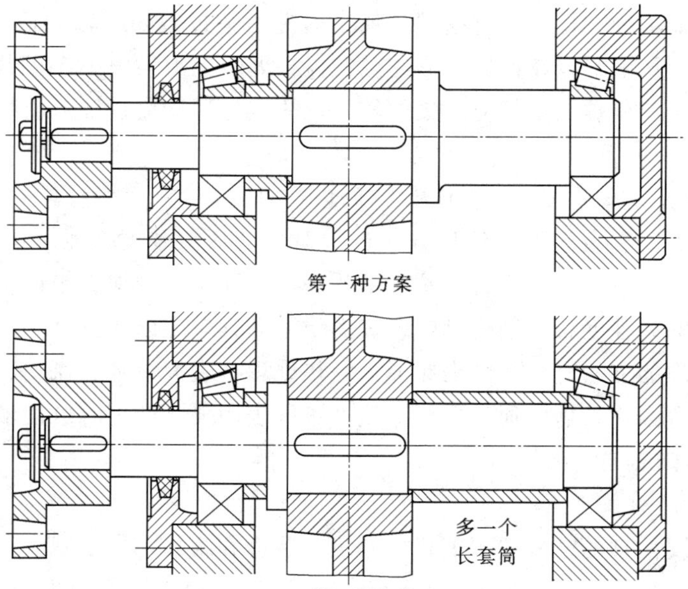

图 3.3.15　输出轴的两种结构方案

$$\tau_T=\frac{T}{W_T}\approx\frac{9550000\,\frac{P}{n}}{0.2d^3}\leqslant[\tau_T] \tag{3.3.1}$$

式中 τ_T——扭转切应力，MPa；

T——轴多受的扭矩，N·mm；

W_T——轴的抗扭截面系数，mm^3；

n——轴的转速，r/min；

P——轴传递的功率，kW；

d——计算截面处轴的直径，mm；

$[\tau_T]$——许用扭转切应力，MPa，见表3.3.3。

表3.3.3　轴常见几种材料的 $[\tau_T]$ 及 A_0 值

轴的材料	Q236-A、20	45	Q275、35（1Cr18Ni9Ti）	40Cr、35SiMn、3Cr13、38SiMnMo
$[\tau_T]$/MPa	16～25	26～45	20～35	36～55
A_0	149～126	126～103	136～112	112～97

由式3.3.1可得轴的直径为

$$d\geqslant\sqrt[3]{\frac{9550000P}{0.2[\tau_T]n}}=\sqrt[3]{\frac{9550000}{0.2[\tau_T]}}\sqrt[3]{\frac{P}{n}}=A_0\sqrt[3]{\frac{P}{n}} \tag{3.3.2}$$

对于空心轴扭转强度条件为

$$d\geqslant A_0\sqrt[3]{\frac{P}{n(1-\beta^4)}} \tag{3.3.3}$$

其中 $\beta=\frac{d_1}{d}$，即空心轴的内径 d_1 与外径 d 之比，通常取 $\beta=0.5\sim0.6$。

应当指出，当轴截面上开有键槽时，应增大轴径以考虑键槽对轴的强度削弱。对于直径大于100mm的轴，有一个键槽时，轴径增大3%；有两个键槽时，应增大7%。对于直径小于等于100mm的轴，有一个键槽时，轴径增大5%～7%；有两个键槽时，应增大10%～15%。然后将轴径圆整为标准直径。应当注意，这样求出的直径只能作为承受扭矩作用的轴段的最小直径。

2. 按弯曲强度条件计算

由于考虑启动、停车等影响，弯矩在轴截面上所引起的应力可视为脉动循环变应力。则

$$\sigma_{ca}=\frac{M}{W}\leqslant[\sigma_0]=1.7[\sigma_{-1}] \tag{3.3.4}$$

式中 M——轴所受的弯矩，N·mm；

W——危险截面抗扭截面系数，mm^3，具体数值查机械设计手册；

$[\sigma_{-1}]$——脉动循环应力时许用弯曲应力，MPa，具体数值查机械设计手册。

3. 按弯扭合成强度条件计算

由于前期轴的设计过程中，轴的主要结构尺寸、轴上零件位置及外载荷和支反力的作

用位置均已经确定，则轴上载荷可以求得，因而可按弯扭合成强度条件对轴进行强度校核计算。

一般计算步骤如下：

（1）做出轴的计算简图，即力学模型。

通常把轴当做置于铰链支座上的梁，支反力的作用点与轴承的类型及布置方式有关，现在列举如下几种情况（图 3.3.16）。

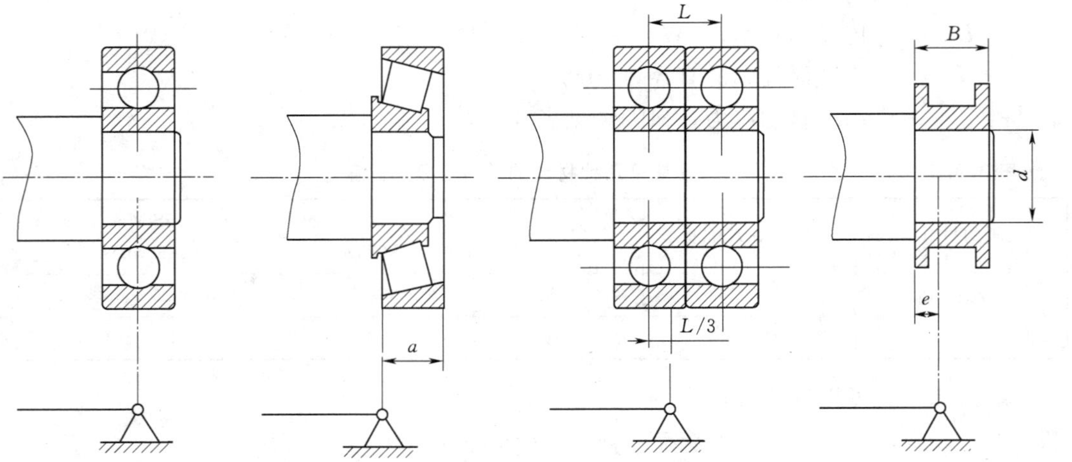

（a）向心轴承　（b）向心推力轴承　（c）并列向心轴承　（d）滑动轴承

图 3.3.16　轴的支反力作用点

对于滑动轴承，$L/d<1$，$e=0.5L$；$L/d>1$，$e=0.5d$，但不小于（0.25～0.35）L；对于调心轴承，$e=0.5L$。

在此没有列出的轴承可以查阅机械设计手册得到。通过轴的主要结构尺寸轴上零件位置及外载荷和支反力的作用位置，计算出轴上各处的载荷。通过力的分解求出各个分力，完成轴的受力分析，如图 3.3.17（a）所示。

（2）做出弯矩图。

根据上述简图，分别按水平面和垂直面计算各力产生的弯矩，并按计算结果分别做出水平面上的弯矩 M_H 图［图 3.3.17（c）］和垂直面上的弯矩 M_V 图［图 3.3.17（e）］；然后按 $M=\sqrt{M_H^2+M_V^2}$ 算总弯矩并做出 M 图［图 3.3.17（f）］。

（3）做出扭矩图。

扭矩图如图 3.3.17（g）所示。

（4）校核轴的强度。

已知轴的弯矩和扭矩后，可针对某些危险截面（即弯矩和扭矩大，而轴径可能不足的截面）做弯扭合成强度校核计算。按第三强度理论，计算应力：

$$\sigma_{ca}=\sqrt{\sigma^2+4\tau^2} \tag{3.3.5}$$

式中　σ——对称循环变应力；

　　　τ——扭转切应力。

通常由弯矩所产生的弯曲应力 σ 是对称循环应力，而由扭矩所产生的扭转切应力 τ 则

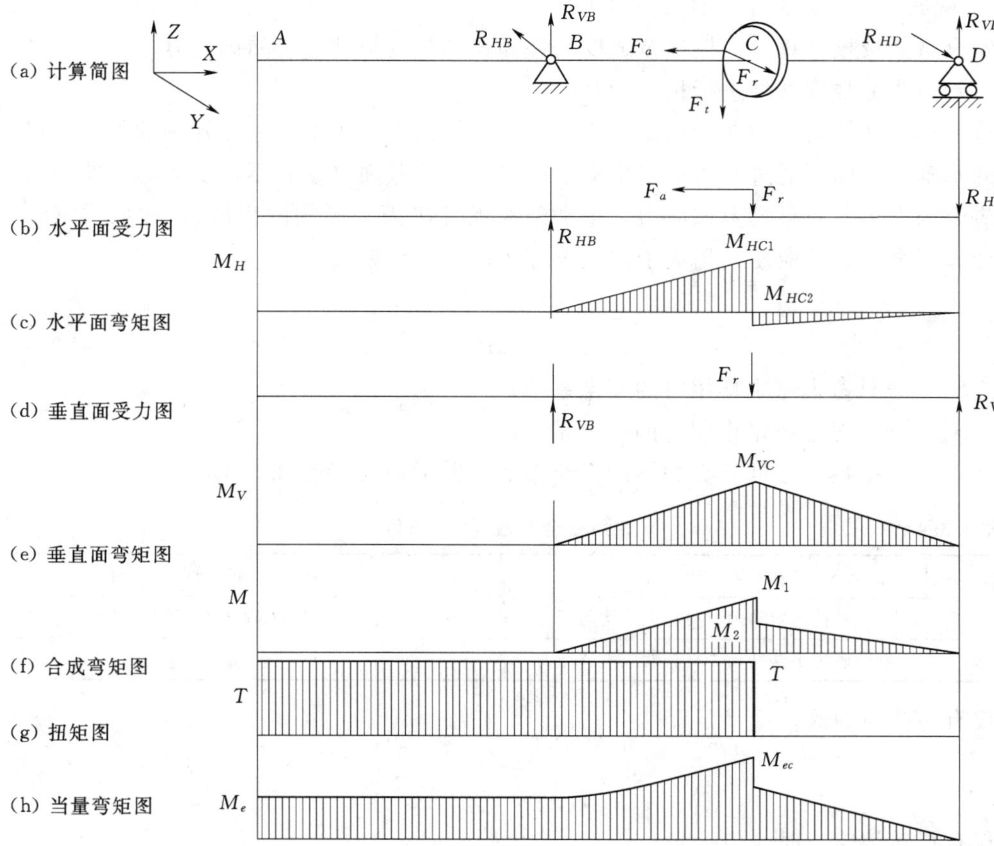

图 3.3.17　轴的载荷分析图

常常不是对称循环变应力。为了考虑两者循环特性不同的影响，引入折合系数 α，则计算应力为

$$\sigma_{ca}=\sqrt{\sigma^2+4(\alpha\tau)^2} \tag{3.3.6}$$

式中的弯曲应力为对称循环变应力。若扭转切应力为静应力时取 $\alpha=0.3$，若扭转切应力为脉动循环应力时取 $\alpha=0.6$，若扭转切应力为对称循环应力时取 $\alpha=1.0$。

对于直径为 d 的圆轴，弯曲应力 $\sigma=\dfrac{M}{W}$，扭转切应力 $\sigma=\dfrac{T}{2W}$，将 σ 和 σ 代入式（3.3.6）中可得

$$\sigma_{ca}=\sqrt{\left(\frac{M}{W}\right)^2+4\left(\frac{\alpha T}{2W}\right)^2}=\frac{\sqrt{M^2+(\alpha T)^2}}{W}\leqslant[\sigma_{-1}] \tag{3.3.7}$$

式中　σ_{ca}——轴的计算应力，MPa；

M——轴所受的弯矩，N·mm；

T——轴所受的扭矩，N·mm；

W——轴的抗弯截面系数，mm^3，具体数值查机械设计手册；

$[\sigma_{-1}]$——对称循环变应力时轴的许用弯曲应力。

4. 精确计算（安全系数校核计算）

安全系数校核计算分为按疲劳强度条件和按精强度条件进行精确计算。

（1）按疲劳强度条件进行精确计算。

这种校核计算的实质在于确定变应力情况下轴的安全程度。在已知轴的外形、尺寸及载荷的基础上，即可通过分析确定出一个或多个危险截面（这时不仅要考虑弯曲应力和扭转切应力的大小，而且要考虑应力集中和绝对尺寸等因素影响的程度），按照式（3.2.8）求出计算安全系数并应使其稍大于或至少等于设计安全系数。

$$S=\frac{S_\sigma S_\tau}{\sqrt{S_\sigma^2+S_\tau^2}}\geqslant[S] \tag{3.3.8}$$

式中 S_σ——只考虑弯矩作用时的安全系数；

S_τ——只考虑扭矩作用时的安全系数；

$[S]$——按疲劳强度计算的许用安全系数，其取值参考表3.3.4。

表3.3.4 许用安全系数 $[S]$ 取值

[S]	选取条件	[S]	选取条件
1.3～1.5	载荷确定精确，材料性质均匀	1.8～2.5	载荷确定不精确，材料性质均度较差
1.6～1.8	载荷确定不够精确，材料性质不够均匀		

仅有法向应力时，应满足

$$S_\sigma=\frac{\sigma_{-1}}{K_\sigma\sigma_a+\varphi_\sigma\sigma_m}\geqslant[S] \tag{3.3.9}$$

仅有扭转切应力时，应满足

$$S_\tau=\frac{\tau_{-1}}{K_\tau\tau_a+\varphi_\tau\tau_m}\geqslant[S] \tag{3.3.10}$$

式中 σ_{-1}——对称循环应力下的材料弯曲疲劳极限，MPa；

τ_{-1}——对称循环应力下的材料扭转疲劳极限，MPa；

K_σ、K_τ——弯曲和扭转时的有效应力集中系数；

φ_σ、φ_τ——材料拉伸和扭转的平均应力折算系数；

σ_a、σ_m——弯曲应力的应力幅和平均应力，MPa；

τ_a、τ_m——转应力的应力幅和平均应力，MPa。

（2）按静强度条件进行精确计算。

这种校核目的是评定轴对塑性变形的抵抗能力。根据轴材料的屈服强度和轴上作用的最大瞬时载荷，计算轴危险截面处的静强度安全系数。

静强度校核时的强度条件是

$$S_{S_{ca}}=\frac{S_{S_\sigma}S_{S_\tau}}{\sqrt{S_{S_\sigma}^2+S_{S_\tau}^2}}\geqslant S_S \tag{3.3.11}$$

式中 $S_{S_{ca}}$——危险截面静强度的计算安全系数；

S_S——按屈服强度的设计安全系数，$S_S=1.2\sim1.4$，用于高塑性材料制成的刚轴；$S_S=1.4\sim1.8$，用于中等塑性材料制成的刚轴；$S_S=1.8\sim2$，用于低塑性材料制成的刚轴；$S_S=2\sim3$，用于铸造轴；

S_{S_σ}——只考虑弯矩和轴向力时的安全系数，见式（3.3.12）；

S_{S_τ}——只考虑扭矩时的安全系数见式（3.3.13）。

$$S_{S_\sigma}=\frac{\sigma_S}{\left(\dfrac{M_{\max}}{W}+\dfrac{F_{\alpha\max}}{A}\right)} \tag{3.3.12}$$

$$S_{S_\tau}=\frac{\tau_S}{\dfrac{T_{\max}}{W_T}} \tag{3.3.13}$$

式中　σ_S、τ_S——材料的抗弯和抗扭屈服极限，MPa；

$M_{\max}$、$T_{\max}$——轴的危险截面上所受的最大弯矩和最大扭矩，N·mm；

$F_{\alpha\max}$——轴的危险截面上所受的最大的轴向力，N；

A——轴的危险截面的面积；

W、W_T——危险截面的抗弯和抗扭截面系数，mm^3。

通过以上几种校核强度的方法完成轴的设计，如果校核结果不满足承载要求时，则必须修改原结构设计结果，再重新校核。

3.3.6　轴的刚度校核计算

轴受载荷的作用后会发生弯曲、扭转变形，如变形过大会影响轴上零件的正常工作，例如装有齿轮的轴，如果变形过大会使啮合状态恶化。因此，对于有刚度要求的轴，必须要进行轴的刚度校核计算。轴的刚度有弯曲刚度和扭转刚度两种，下面分别讨论这两种刚度的计算方法。

1. 轴的弯曲刚度校核计算

应用材料力学的计算公式和方法算出轴的挠度 y 或转角 θ，并使其满足下式：

$$y\leqslant[y],\theta\leqslant[\theta]$$

2. 轴的扭转刚度校核计算

应用材料力学的计算公式和方法求出轴的扭转角 φ，并使其满足下式：

$$\varphi\leqslant[\varphi]$$

式中　$[y]$、$[\theta]$、$[\varphi]$——轴的许用挠度、许用偏转角、许用扭转角，其值可查有关技术资料。

3.3.7　提高轴的疲劳强度和刚度的措施

设计过程中，除合理选材外还可从结构安排和工艺等方面采取措施来提高轴的承载能力。

1. 分析轴上零件特点，减小轴受载荷

根据轴上安装的传动零件的状况，合理布置和合理设计可以减小轴的受载。对于受弯矩和转矩联合作用的转轴，可以改进轴和轴上零件结构，使轴的承载减少。

2. 改进轴的结构，减少应力集中

避免轴的剖面尺寸发生较大的变化，采用较大的过渡圆角半径，当装配零件的倒角很小时，可以采用内凹圆角或加装隔离环；尽可能不在轴的受载区段切制螺纹；可能时适当放松零件与轴的配合，在轮毂上或与轮毂配合区段两端的轴上加开卸载槽，以降低过盈配合处的应力集中等。

3. 改进轴的表面质量，提高轴的疲劳强度

减小表面及圆角处的表面粗糙度，对零件进行表面淬火、渗氮、渗碳、碳氮共渗等处理，对零件表面进行碾压加工或喷丸硬化处理等可以显著提高轴的承载能力。

4. 采用空心轴，减轻质量，提高强度和刚度

（内径 d_0/外径 d）为 0.6 的空心轴与直径为 d 的实心轴相比，空心轴的剖面模量减少 13%，质量减少 36%；d_0/d 仍为 0.6 的空心轴与同质量的实心轴相比，剖面模量可增加 1.7 倍。

项目3.4 执行机构设计

3.4.1 平面连杆机构

3.4.1.1 平面连杆机构的组成

机构中所有构件都在一平面或相互平行的平面内运动的机构称为平面机构。

1. 构件的自由度

如图 3.4.1 所示，一个在平面内自由运动的构件，有沿 x 轴移动、沿 y 轴移动或绕 A 点转动三种运动可能性。我们把构件作独立运动的可能性称为构件的“自由度”。所以，一个在平面自由运动的构件有三个自由度。可用如图 3.4.1 所示的三个独立的运动参数 x、y、θ 表示。

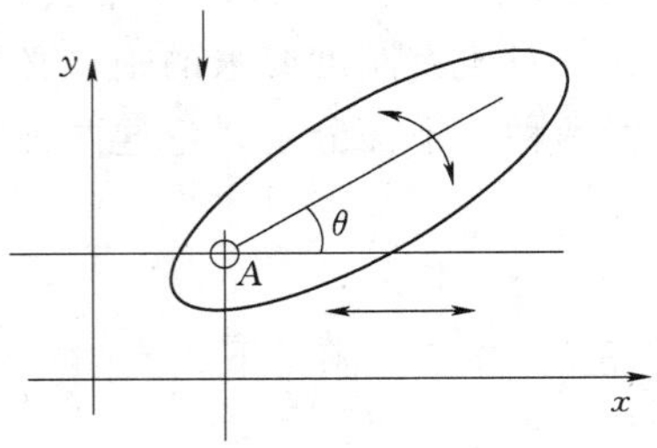

图 3.4.1 构件自由度

2. 运动副和约束

平面机构中每个构件都不是自由构件，而是以一定的方式与其他构件组成动连接。这种使两构件直接接触并能产生一定运动的连接，称为运动副。两构件组成运动副后，就限制了两构件间的部分相对运动，运动副对于构件间相对运动的这种限制称为约束。机构就是由若干构件和若干运动副组合而成的，因此运动副也是组成机构的主要要素。

两构件组成的运动副，不外乎是通过点、线、面接触来实现的。根据组成运动副的两构件之间的接触形式，运动副可分为低副和高副。

（1）低副。

两构件以面接触形成的运动副称为低副。按它们之间的相对运动是转动还是移动，低副又可分为转动副和移动副。

1）转动副，组成运动副的两构件之间只能绕某一轴线作相对转动的运动副。通常转动副的具体结构形式是用铰链连接，即由圆柱销和销孔所构成的转动副，如图 3.4.2（a）所示。

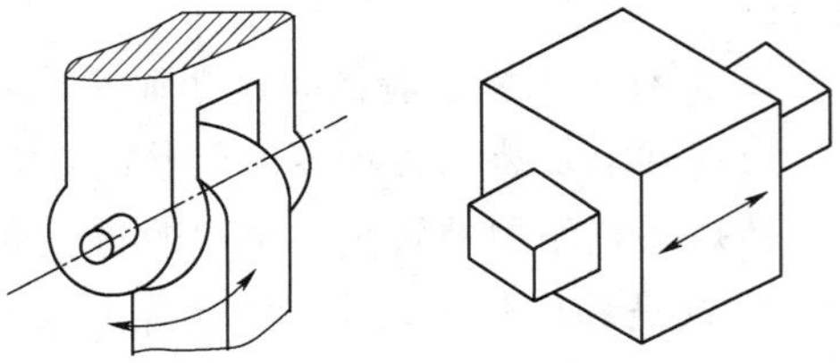
（a）　　（b）

图 3.4.2 平面低副

2）移动副，组成运动副的两构件只能作相对直线移动的运动副，如图 3.4.2（b）所示。

由上述可知，平面机构中的低副引入了两个约束，仅保留了构件的一个自由度。因转动副和移动副都是面接触，接触面压强低，称为低副。我们将由若干构件用低副连接组成的机构称为平面连杆机构，也称低副机构。低副是面接触，压强低，磨损量小，而且接触面是圆柱面和平面，制造简便，且易获得较高的制造精度。此外，这类机构容易实现转动、移动等基本的运动形式及转换，因而在一般机械和仪器中应用广泛。平面连杆机构也有其缺点：低副中的间隙不易消除，引起运动误差，且不易精确地实现复杂的运动规律。

（2）高副。

两构件以点或线接触形成的运动副称为高副，如图 3.4.3 所示。这类运动副因为接触部位是点或线接触，接触部位压强高，故称为高副。

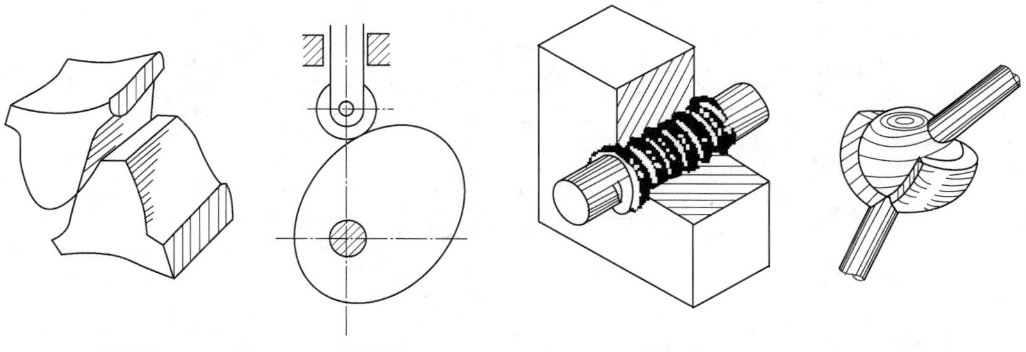

图 3.4.3 高副

（3）构件分类。

机构中的构件可分为 3 类：

1）机架：它是机构中视作固定不动的构件，起支撑其他活动构件的作用。

2）原动件：它是机构中接受外部给定运动规律的活动构件。

3）从动件：它是机构中的随原动件运动的活动构件。

3.4.1.2 平面机构的运动简图

在机器设计的初步设计阶段，主要是按设计要求对机构进行运动和动力分析，未涉及零件的具体结构；为了使问题简化，通常略去那些与运动无关的构建外形和运动副的具体构造。所以在机构设计或运动分析时，可用国家标准规定的简单符号和线条代表运动副和构件，并按一定比例定出各运动副的位置，以简图表示出机构各构件间相对运动关系，这种说明机构各构件间相对运动关系的简图称为机构运动简图，它是表示机构运动特征的一种工程用图。

1. 常用运动副的符号

常用运动副的符号如图 3.4.4 所示。

2. 构件的表示法

不管构件形状如何，都用简单线条表示，带短线的线条表示机架，如图 3.4.5（b）、（c）、（e）所示。图 3.4.5（a）为转动副连接，图 3.4.5（d）为移动副连接。

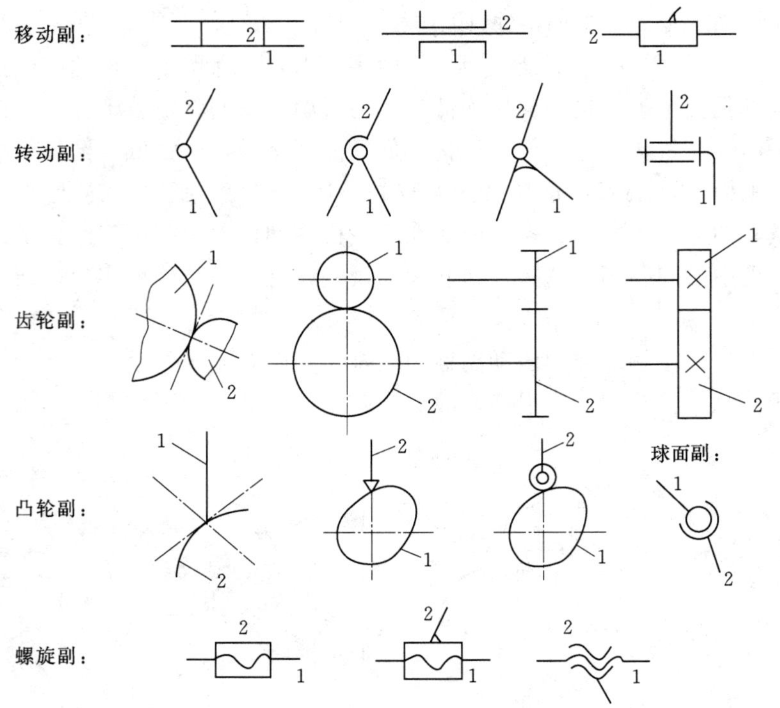

图 3.4.4　运动副表示方法

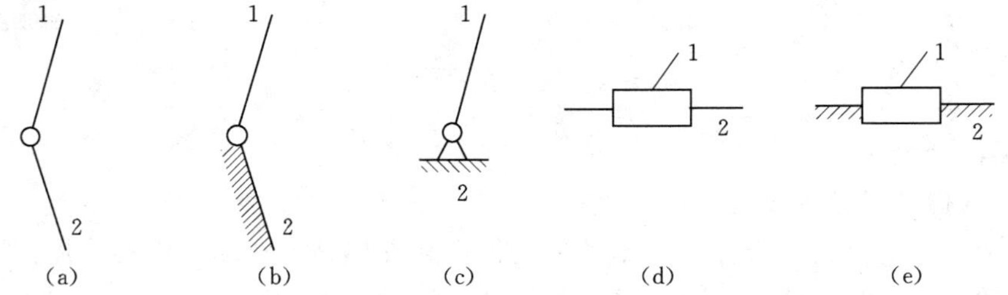

图 3.4.5　构件的表示方法 1

如图 3.4.6 (a) 所示表示能组成两转动副的构件；图 3.4.6 (b) 所示表示组成一个转动副和一个移动副的构件；如图 3.4.6 (c)、(d) 所示表示能组成 3 个转动副的构件。

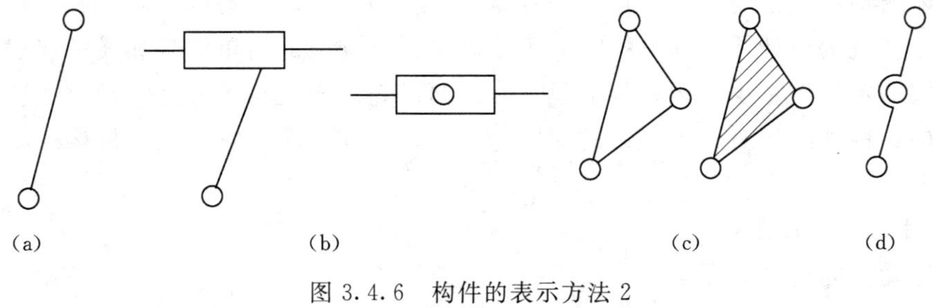

图 3.4.6　构件的表示方法 2

3. 绘制机构运动简图的方法

在绘制机构运动简图时，首先必须分析该机构的实际构造和运动情况，分清机构中的主动件和从动件；然后从主动件开始，顺着运动传递路线，仔细分析各构件之间的相对运动情况；从而确定组成该机构的构件数、运动副数及性质。并按一定的比例，用特定的符号，正确绘制出机构运动简图。

下面以如图3.4.7所示颚式破碎机为例，说明绘制机构运动简图的步骤。

（1）分析机构，确定构件的相对运动。如图3.4.7（a）所示颚式破碎机中，运动由皮带轮5输入，通过偏心轴2带动活动颚板3及摇杆4运动，构件1为机架，起支撑作用。结构上，皮带轮5和偏心轴2可以看作一个构件，其作用是将外部输入的旋转运动转变成偏心轴2绕 A 点旋转运动。活动颚板3工作时可绕偏心轴2的几何中心 B 点相对转动，摇杆4在 C、D 两点分别与活动颚板3的机架通过铰链连接。

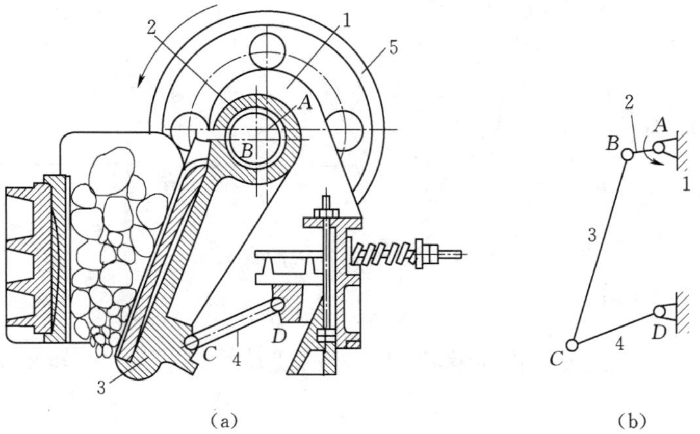

图3.4.7 颚式破碎及其运动简图

1—机架；2—偏心轴；3—颚板；4—摇杆；5—皮带轮

（2）确定所有运动副的类型和数目。从上述运动分析及图3.4.7中可以看出，偏心轴为主动构件，活动颚板、摇杆为从动件，机架为固定构件。各构件间均用转动副（共4个铰链）连接。

（3）测量各运动副的相对位置尺寸。逐一测量出四个运动副中心 A 与 B、B 与 C、C 与 D、D 与 A 之间的和长度 L_{AB}、L_{BC}、L_{CD}、L_{DA}。

（4）选定比例尺，用规定符号绘制运动简图。根据测量出的各运动副的位置尺寸，选择恰当的视图方向，选定合适的绘图比例，给出各运动副的位置，并用规定的符号和线条绘出各构件。

（5）标明机架、构件序号、原动件、绘图比例等得到机构运动简图［图3.4.7（b）］。

3.4.1.3 平面机构的自由度

1. 平面机构自由度的计算

平面机构自由度就是该机构所具有的独立运动数目。平面机构自由度与组成机构的构件数目、运动副的数目及运动副的性质有关。

在平面机构中，每个平面低副（转动副、移动副）引入两个约束，使构件失去两个自由度，保留一个自由度；而每个平面高副（齿轮副、凸轮副等）引入一个约束，使构件失去一个自由度，保留两个自由度。

如果一个平面机构中含有 N 个活动构件（机架为参考坐标系，相对固定而不计），未用运动副连接之前，这些活动构件的自由度总数为 $3N$。当各构件用运动副连接起来之后，由于运动副引入的约束使构件的自由度减少。若机构中 P_L 个低副和 P_H 个高副，则所有运动副引入的约束数为 $2P_L+P_H$。因此，自由度的计算可用活动构件的自由度总数减去运动副引入的约束总数。

机构的自由度用 F 表示，则有

$$F=3N-(2P_L+P_H)=3N-2P_L-P_H \tag{3.4.1}$$

【例 3.1】 试计算图 3.4.8 所示四个平面机构的自由度。

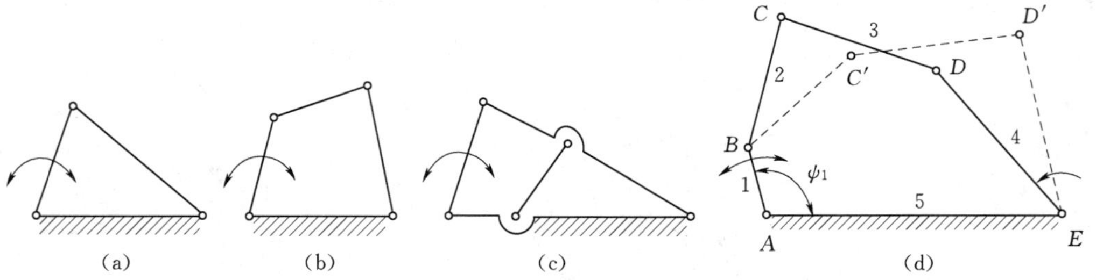

图 3.4.8　平面机构的自由度

解：

图 3.4.8（a）的自由度：图中除机架以外的活动构件数为 2，转动副数为 3，没有高副，由式（3.4.1）得

$$F=3N-2P_L-P_H=3\times2-2\times3-0=0$$

图 3.4.8（a）机构自由度为 0，不能运动。

图 3.4.8（b）自由度：图中除机架以外的活动构件数为 3，转动副数为 4，没有高副，由式（3.4.1）得

$$F=3N-2P_L-P_H=3\times3-2\times4-0=1$$

图 3.4.8（b）机构自由度为 1，具有确定的相对运动。

图 3.4.8（c）自由度：图中除机架以外的活动构件数为 3，转动副数为 5，没有高副，由式（3.4.1）得

$$F=3N-2P_L-P_H=3\times3-2\times5-0=-1$$

图 3.4.8（c）机构自由度为－1，不能运动。

图 3.4.8（d）自由度：图中除机架以外的活动构件数为 4，转动副数为 5，没有高副，由式（3.4.1）得

$$F=3N-2P_L-P_H=3\times4-2\times5-0=2$$

图 3.4.8 该机构自由度为 2，原动件数为 1，没有确定的相对运动（乱动）。

2. 机构具有确定相对运动的条件

由以上分析和计算可知，如果机构的自由度等于或小于零，所有构件就不能运动，因此，就构不成机构（称为刚性桁架）。当机构自由度大于零时，如果机构自由数等于原动件数，机构具有确定的相对运动；如果机构自由数大于原动件数，机构运动不确定。因此，机构具有确定的相对运动的充分必要条件：机构的自由度必须大于零，且原动件的数目必须等于机构自由度数，即：机构的原动件数＝机构的自由度＞0。

3. 机构自由度计算中几种特殊情况的处理

（1）复合铰链。

如图 3.4.9（a）所示，A 处的符号容易被误认为是一个转动副，若观察它的侧视图，如图 3.4.9（b）所示，则可以看出构件 1、2、3 在 A 处构成了两个同轴的转动副。这种由三个或以上构件在同一处组成的转动副，即为复合铰链。

在计算机构自由度时，复合铰链处的转动副数目应为该处汇交的构件数减 1。

【例 3.2】 试计算如图 3.4.10 所示机构的自由度。

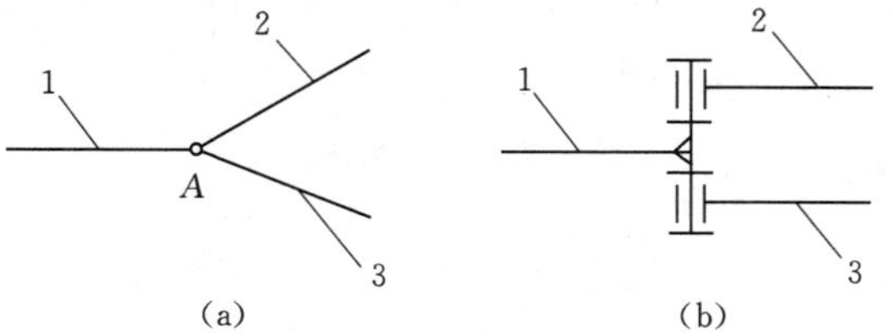

图 3.4.9 复合铰链

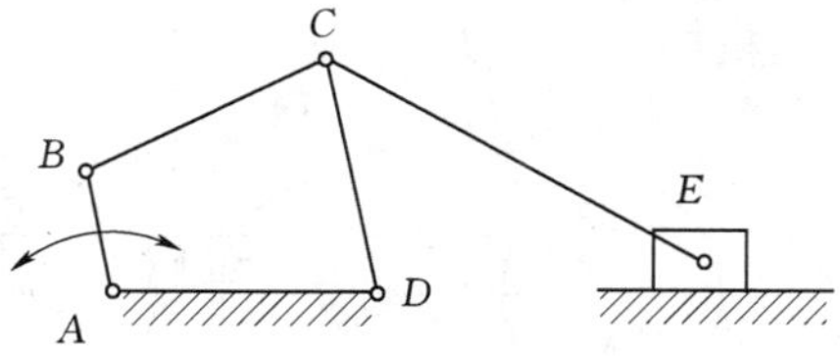

图 3.4.10 机构自由度计算

解： 图 3.4.10 中除机架外有 5 个活动构件（4 个杆件和 1 个滑块），A、B、C、D、E 共 4 个简单铰链，应计 2 个铰链，故共有铰链 6 个，1 个移动副，即 $P_L=7$，高副数 $P_H=0$。运用式（3.4.1）计算机构自由度得：

$$F=3N-2P_L-P_H=3\times5-2\times7-0=1$$

该机构有 1 个自由度，原动件数为 1，该机构具有确定的相对运动。

（2）局部自由度。

机构中某些构件所具有的局部运动，并不影响整个机构运动的自由度。

如图 3.4.11（a）所示，构件 3 是滚子，它能绕 C 点做独立的运动，不论该滚子是否转动、转快或转慢，都不影响整个机构的运动。这种不影响整个机构运动的、局部的独立运动，称为局部自由度。

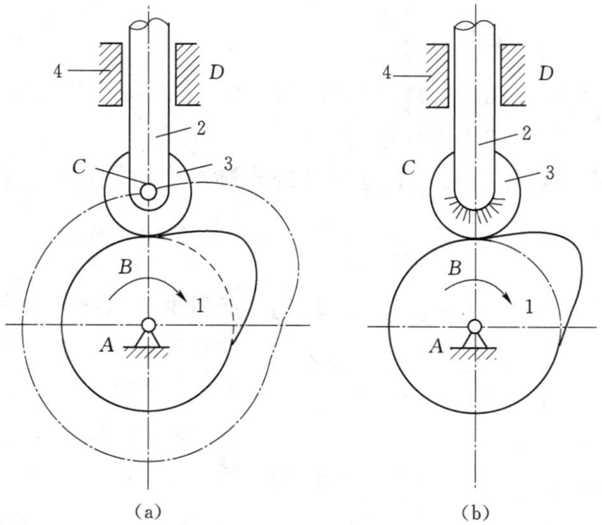

图 3.4.11 局部自由度

1—凸轮；2—从动件；3—滚子；4—机架

在计算机构自由度时，应将滚子 3 与杆 2 看成是固定在一起的一个构件，如图 3.4.11（b）所示，不计滚子 3 与杆 2 间的转动副。而滚子的作用仅仅是将 B 处的滑动摩擦变为滚动摩擦，减少功率损耗，降低磨损。

（3）虚约束。

在机构中与其他约束重复而不起限制运动作用的约束称为虚约束。在计算机构自由度时，应当去除不计。

如图 3.4.12 所示为机车车轮联动机构。在此机构中 AB、CD、EF 三个构件相互平行且长度相等：$L_{AB}=L_{CD}=L_{EF}$，$L_{BC}=L_{AD}$，$L_{CE}=L_{DF}$，按前述机构自由度的计算方法，此机构中 $N=4$、$P_L=6$、$P_H=0$。机构自由度为：

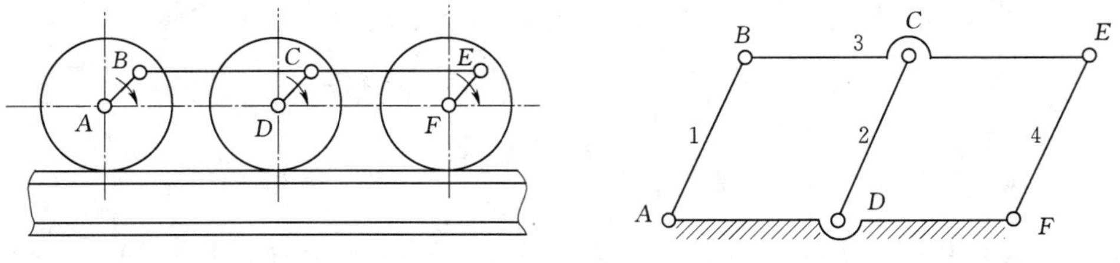

图 3.4.12 虚约束情况一

$$F=3N-2P_L-P_H=3\times4-2\times6-0=0$$

这表明该机构不能运动，显然与实际情况不符。进一步分析可知，机构中的运动轨迹有重叠现象。因为如果去掉构件 4（转动副 E、F 也不再存在），当原动件 1 转动时，构件 3 上 E 点的轨迹是不变的。因此，构件 4 及转动副 E、F 是否存在对整个机构的运动并无影响。也就是说，机构中加入构件 4 及转动副于 E、F 于后，虽然使机构增加了一个约束，但此约束并不起限制机构运动的作用，所以是虚约束。因此，在计算机构自由度时应除去构件 4 和转动副于 E、F。此时机构中 $N=3$，$P_L=4$、$P_H=0$，则机构实际自由度为

$$F=3N-2P_L-P_H=3\times3-2\times4-0=1$$

由此可知，当机构中存在虚约束时，可将含有约束的构件及其组成的运动副去掉。

平面机构的虚约束常出现于下列情况中：

1）被连接件上点的轨迹与机构上连接点的轨迹重合时，这种连接将出现虚约束，如图 3.4.12（b）所示。

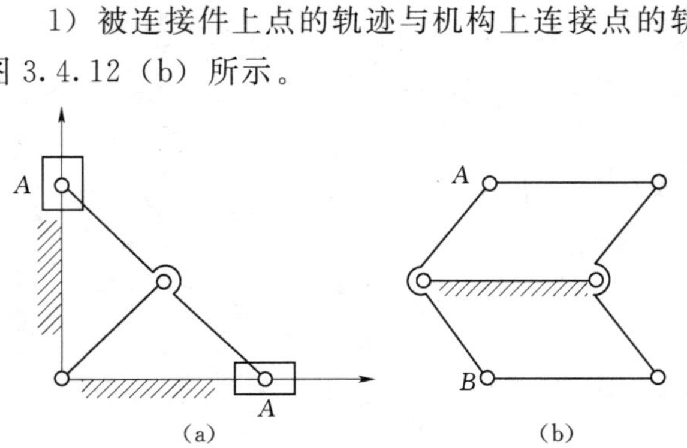

图 3.4.13 虚约束情况二

2）机构运动时，如果两构件上两点间距离始终保持不变，将此两点用构件和运动副连接，则会带进虚约束，如图 3.4.13 所示的 A、B 两点。

3）如果两个构件组成的移动副如图 3.4.14（a）所示相互平行，或两个构件组成多个轴线重合的转动副时，如图 3.4.14（b）所示，只需考虑其中一

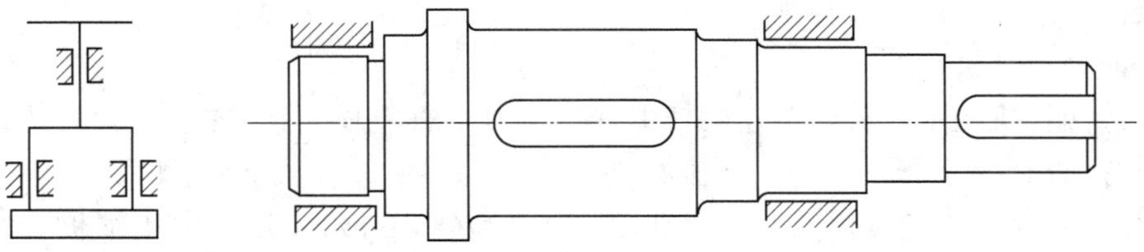

图 3.4.14　虚约束情况三

处，其余各处带进的约束均为虚约束。

4）机构中对运动不起限制作用的对称部分，如图 3.4.15 所示，中心轮 1，通过三个齿轮 2、2′、2″、驱动内齿轮、齿轮 2′和齿轮 2″中有两个齿轮对传递运动不起独立作用，从而引入了虚约束。

虚约束对机构运动虽然不起作用，但可以增加构件的刚性，增强传力能力，因而在机构中经常出现。

【例 3.3】 在如图 3.4.16 所示机构中，凸为主动件，试判断机构是否具有确定的运动。

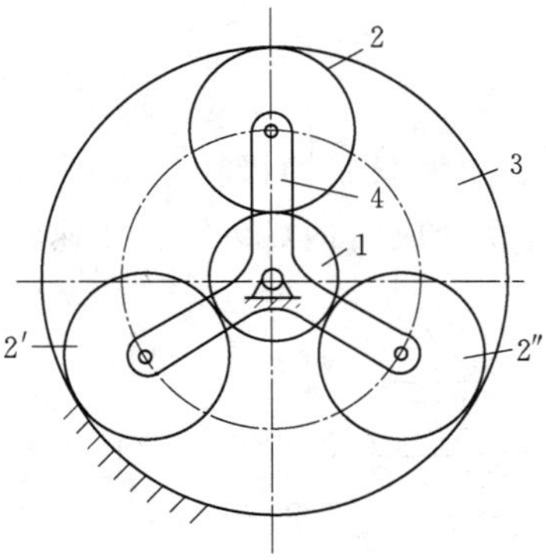

图 3.4.15　齿轮系

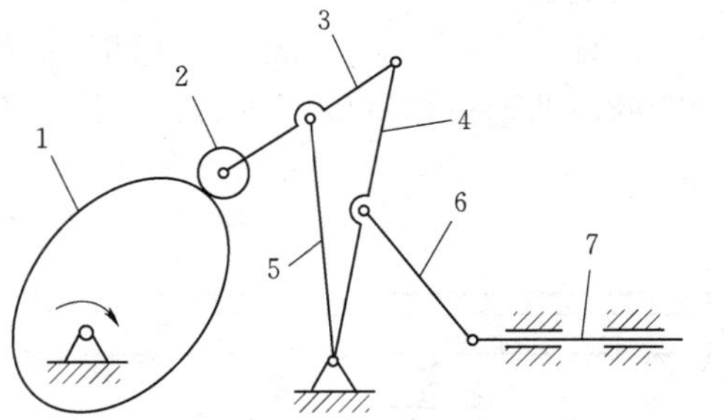

图 3.4.16　组合机构

解：该机构中，表面上看起来有 7 个活动构件，实际上，3、4、5 三个构件不存在相对运动，组成一个三角形构件，应看成一个构件，滚子 2 处为局部自由度，该处铰链要去掉，故对该机构计算机构自由度时，正确的活动件数为 4 个，转动副为 4 个，移支副为 1 个（存在 1 个虚约束），高副 1 个，所以其机构自由度计算为

$$F=3N-2P_L-P_H=3\times4-2\times5-1=1$$

该机构自由度和原动件数都为 1，故机构具有确定的相对运动。

3.4.1.4　铰链四杆机构及其演化

1. 铰链四杆机构的基本形式

铰链四杆机构是将四个构件用四个转动副连接组成的机构。如图 3.4.17 所示，构件 4 为固定构件，称为机架；构件 1 和构件 3 通过铰链与机架相连，称为连架杆，其中，能围绕与机架相连的铰链做整周连续转动的连架称为曲柄，只能围绕与机架相连的铰链在一定范围内摆动的连架称为摇杆；构件 2 与机架不直接相连，称为连杆。

铰链四杆机构有以下几种基本形式：

（1）曲柄摇杆机构。

在铰链四杆机构中，若两个连架杆中有一个为曲柄，另一个为摇杆，就称为曲柄摇杆机构。一般曲柄为原动件，连杆摇杆为动件。如图3.4.7所示颚式破碎机，如图3.4.18（a）所示雷达天线摇摆机构，如图3.4.18（b）所示家用缝纫机踏板机构（摇杆为主动件），都是此类曲柄摇杆机构。

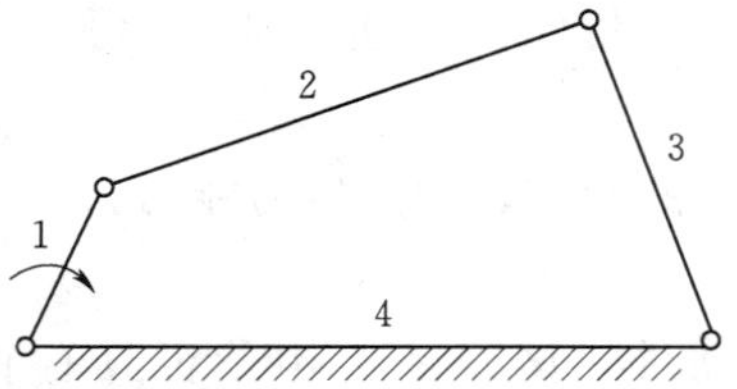

图3.4.17　铰链四杆机构

1—连架杆；2—连杆；3—连架杆；4—机架

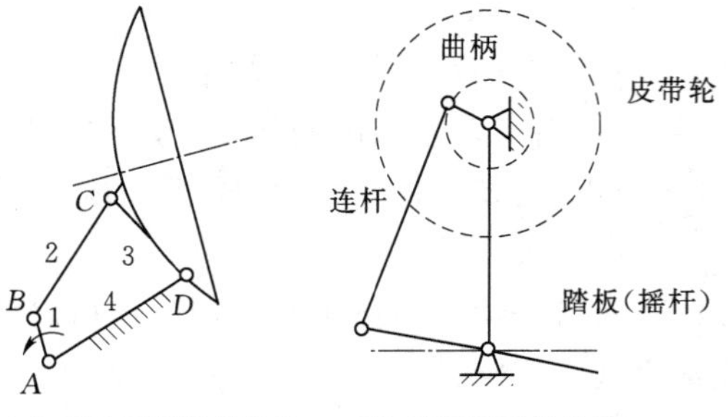

(a) 雷达天线摇摆机构　(b) 缝纫机踏板机构

图3.4.18　曲柄摇杆机构

1—遥杆；2—连杆；3—曲柄；4—机架

（2）双曲柄机构。

在铰链四杆机构中，若两个连架杆都为曲柄，则称为双曲柄机构。如图3.4.19（a）所示振动筛的双曲柄机构可以将曲柄 AB 的匀角速转动变成曲柄 CD 的变角速转动。

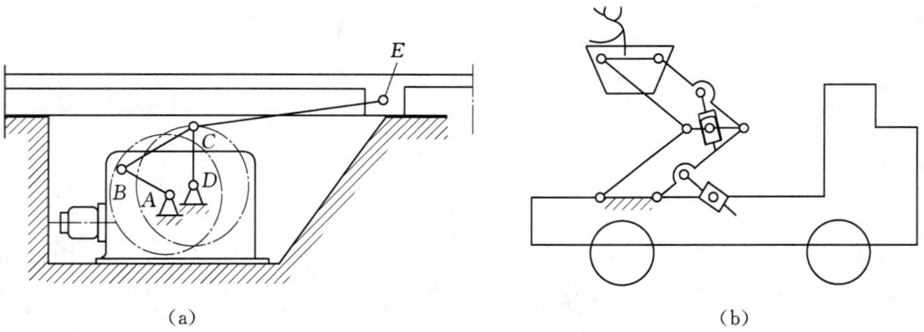

图3.4.19　双曲柄机构

在双曲柄机构中，用得最多的是平行双曲柄机构，这种机构的对边两构件长度相等。如图3.4.19（b）所示工程车的平行双曲柄机构可保证载人升降台平稳升降。如图3.4.12所示火车轮驱机构，如图3.4.20所示反平行四边形机构等，都是此类双曲柄机构。

（3）双摇杆机构。

铰链四杆机构中，若两连架杆均为摇杆，则称为双摇杆机构。

如图3.4.21（b）所示的鹤式起重机构，当 AB 杆摆动时，CD 杆也作摆支，连杆 CB 末端的 E 点做近似水平直接运动，使之在吊起重物时，减少不必要的升降，降低了能耗。图3.4.21（a）为其机构运动简图。

2. 铰链四杆机构的演化

工程实际应用中，平面四杆机构多种多样，但都是在铰链四杆机构的基础上演化而来的。了解四杆机构的演化方法，是分析和设计平面连杆机构的基础。

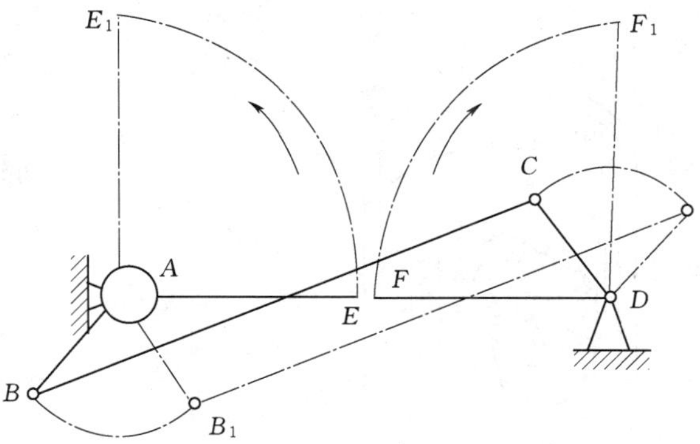

图 3.4.20　反平行四边形机构

如图 3.4.22（a）所示的曲柄摇杆机构中，1 为曲柄，2 为连架杆，3 为摇杆，C 点为轨迹，以 D 为圆心、杆长 CD 为半径的圆弧 tt。今在机架 4 上制作一同样轨迹的圆弧槽 tt，并将摇杆 3 做成弧圆形滑块置于槽中滑动，如图 3.4.22（b）所示。这时，弧形滑块在圆弧中的运动完全等同于绕转动副 D 转动的作用，圆弧槽 tt 的圆心即相当于摇杆 3 的摆动中心 D，其半径相当于摇杆 3 的长度 CD。又若再将圆弧槽 tt 的半径增加至无穷大，其圆心 D 移至无穷远处，则圆弧槽变成了直槽，置于其中的滑块做往复运动，从而将转动副 D 演化为移动副，曲柄摇杆机构演化为含一个移动副的四杆机构，称为内柄滑块机构，如图 3.4.22（c）所示。图 3.4.22（c）中 e 为曲柄回转中心 A 与经过 C 点直槽中心线的距离，称为偏心距。当 $e \neq 0$ 时称为偏置曲柄滑块机构；当 $e=0$ 时称为对心曲柄滑块机构。内燃机、蒸汽机、往复式抽水机、空气压缩机及冲床等的主机构都采用了曲柄滑块机构。

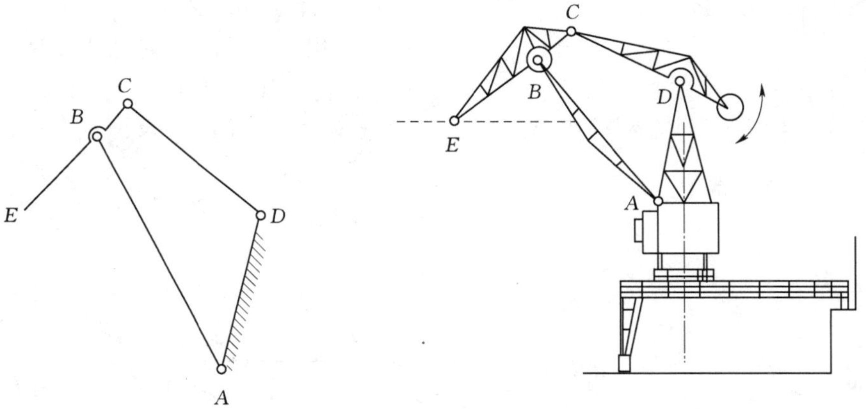

(a)　(b)

图 3.4.21　双摇杆机构

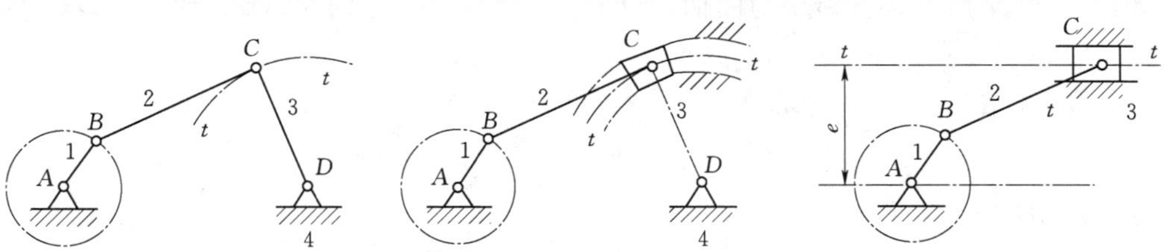

(a)　(b)　(c)

图 3.4.22　铰链四杆机构演化

如图 3.4.23 所示，内燃机活塞运动机构即为对心曲柄滑块机构。

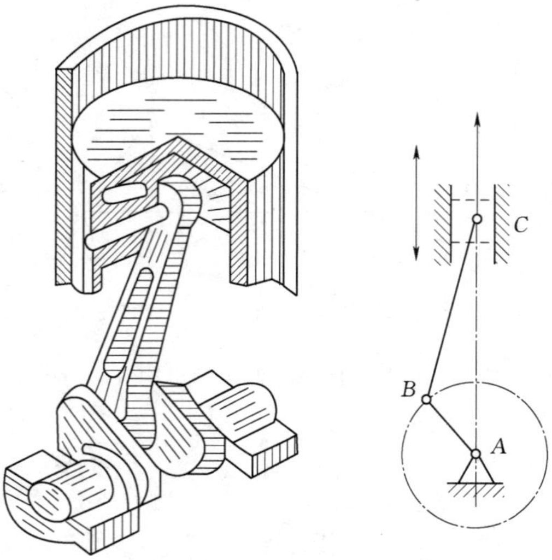

图 3.4.23 内燃机活塞运动机构

如图 3.4.24 所示，曲柄滑块机构的基础上，取不同的构件做机架，则分别可得到曲柄滑块机构、曲柄导杆机构、曲柄摇块机构和定块机构。

曲柄滑块机构主要应用于压力机、内燃机、送料机构中；如图 3.4.25（a）所示曲柄导杆机构常用于牛头刨床；如图 3.4.25（b）所示摇块机构用于自动卸料机构；如图 3.4.25（c）所示定块机构用于手摇唧筒等。

在曲柄滑块机构中，若将其中转动副 C 或 B 演化为移动副，则得到含两个移动副的四杆机构。如图 3.4.26 所示为转动副 C 演化为移动副的过程，所得机构如图 3.4.26（b）所示称为曲柄移动导机构，其中移动导杆 3 的位移 S 与主动件曲柄 1 的转角 φ 的正弦成正比，即 $S=a\sin\varphi$，故此机构又称正弦机构。

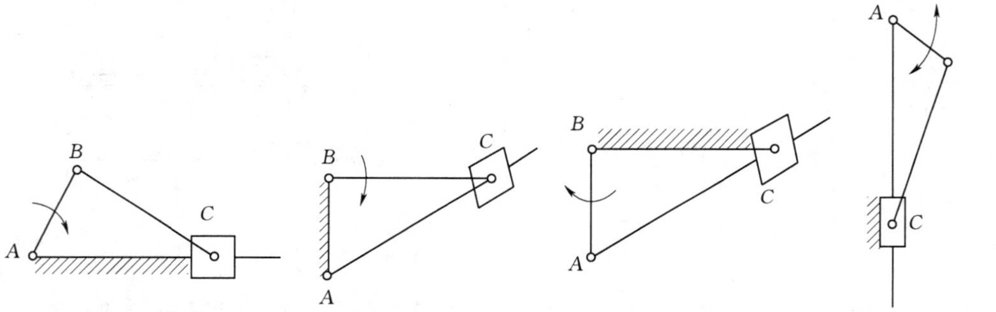

（a）曲柄滑块机构　（b）曲柄导杆机构　（c）曲柄摇块机构　（d）曲柄定块机构

图 3.4.24 取不同构件做机架的曲柄滑块机构

3.4.1.5 平面四杆机构的基本特性

1. 铰链四杆机构有曲柄的条件

如图 3.4.27 所示，杆 AB 为曲柄，设 l_1、l_2、l_3、l_4 分别为 AB、BC、CD、AD 各杆长度。且设 $l_1<l_4$，A 为整周回转副。

在△BCD 中

$$l_1+l_4<l_2+l_3 \tag{3.4.2}$$

在△$B'CD$ 中

$$l_3\leqslant(l_4-l_1)+l_2\text{，即：}l_1+l_3\leqslant l_2+l_4 \tag{3.4.3}$$

$$l_2\leqslant(l_4-l_1)+l_3\text{，即：}l_1+l_3\leqslant l_2+l_4 \tag{3.4.4}$$

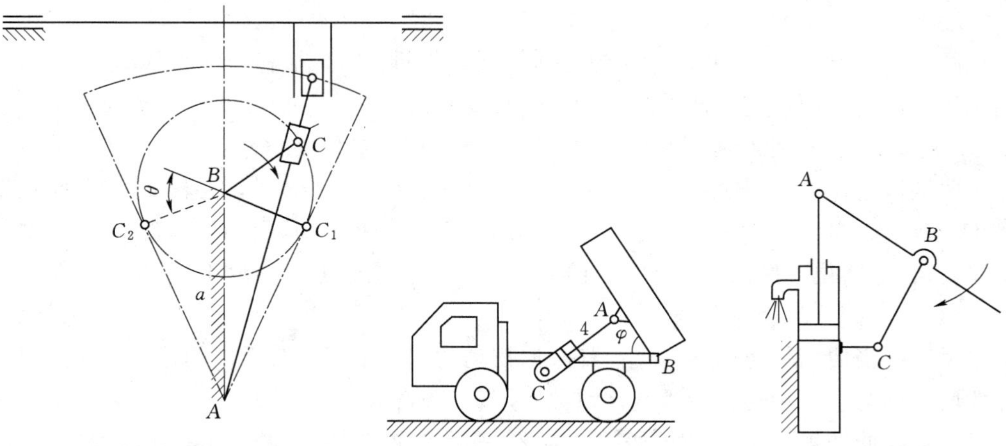

(a) 牛头刨床主运动机构　　(b) 自卸车卸料机构　　(c) 手摇唧筒

图 3.4.25　曲柄滑块机构的应用

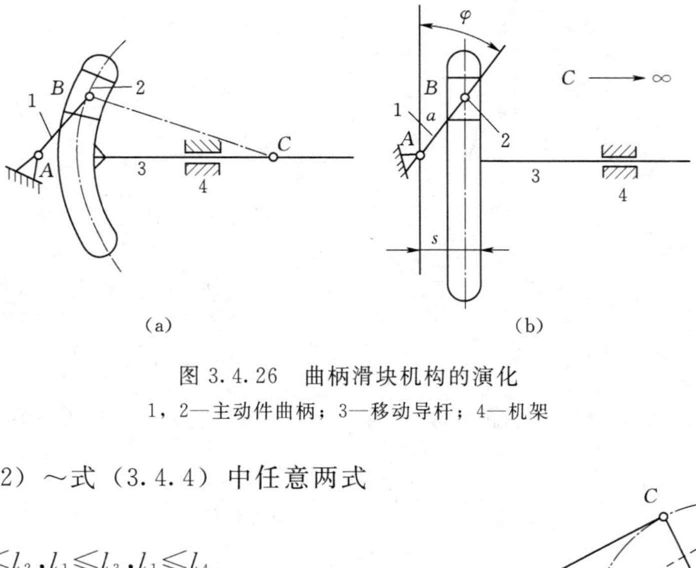

(a)　　(b)

图 3.4.26　曲柄滑块机构的演化

1，2—主动件曲柄；3—移动导杆；4—机架

将式（3.4.2）～式（3.4.4）中任意两式相加可得

$$l_1 \leqslant l_2, l_1 \leqslant l_3, l_1 \leqslant l_4$$

所以，l_1 为最短杆，且 l_1 与任意一杆长度之和都小于其他两杆长度之和。

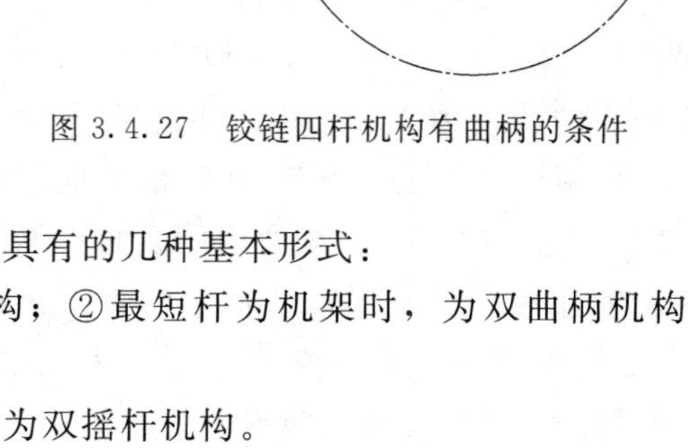

图 3.4.27　铰链四杆机构有曲柄的条件

结论：铰链四杆机构有曲柄的条件是：①最短杆与最长杆的长度之和应小于或等于其具有的几种基本形式；②最短杆或其邻杆应为机架。

根据铰链四杆机构有曲柄的条件，当铰链四杆机构满足构件长度和条件时，可以判别出其具有的几种基本形式：

若：①最短杆为连架杆时，为曲柄摇杆机构；②最短杆为机架时，为双曲柄机构；③最短杆为连杆时，为双曲柄机构。

当铰链四杆机构不满足构件长度和条件时，为双摇杆机构。

2. 急回特性

如图 3.4.28 所示，当曲柄 AB 为主动件做等速回转时，摇杆 CD 为从动件变速摆动，曲柄 AB 每回转一周，出现两次与连杆 BC 共线的位置，这时摇杆 CD 分别处在两个极限位置 C_1D、C_2D，这时曲柄所在位置之间的夹角 θ 称为极位夹角。

当曲柄以角速度 ω 从 AB_1 到 AB_2 顺时针转过 $\alpha_1=180°+\theta$ 时，摇杆 2 从 C_1D 位置摆到 C_2D。所花时间为 t_1，平均速度为 ν_1。当曲柄以 ω 从 AB_2 到 AB_1 转过 $\alpha_2=180°-\theta$ 时，摇杆从 C_2D 位置摆回到 C_1D 所花时间为 t_2，平均速度 ν_2。由于 $\alpha_1>\alpha_2$，所以 $t_1>t_2$，$\nu_1<\nu_2$。

这说明，当曲柄等速回转时，摇杆来回摆动的速度不同，其返回的速度较大，机构的这种性质，称为急回特性。行程速比系数常用 K 来表示。

所以，除曲柄摇杆机构外，如图 3.4.29 所示偏置曲柄滑块机构、图 3.4.25（a）所示导杆机构也都有急回特性。机构有无急回特性，取决于该机构极位夹角 θ 是否大于零，θ 越大，急回特性越显著。

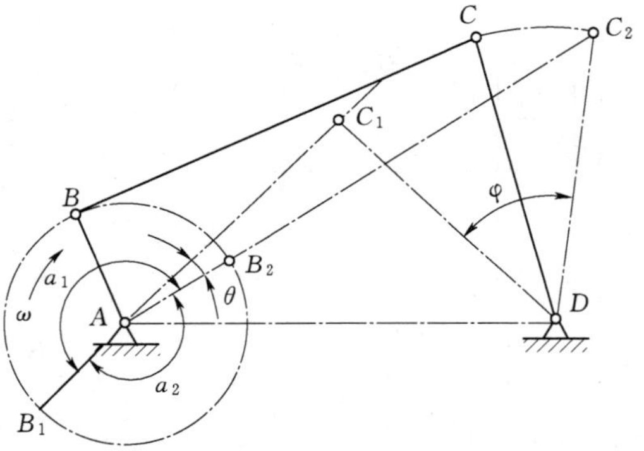

图 3.4.28　曲柄摇杆机构的极位夹角

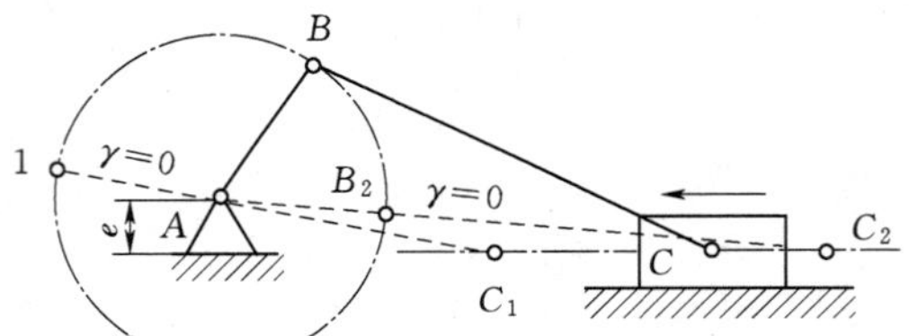

图 3.4.29　偏置曲柄滑块机构

$$K=\frac{v_2}{v_1}=\frac{C_1C_2/t_2}{C_1C_2/t_1}=\frac{t_1}{t_2}=\frac{(180°+\theta)}{(180°-\theta)} \tag{3.4.5}$$

$$\theta=180°\frac{(K-1)}{(K+1)} \tag{3.4.6}$$

3. 压力角与传动角

如图 3.4.30 所示曲柄摇杆机构中，原动件 AB 通过连杆 BC 推动从动件 CD。如果连杆 BC 是二力构件，则从动件 CD 上所受到的传动力 F 的作用方向应沿 BC 方向，作用点在 C 点。传动力 F 的方向与其作用点 C 的速度 V_C 方向之间所夹的锐角 α，称为压力角。力 F 沿 V_C 方向上的分力 $F'=F\sin\alpha$ 是推动从动件的有效分力，它只能增大摩擦力。从增大传动效率的角度来看，F

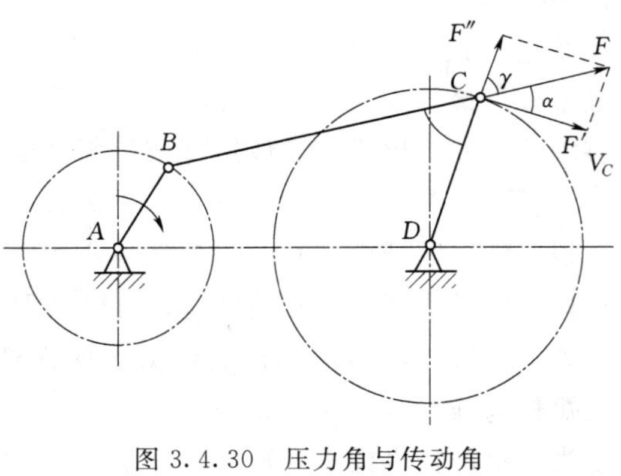

图 3.4.30　压力角与传动角

越大，传动效率越高。亦即压力角 α 越小，机构的传力性能越好。力 F 与 F'' 之间所夹的锐角 γ 称为传动角。传动角与压力角互为余角，即 $\alpha+\gamma=90°$。很显然，传动角越大，机构传力性能越好，所以，传动角也可以作为判别机构传力性能的重要参数。

4. 死点位置

如图 3.4.31 所示，如果铰链四杆机构的原动件为构件 CD，构件 AB 为从动件，则在图 3.4.31 中虚线所示机构的两个极限位置上，由于连杆 BC 与从动件 AB 共线，$\gamma=0°$，传动力的有效分力为零，连杆 BC 不能推动从动件 AB 做功，整个机构处于停顿状态，我们将这种机构传动角 $\gamma=0°$ 的位置称为死点位置。

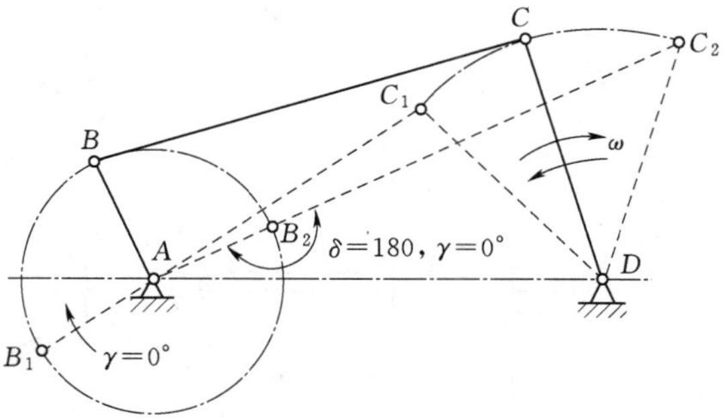

图 3.4.31 死点位置

在死点位置上，从动件的转动方向不能确定，既可能正转也可能反转，还可能静止。例如，在使用家用缝纫机时，踩动踏板通过连杆使曲轴转动，常常会出现踩不动成倒车的现象，这都是因为踏板机构处于死点位置的缘故。

对用于传动的机构，应设法消除死点位置时的停顿和运动方向不确定的现象。工程上，常利用飞轮的惯性越过机构的死点位置，如缝纫机中的大皮带轮等；也可以利用机构的错位排列度过死点位置，当一个机构处于死点位置时，利用另一个机构的动力越过死点位置，如多缸内燃机、火车车轮联运机构等。

有时，工程上也利用死点位置来实现一定的工作要求。

如图 3.4.32 所示的飞机起落架机构，当起落架放下时，BC 与 CD 杆共线，机构处于死点位置，地面对机轮的作用力不会使 CD 杆转动，从而保证飞机起落可靠。又如图 3.4.33 所示的夹紧机构，当夹紧工件后，BC 与 CD 杆共线，机构处于死点位置，即使工作反力再大也不能使机构反转，要松开工件，只有向上推动手柄才能实现，因此保证了夹紧可靠。

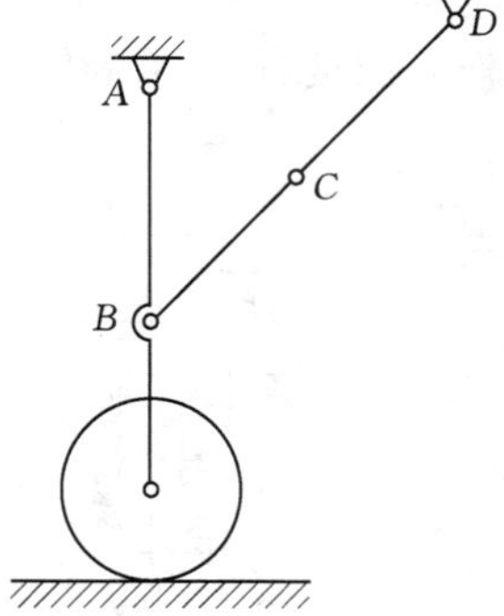

图 3.4.32 飞机起落架机构

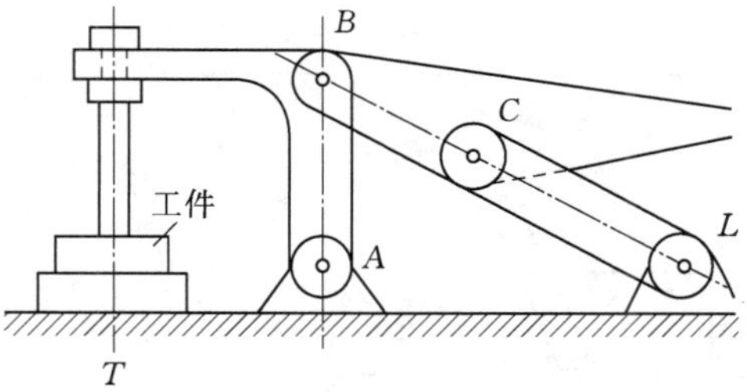

图 3.4.33 夹紧机构

3.4.2 凸轮机构

凸轮是一种具有曲线轮廓或凹槽与从动件接触，当凸轮运动（旋转或移动）时，推动从动件按任意给定的运动规律运动的机构。在机器中，特别是自动化机器中，为实现各种复杂的运动要求，常采用凸轮机构，其设计比较简便。只要将凸轮的轮廓曲线按照从动件的运动规律设计出来，从动件就能准确地实现预定的运动规律。

如图 3.4.34（a）所示的绕线机构中，在主动轴 1 匀速运动时，通过 2、3 一对涡轮蜗杆啮合将转动传递给凸轮，凸轮推动排线杆 5 左右摆动，使线能沿主动轴 1 表面均匀缠绕。

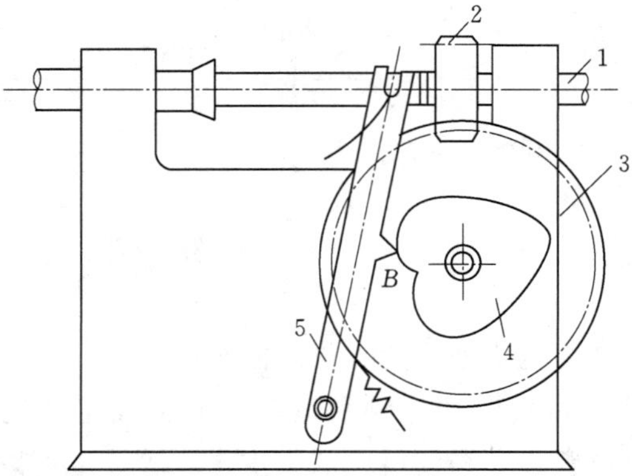

（a）绕线机构

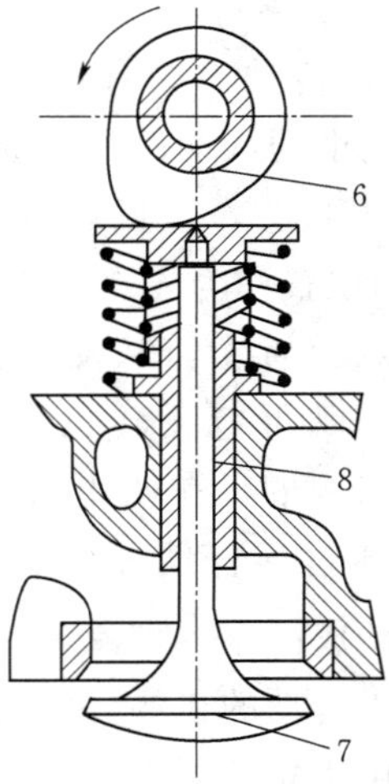

（b）内燃机配气机构

图 3.4.34　盘形凸轮机构应用

1—主动轴；2—蜗杆；3—涡轮；4—凸轮；5—排线杆；6—凸轮；7—从动件；8—机架

如图 3.4.34（b）所示的内燃机配气机构中，当凸轮连续转动时，阀门杆就断续地做往复移动从而控制阀门的开闭。

如图 3.4.35（a）所示为自动车床的横向进刀机构，凸轮槽通过滚子 3 推动扇形齿轮 2 摆动，扇形齿轮再推动齿条带动刀架移动。图 3.4.35（b）所示靠模机构中，当刀架 5 左右移动时，在弹簧力作用下，滚子始终与靠模 6 的工作曲面接触，使刀尖按靠模曲线的

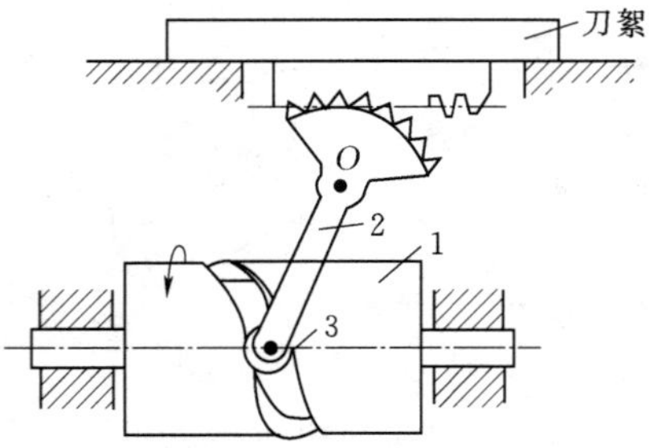

（a）进刀机构

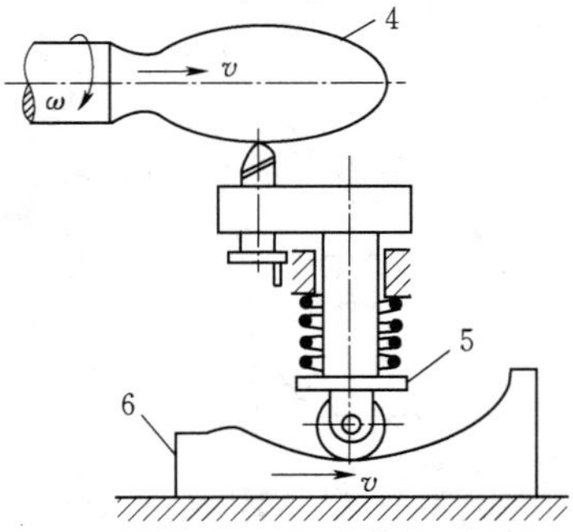

（b）靠模机构

图 3.4.35　其他凸轮机构应用

1—圆柱凸轮；2—扇形齿轮；3—滚子；4—工件；5—刀架；6—靠模（凸模）

形状运动，从而加工出和靠模曲线相同的工作轮廓。

3.4.2.1 凸轮机构的特点与分类

1. 凸轮机构的组成与特点

从以上凸轮机构的实例可以看出，凸轮机构主要由凸轮、从动件和机架构成，凸轮为主动件，从动件与凸轮组成高副，所以它属于高副机构。通过凸轮做匀速运动，而从动件则按预定的运动规律运动（移动或摆动），从动件的运动规律由凸轮曲线控制。

凸轮机构有其突出的特点：其机构紧凑、设计较方便，只要有适当的凸轮轮廓，就可以使从动件按任意预定的运动规律运动。因此，在自动机构中得到广泛的应用。但由于它是高副机构，凸轮与从动件为点或线接触，接触点压强高，较易磨损。故一般用于受力不大的控制和调节机构。另外，凸轮的轮廓曲线加工有一定的困难，然而随着数控技术的普及，这个问题也基本得到了解决。

2. 凸轮的分类

凸轮的种类很多，分类方法也多，通常按以下 3 种方法分类。

按凸轮的形状可分为盘形凸轮［如图 3.4.36（a）］、圆柱凸轮［如图 3.4.36（c）］、移动凸轮［如图 3.4.36（b）］。工作时，盘形凸轮机构中的从动件在垂直于凸轮轴线的平面内运动，圆柱凸轮机构中的从动件在平行于凸轮轴线的平面内运动，移动凸轮做往复移动。

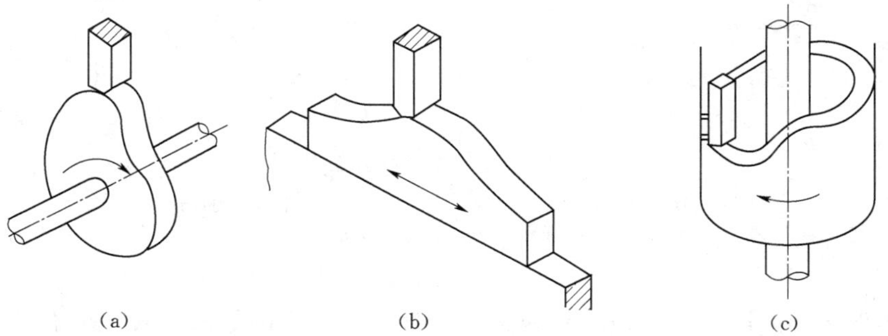
(a)　(b)　(c)

图 3.4.36 凸轮的分类

按从动件的运动方式可分为移动从动件［图 3.4.37（a）］、滚子从动件［图 3.4.37（b）］、平底从动件［图 3.4.37（c）］。

尖顶从动件结构简单，能与复杂的凸轮轮廓保持接触，从动件可实现复杂的运动规律。但尖顶易磨损，只适用于传力不大的低速凸轮机构中。

滚子从动件将尖顶改变成滚子，与凸轮间的摩擦小，不易磨损，因此应用最广泛。

平底从动件在高速工作时较易与凸轮间形成油膜而减少摩擦、磨损，但受平底形状限制，不能用于有凹形轮廓的凸轮机构中。

3.4.2.2 从动件常用运动规律

凸轮机构从动件常用的运动规律有等速运动规律、等加速等减速运动规律、余弦加速度运动（也称简谐运动）规律等。

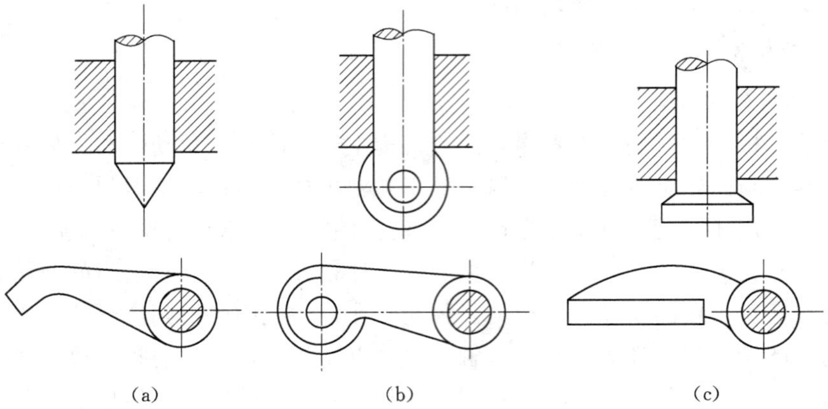

图 3.4.37　从动件的分类

1. 等速运动规律

凸轮以等角速度 ω 回转时，从动件的运动速度等于常数 v_0（加速度 $a=0$），这种运动规律称为等速运动规律，其运动线图如图 3.4.38 所示。

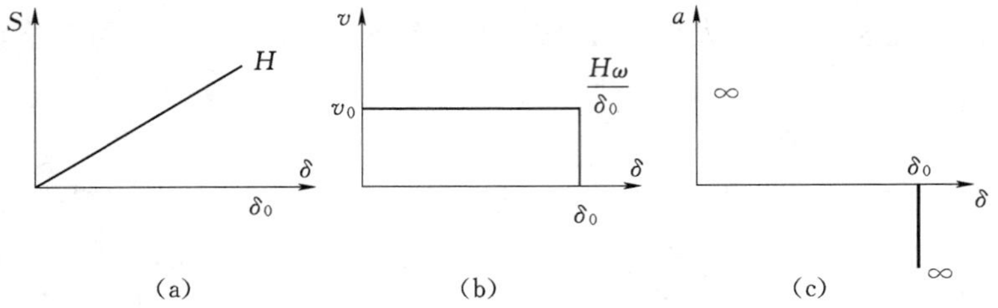

图 3.4.38　等速运动规律

S—从动位移；v—从动件运动速度；a—从动件运动的加速度；

δ—凸轮转角；ω—凸轮角速度

由从动件运动线图可以看出，等速运动从动件在行程的始末位置速度有突变，理论上该处加速度为无穷大，会产生极大的惯性力，导致机构产生强烈的刚性冲击。因此，这种运动规律只适合于低速、轻载的传动场合。

2. 等加速等减速运动规律

凸轮以等角速 ω 回转时，从动件以等加速度 $a=a_0$ 运动。通常在凸轮机构的推程（或回程）的前半程做等加速运动，后半程做等减速运动，且加速度和减速度绝对值相等，这样的从动件运动规律称为等加速等减速运动规律，其运动线如图 3.4.39 所示。

从图 3.4.39 所示的运动线图可以看出，按等加速等减速运动规律运动的从动件在三个位置上有有限值的突变，使机构产生柔性冲击，因此，等加速等减速运动规律适用于中速轻载场合。

3. 余弦加速度运动规律（也称简谐运动规律）

当一点在圆周上做匀速运动时，它在这个圆的直径上的投影所构成的运动，称为简谐运动，因为其 $a-\delta$ 线图是一条余弦曲线，如图 3.4.40 所示，故称为余弦加速度运动规律。

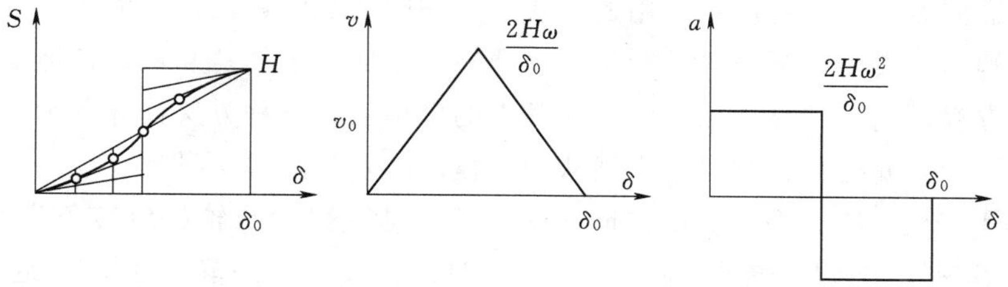

（a）位移　　（b）速度　　（c）加速度

图 3.4.39　等加速等减速运动规律

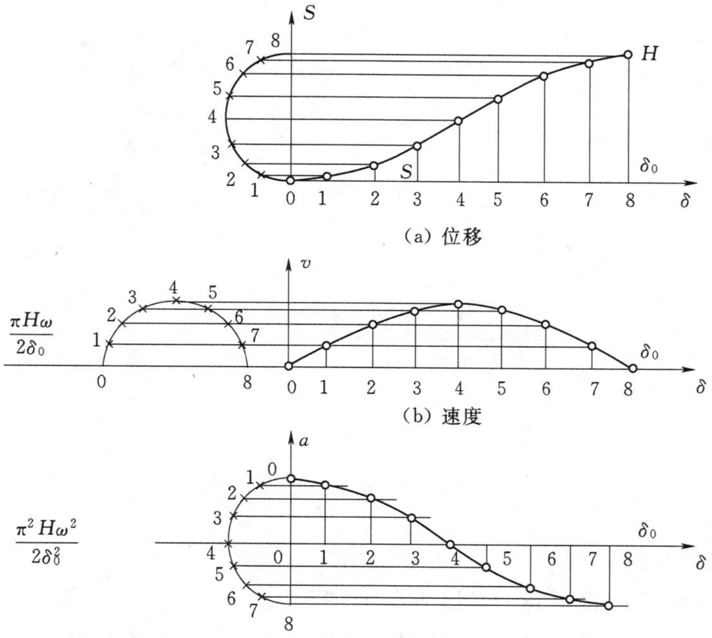

（a）位移　（b）速度　（c）加速度

图 3.4.40　余弦加速度运动规律

在行程末端加速度有限值的突变，也会产生柔性冲击，因此，余弦加速度运动规律也适用于中速场合。

3.4.2.3　图解法设计凸轮轮廓

凸轮轮廓设计采用“反转法原理”——给整个凸轮机构加上一个反向转动，各构件间的相对运动并不改变。给整个机构加上一个反向运动后，凸轮处于相对静止状态，凸轮机构的其他部分则绕凸轮回转中心以相同的角速度，沿与凸轮实际转动方向相反的方向相对回转，从动件仍以原来的运动规律相对导路移动（或转动）。此时，从动件尖顶的运动轨迹就是凸轮的轮廓曲线。

若凸轮机构是滚子从动件，则滚子回转中心可以看出做尖顶从动件的尖顶，其运动轨迹就是凸轮的理论轮廓曲线，凸轮的实际轮廓曲线是与理论轮廓曲线相距滚子半径 r 的一条等距曲线。

凸轮轮廓曲线的设计有两种常用的方法——图解法和解析法。图解法直观、方便，但精度不高。解析法需要根据凸轮基圆半径（凸轮最小回转半径）和从动件运动规律，列出凸轮曲线的方程，精确计算出轮廓曲线上各点的坐标值。这种方法计算量大，一般需使用计算机辅助设计。此处只介绍对心尖顶从动件盘形凸轮的图解法设计。

【例 3.4】 已知 R_0、H、ω 的方向、从动杆运动规律和凸轮相应转角为 $\delta=0°\sim180°$ 时，从动件等速上升 H（推程），$\delta=180°\sim210°$时，从动件静止不动（近停程），$\delta=210°\sim300°$时，从动件等速下降 H（回程），$\delta=210°\sim300°$时，从动件静止不动（近停程），其凸轮的轮廓曲线设计图步骤如下：

（1）如图 3.4.41 所示，选取适当的长度比例尺 μ，根据已知条件绘出从动件的 $S-\delta$ 位移曲线图。

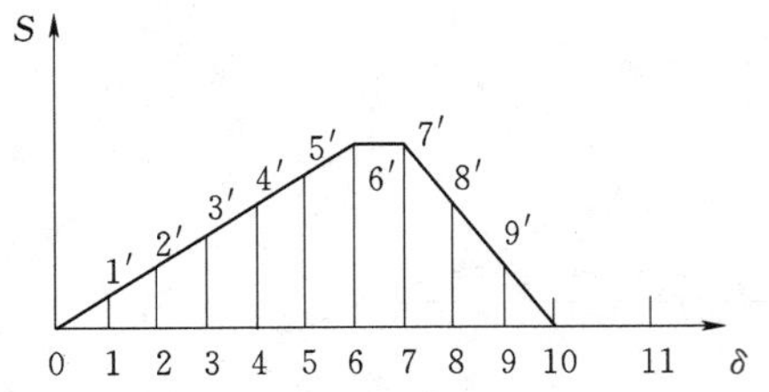

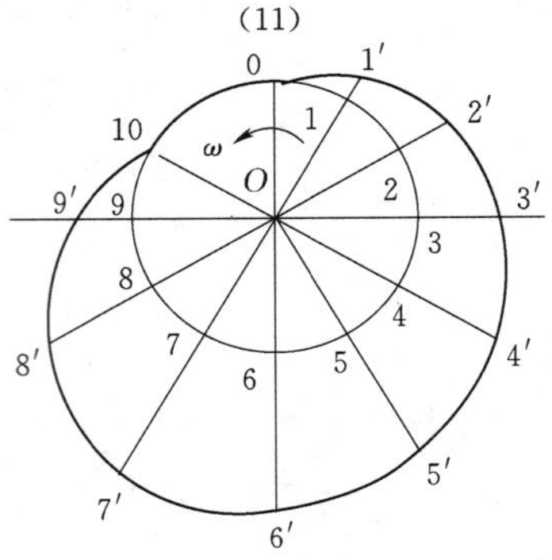

图 3.4.41　凸轮图解法设计

（2）做出凸轮机构的初始位置：选取适当的长度比例尺 μ（取与位移曲线图中相同的比例尺）。确定凸轮的回转中心 O，以 R_0 为半径画出基圆，并确定从动件的初始位置 0。

（3）确定凸轮转角与从动件位移的对应关系：在 $S-\delta$ 位移曲线图上，等分凸轮的推程角和回程角（等分数可以相同也可以不同），过等分点作纵坐标的平行线与 $S-\delta$ 位移曲线相交，并将各等分点和交点编号，如图 3.4.41（a）所示。如果 $\mu=1$，图中凸轮转角 δ 的各等分点到相应的位移曲线上交点的距离（图中 $11'22'$、$33'$、…）即为凸轮上对应轮廓点的从动件升程（当 $\mu\neq1$ 时为 $11'\mu$、$22'\mu$、$33'\mu$、…）。

（4）做出从动件尖端相对于凸轮的各个点：在基圆上，从 0 点开始，依次按 $S-\delta$ 位移曲线图上凸轮转角的等分位置取点 0，1，2，…，11（11 点与 0 点重合），从圆心 A 连接各等分点并延长，则 A_0，A_1，A_2，…，A_{11} 分别代表了机构反转后从动件移动导路的位置线。在各位置线上分别截取从动件尖端所对应的位移量（从 $S-\delta$ 位移曲线图上量取）$11'$、$22'$、$33'$、…、$10'$，便可以得到从动件尖端一系列位置点 $1'$、$2'$、$3'$、…、$10'$。

（5）绘出凸轮轮廓曲线：将止步得到的 $1'$、$2'$、$3'$…、$10'$及 0 点连接成光滑的曲线，这条封闭的曲线即为所求的凸轮轮廓曲线。

3.4.2.4　凸轮机构设计中的几个问题

设计凸轮机构时，不仅要满足从动件的运动规律，还需满足传力性能良好和结构紧凑的要求。而这些要求与凸轮机构的压力角、基圆半径、滚子半径等参数有关。

1. 凸轮机构的压力角和自锁

如图 3.4.42 所示，凸轮机构中，从动件的运动方向和受力方向之间所夹的锐角称为压力角，用 α 表示。滚子从动件盘形凸轮机构在推程的任一位置，受到载荷 Q 的作用，若不计摩擦，则从动件所受的作用力 F 沿滚子与凸轮接触点的法线方向。F 可分解为沿从动件运动方向的有用分力 $F\cos\alpha$ 和与从动件运动方向垂直的有害分力 $F\sin\alpha$。很明显，有用分力 $F\cos\alpha$ 随压力角 α 增大而减小，有害分力 $F\sin\alpha$ 则随压力角 α 增大而增大，机构的传力性能变差。当压力角增大到一定的值，有害力产生的摩擦力将超过使从动件运动的有用力，机构将不能工作。这种情况称为机构的自锁。

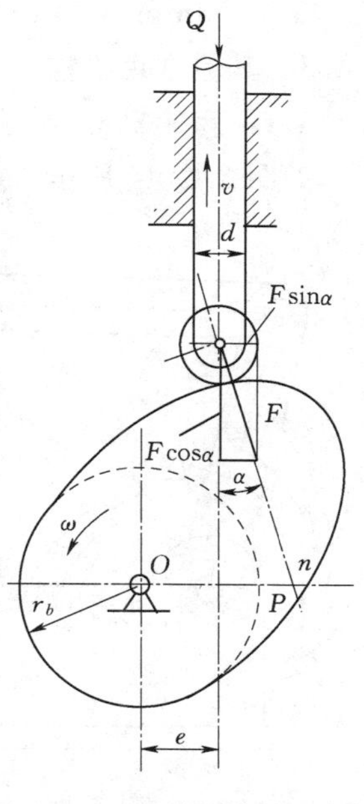

图 3.4.42 凸轮机构的压力角

凸轮机构压力角的大小，反映了机构传力性能的好坏。由于凸轮机构工作过程中的压力角 α 是变化的，为了使凸轮机构在工作行程有较好的传力性能，必须使凸轮机构的最大压力角 α_{max}不大于许用压力角 $[\alpha]$。对于直动从动件的推程，$[\alpha]\leqslant 30°\sim40°$；摆动从动件推程，$[\alpha]\leqslant40°\sim50°$。因回程时多为空行程，许用压力角可以大些，可取 $[\alpha]\leqslant70°\sim80°$。凸轮轮廓曲线设计出来后必须进行压力角校核，滚子从动件凸轮机构的压力角校核可在理论轮廓上进行。凸轮机构的最大压力角 α_{max} 可能出现在以下位置：①从动件的初始位置；②从动件具有最大速度的位置；③凸轮轮廓急剧变化的位置。

当最大压力角 α_{max}超出许用压力角时，应采取如下措施减少压力角：①增大基圆半径 r_b；②采用偏置凸轮机构；③对摆动从动件凸轮机构可重选摆动轴心位置。

2. 基圆半径的确定

由于基圆半径 r_b与凸轮机构的压力角 α 大小有关，因此在确定基圆半径时，主要考虑的是使凸轮的最大压力角 $\alpha_{max}\leqslant[\alpha]$。实际设计时，一般先由结构条件初步确定出基圆半径，在设计出凸轮轮廓后进行压力角校核直至满足 $\alpha_{max}\leqslant[\alpha]$ 的条件。

3. 滚子半径的确定

对滚子从动件凸轮机构来说，随滚子半径的增大，机构的接触强度和耐磨性都将有所提高，但滚子的半径增大也受到凸轮轮廓曲线的限制。如图 3.4.43 所示，凸轮轮廓曲线

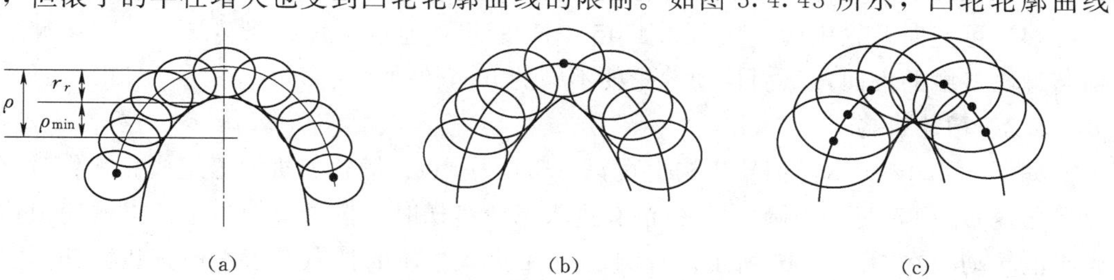

图 3.4.43 滚子半径的旋转

的最小工作半径 $\rho_{\min}=\rho-r_T$，当 $\rho=r_T$ 时，$\rho_{\min}=0$，凸轮轮廓变尖，如图 3.4.43（b）所示，当 $\rho<r_T$ 时，$\rho_{\min}<0$，滚子包络线将产生交叉，交点以外部分在加工时将被切去，运动产生失真，如图 3.4.43（c）所示。实际设计时，为保证凸轮轮廓曲线不失真，一般要求 $r_T<\rho-3\text{mm}$。

3.4.3 其他常用机构

3.4.3.1 棘轮机构

如图 3.4.44 所示，棘轮机构主要由摇杆、棘轮、棘爪和机架组成，摇杆与棘轮的回转轴线重合。当摇杆 3 逆时针转动时，带动棘爪 4 插入棘轮 5 齿槽中，推动棘轮 5 转过一定的角度，制动爪则在棘轮齿背表面滑过；当摇杆顺时针摆动时，带动棘爪在棘轮的齿背表面滑过，而制动爪则阻止棘轮跟随摇杆和棘爪做顺时针转动，保持棘轮静止不动。从而实现连杆连续往复摆动时，棘轮做单向间歇运动。

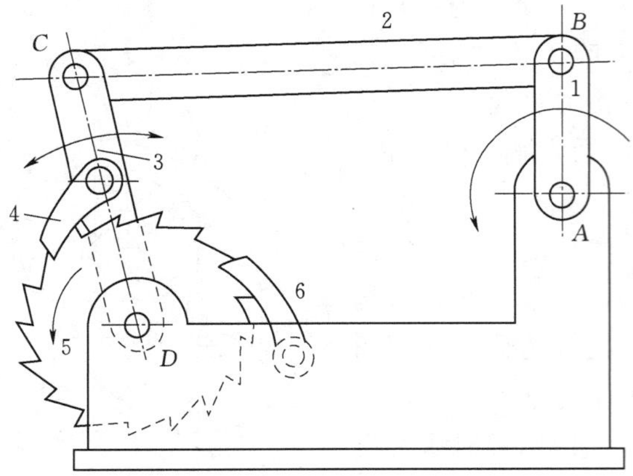

图 3.4.44 棘轮机构

1—曲柄；2—连杆；3—摇杆；4—棘爪；5—棘轮；6—止动

棘轮机构特点：结构简单、制造方便、棘轮的转角在一定的范围内可调。因为棘轮每次转角都是棘轮齿距角的整数倍，所以棘轮转角的调节是有限的。由于棘轮的转角误差较大，运转时易产生冲击和噪声，轮齿易磨损，高速时尤其严重，传递的动力不大，故棘轮机构只适用于低速、轻载和每次转角不大的间歇运动场合。如：起重机、绞盘常用棘轮机构提升的重物能停在任何位置，以防止由于停电等原因造成事故；自行车后轮轴上的内棘轮机构可保证自行车滑行或推行时踏脚不用回转。

常用棘轮机构的类型：

（1）外啮合棘轮机构，如图 3.4.45（a）所示，棘爪 4、5 装在从动棘轮的外部，称为外啮合棘轮机构。

（2）内啮合棘轮机构，如图 3.4.45（b）所示，棘爪 2 装在从动棘轮的内部，称为内啮合棘轮机构。

（3）双动式棘轮机构，如图 3.4.45（c）所示，棘轮机构在一个摇杆上具有两个棘爪，摇杆往复摆动时都可以推动棘轮机构转动，称为双动式棘轮机构。

（4）可变向棘轮机构，如图 3.4.45（d）所示，通过翻转或回转棘爪，改变棘爪工作面与棘轮接触的方向，从而推动棘轮朝不同的方向转动。

3.4.3.2 槽轮机构

如图 3.4.46 所示，槽轮机构由拨盘（带圆柱销）、槽轮、机架等组成。工作时，拨盘以等角速 ω_1 回转时，当圆柱销 A 没有进入槽轮直槽时，拨盘上的锁止弧将槽轮锁住，槽轮不能转动。在图 3.4.46 所示位置圆柱销 A 进入槽轮的径向直槽，锁止弧松开，圆柱销拨动槽轮顺时针转动。当槽轮转动 $2\varphi_2$ 角后，拨盘继续转动则圆柱离开槽轮直槽，锁止弧

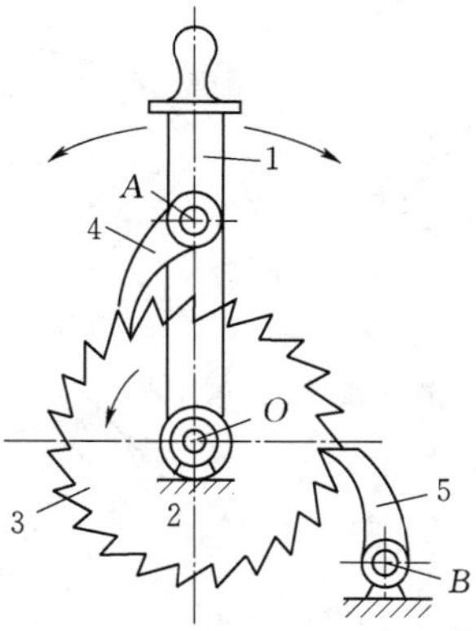

(a) 外啮合棘轮机构
1—操纵杆；2—机架；3—棘轮；
4—驱动棘爪；5—止回棘爪

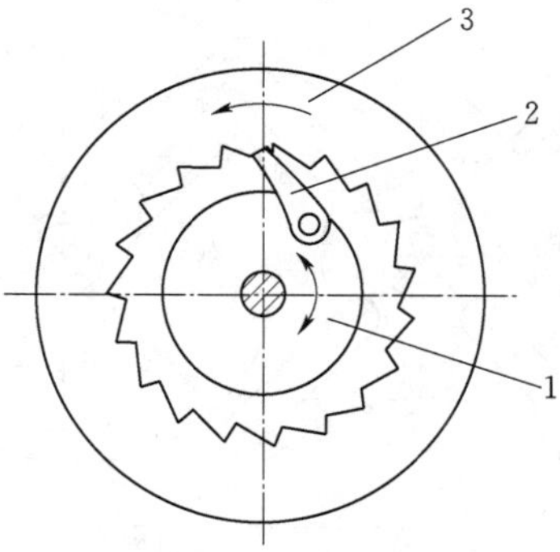

(b) 内啮合棘轮机构
1—主动轴；2—驱动棘爪；3—棘轮

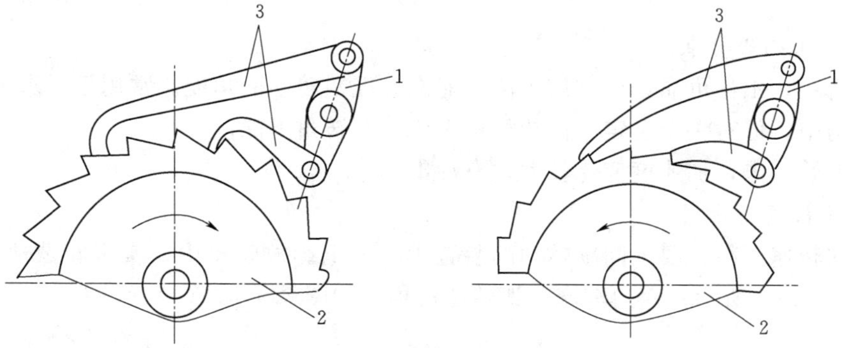

(c) 双动式棘轮机构
1—摇杆；2—棘轮；3—棘爪

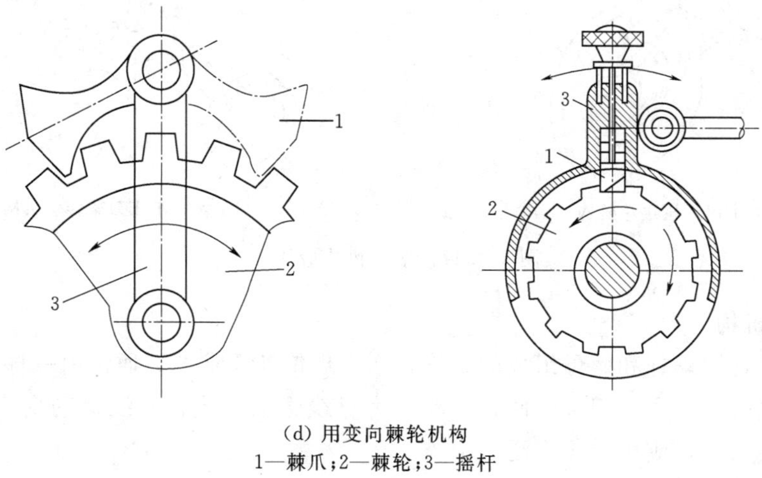

(d) 用变向棘轮机构
1—棘爪；2—棘轮；3—摇杆

图 3.4.45　棘轮机构类型

重新锁住槽轮直到圆柱销下次再从 A 点进入直槽。那些循环即将拨盘的连续回转变成了槽轮的间歇回转运动。

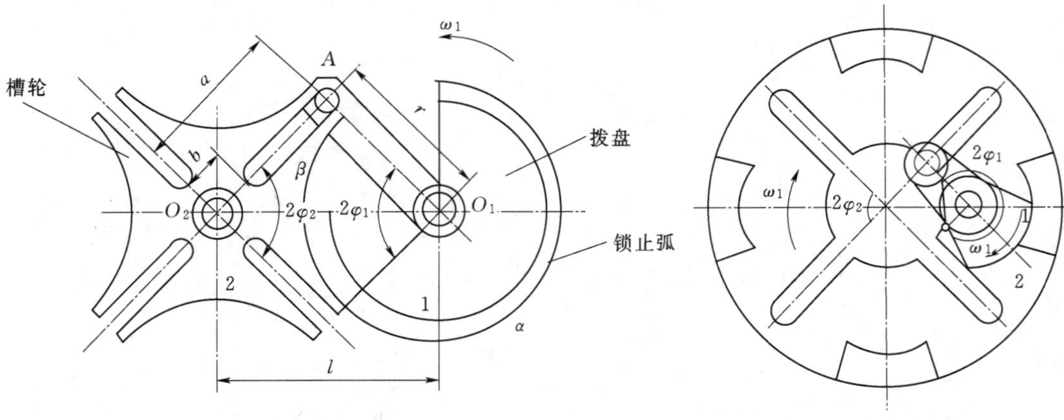

(a) 外槽轮机构　　(b) 内槽轮机构

图 3.4.46　槽轮机构

1. 槽轮机构的特点

结构简单，工作可靠，机械效率高，能准确控制转动的角度。常用于要求恒定旋转角的分度机构中。但对一个已定的槽轮机构来说，其转角不能调节。

在转动始、末，加速度变化较大，有冲击。

2. 槽轮机构的应用

应用在转速不高，要求间歇转动的装置中。如电影放映机中，实现间歇地移动影片，如图 3.4.47（a）所示；六角车床刀架转位机构，如图 3.4.47（b）所示。

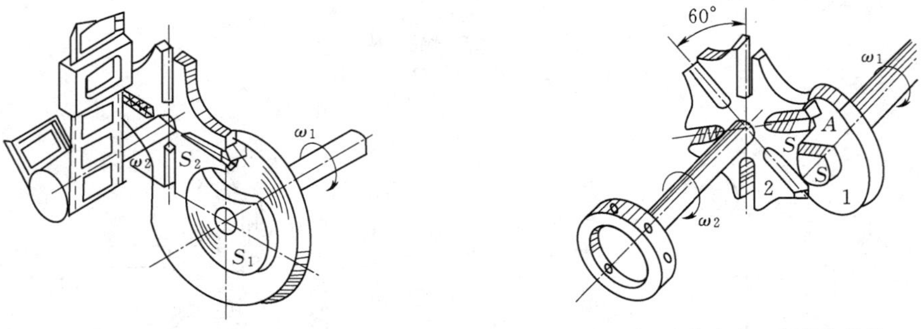

(a) 电影机送片机构　　(b) 六角车床刀架转位机构

图 3.4.47　槽轮机构应用

3.4.3.3　螺纹机构

螺纹机构是利用螺杆和螺母组成的螺旋副来实现传动要求的。通常由螺杆、螺母、机架及其他附件组成。它主要用于将回转运动变为直线运动，或将直线运动变为回转运动，同时传递运动或动力，应用十分广泛。

1. 螺旋传动的几种常见类型

（1）按传动形式分类。

1）螺杆轴向固定、转动，螺母运动，如图 3.4.48（a）所示。常用于机床进给机构，如车床横向进给丝杠螺母机构。

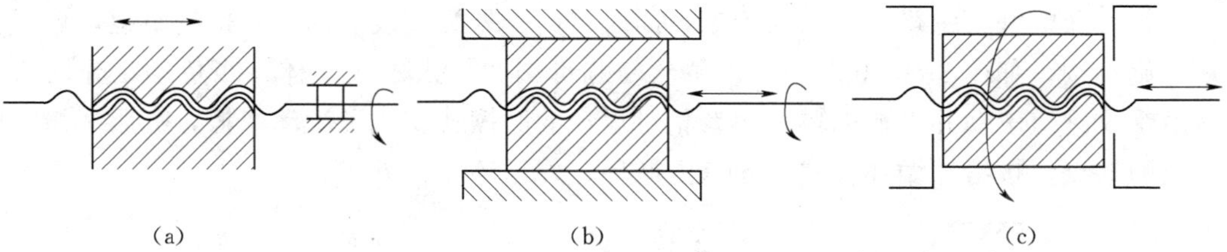

图 3.4.48 螺旋传动的形式

2）螺杆转动又移动，螺母固定，如图 3.4.48（b）所示。多用于螺旋压力机构中，如摩擦压力加压螺旋机构。

3）螺母原位转动，螺杆移动，常用于升降机构，如图 3.4.48（c）所示。

（2）按用途分类。

1）传力螺旋，主要用于传递动力。主要特点：工作速度低、间歇工作，传递轴向力大、能自锁。如举重器、千斤顶、加压螺旋。

2）传导螺旋，用来传递运动和动力。主要特点：一般具有较高的运动速度、连续工作、传动精度高。如机床进给机构。

3）调节螺旋，一般用于调整并固定零件或部分之间的相对位置，要求自锁性能好，有时也有较高的调节精度要求。如车床尾座调整螺旋机构。

2. *螺旋传动的应用*

常用的螺旋机构有单螺旋机构和双螺旋机构。其中，单螺旋机构应用广泛，如螺旋千斤顶、车库丝杠传动机构、虎钳螺旋机构等。

如图 3.4.49 所示，双螺旋机构有两种情况：当两螺旋副中的螺旋线旋向相同而导程不同时，该螺旋机构称为差动螺旋机构。应用时，一个螺母固定，一个螺母移动。差动螺旋机构中可移动螺母移动距离 ι 与螺杆转角 Ψ 的关系为

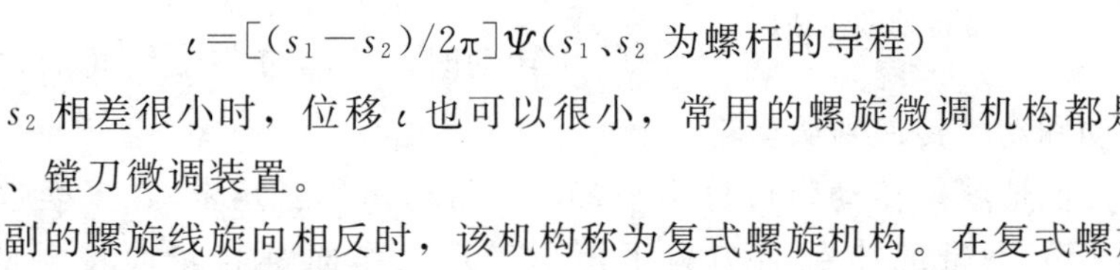

图 3.4.49 双螺旋机构

$$\iota=[(s_1-s_2)/2\pi]\Psi(s_1、s_2\text{ 为螺杆的导程}) \tag{3.4.7}$$

如果 s_1、s_2 相差很小时，位移 ι 也可以很小，常用的螺旋微调机构都是利用这个特性，如千分尺、镗刀微调装置。

当两螺旋副的螺旋线旋向相反时，该机构称为复式螺旋机构。在复式螺旋机构中，可移动螺母移动距离 ι 与螺杆转角 Ψ 的关系为

$$\iota=[(s_1+s_2)/2\pi]\Psi \tag{3.4.8}$$

复式螺旋机构的位移与（s_1+s_2）成正比，常用在快速夹紧机构中。

3. 滚动螺旋机构简介

若在普通螺杆与螺母之间加入钢球，同时将内、外螺纹改成内、外螺旋滚道，就成为滚动螺旋机构。如图 3.4.50 所示，由于丝杠螺母副间加入了滚动体，当传动工作时，滚动体沿螺纹滚道滚动并形成循环，两者相对运动的摩擦就变成了滚动摩擦，克服了滑动摩擦造成的缺点。按滚珠循环方式不同有内循环、外循环两种方式。

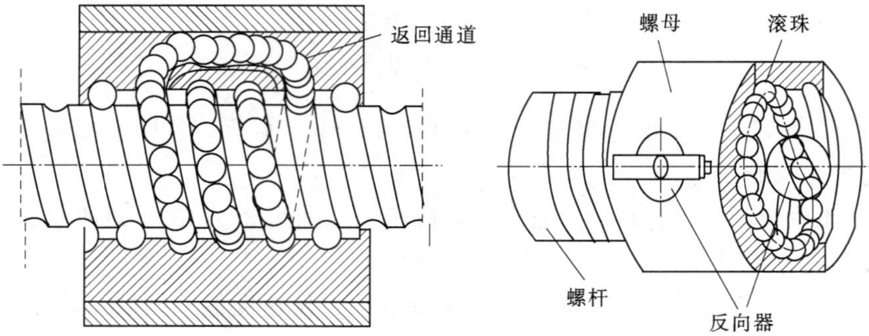

图 3.4.50 内循环滚动螺旋机构

滚动螺旋传动的特点：传动效率高，精度高，启动阻力矩小，传动灵活平稳，磨损小，工作寿命长。但是不能自锁。由于滚动螺旋传动特有的优势，在机构设备中的应用越来越广泛。现代数控机床的进给传动机构基本上都采用滚动螺旋传动。

项目 3.5 机械传动系统设计

3.5.1 带传动系统

3.5.1.1 概述

带传动是机械传动系统中用以传递运动和动力的常用传动之一。带传动通常是由主动轮 1、从动轮 2 和张紧在两轮上的挠性传动带 3 所组成，如图 3.5.1 所示。

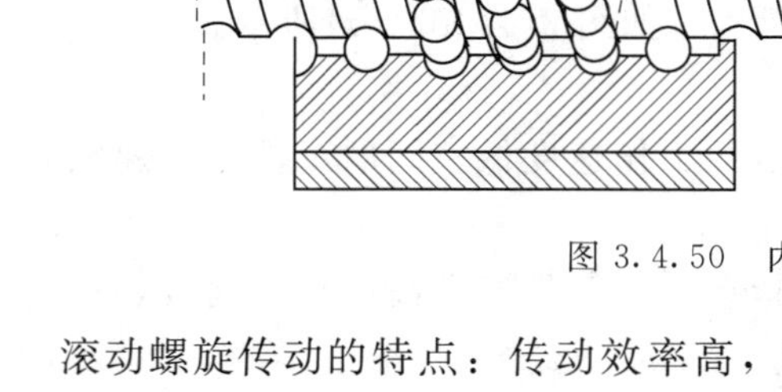

图 3.5.1 带传动的组成

根据工作原理的不同，带传动可分为摩擦带传动和啮合带传动两类。

摩擦带传动中，传动带呈环形，并以一定的张紧力 F_0 紧套在两轮上，从而使带与带轮接触面间产生一定的正压力 F_N。当主动轮 1 转动时，依靠带与带轮间的摩擦力 F_f，将主动轮 1 的运动和动力传递到从动轮 2 上。

按照带的截面形状，传动带可分为平带、V 带（俗称三角带）、多楔带与圆形带等，如图 3.5.2 所示。平带的横截面为扁平矩形，其工作面是与轮面接触的内表面［图 3.5.2 (a)］，其传动结构最简单，多用于中心距较大的传动。近年来平带传动应用已大为减少，但在高速带传动中，多采用薄而轻的平带。V 带的横截面为等腰梯形，其两侧面为工作表面，即靠带的两侧面与轮槽两侧面相接触产生的摩擦力进行工作［图

3.5.2（b）]。当张紧力相同时，由于 V 带传动利用楔形槽摩擦原理，V 带传动较平带传动能产生更大的摩擦力，如图 3.5.2（a）和图 3.5.2（b）所示。故其传动能力也较平带传动大，在传递同样功率的情况下，V 带传动的结构更为紧凑。因此，在一般机械传动中，V 带传动应用较平带传动广泛。

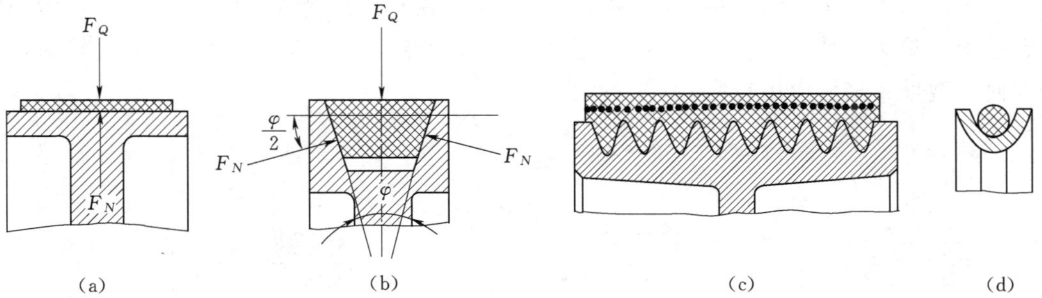

图 3.5.2　带传动的类型

多楔带是在其扁平胶带基体下有若干条等距纵向楔形凸起。带轮上有相应的环形轮槽，靠楔面摩擦工作［图 3.5.2（c）］，既有平带和 V 带的优点，又可弥补其不足，适用于要求结构紧凑，传递功率较大及速度较高的场合。特别适用于要求 V 带根数较多或轮轴垂直于地面的传动。

圆形带的横截面为圆形［图 3.5.2（d）］，只用于小功率传动中，如缝纫机、真空泵和磁带盘等的机械传动和一些仪器中。

啮合带传动只有同步带一种，如图 3.5.3 所示。它是靠带的内表面上的凸齿与带轮外缘上的轮齿相啮合来传动的带和带轮面间无相对滑动，因而主、从动轮线速度相等，能保持准确的传动比，但价格较高，常用于要求传动比准确的中小功率传动。

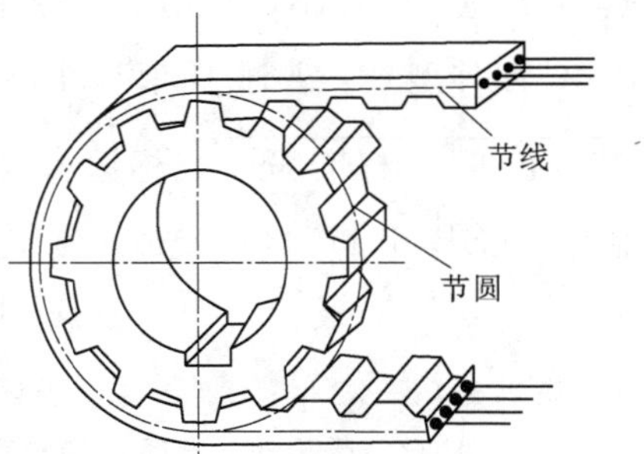

图 3.5.3　同步齿形带

3.5.1.2　带传动的特点

带传动与齿轮传动相比具有以下优点：①由于传动带有弹性，能缓冲吸振，故传动平稳，噪声小；②带与带轮间在过载时打滑，能防止其他零件的损坏；③结构简单，维护方便，易于制造、安装，故成本低；④能传递较远距离的运动，改变带长可适应不同的中心距。

但同时带传动也有如下缺点：①外廓尺寸较大；②效率较低；③除同步带外，由于有弹性滑动，故不能保证准确的传动比；④由于带必须张紧在带轮上，故对轴的压力大；⑤带的寿命较短；⑥带与带轮间可能由于摩擦而产生静电放电，故不宜用于易燃易爆场合。

带传动多应用于功率不大（≤40～50kW）、速度适中（5～25m/s）、要求传动平稳、传动比不要求准确的远距离传动。在多级传动中，通常将它置于高速级（电机与减速机之间）。

3.5.1.3 V 带与带轮

1. 普通 V 带的结构和标准

普通 V 带的截面结构如图 3.5.4 所示，由包布、顶胶、抗拉体和底胶四部分构成，包布由胶帆布构成，形成 V 带保护外壳。顶胶和底胶主要由橡胶构成。抗拉体有帘布芯结构［图 3.5.4 (a)］和绳芯结构［图 3.5.4 (b)］两种。绳芯 V 带柔韧性好，抗弯强度高、适用于转速较高，载荷不大和带轮直径较小的场合。帘布芯 V 带抗拉强度较高，制造方便，型号齐全，应用较广。

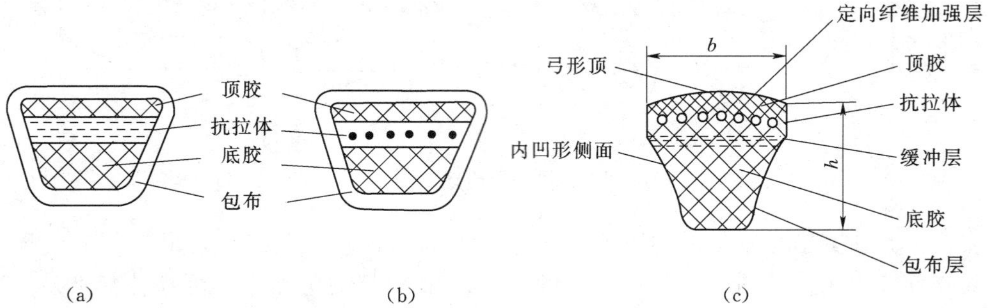

图 3.5.4 V 带的截面结构

V 带装在带轮上，和节宽相对应的带轮直径称为基准直径 d_d，V 带在规定张紧力下，位于测量带轮基准直径上的周线长度称为带的基准长度 L_d，它用于带传动的几何计算。普通 V 带按截面尺寸分为 Y、Z、A、B、C、D、E 七种型号，基本尺寸列于表 3.5.1。其中 Y 型尺寸最小，只用于不传递动力的仪器等机构中。目前国产绳芯 V 带仅有 Z、A、B、C 四种型号。普通 V 带基准长度的极限偏差见表 3.5.2。普通 V 带的标记：截型＋基准长度＋标准编号，标记示例：按《带传动 普通 V 带和窄 V 带 尺寸（基准宽度制）》（GB/T 11544—2012）制造的基准长度为 1600mmB 型普通 V 带标记为

B 1600 GB/T 11544—2012

表 3.5.1 普通 V 带的截型与截面基本尺寸

［摘自《带传动 普通 V 带和窄 V 带 尺寸（基准宽度制）》（GB/T 11544—2012）］

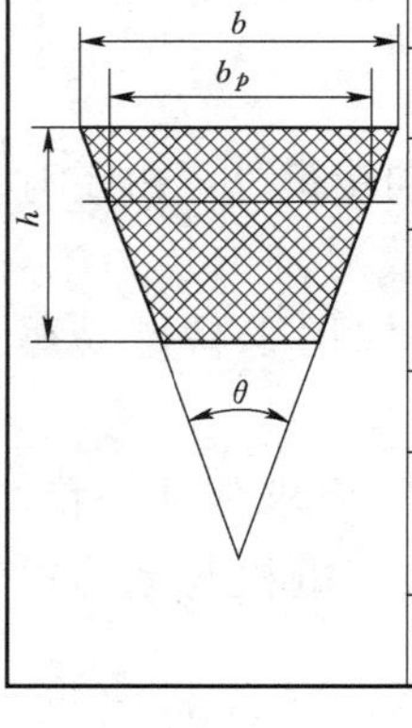	V 带截型（窄 V 带）	Y	Z (SPZ)	A (SPA)	B (SPB)	C (SPC)	D	E
	节宽 b_p/mm	5.3	8.5	11.0	14.0	19.0	27.0	32.0
	顶宽 b/mm	6.0	10	13.0	17.0	22.0	32.0	38.0
	高度 h/mm	4.0	6.0 (8)	8.0 (10)	11.0 (14)	14.0 (18)	19.0	23.0
	楔角 θ	40°						
	m/(kg/m)	0.02	0.06 (0.07)	0.10 (0.12)	0.17 (0.20)	0.30 (0.37)	0.62	0.90
	d_{dmin}/mm	20	50	75	125	200	355	500

表 3.5.2　**普通 V 带的长度系列和带长修正系数 K_L**

[《普通和窄 V 带传动》(GB/T 13575.1—2008)]

基准长度 L_d /mm	K_L				基准长度 L_d /mm	K_L					
	Y	Z	A	B		Z	A	B	C	D	E
200	0.81				1600	1.16	0.99	0.93	0.84		
224	0.82				1800	1.18	1.01	0.95	0.85		
250	0.84				2000		1.03	0.98	0.88		
280	0.87				2240		1.06	1.00	0.91		
315	0.89				2500		1.09	1.03	0.93		
355	0.92				2800		1.11	1.05	0.95	0.83	
400	0.96	0.87			3150		1.13	1.07	0.97	0.86	
450	1.00	0.89			3550		1.17	1.10	0.98	0.89	
500	1.02	0.91			4000		1.19	1.13	1.02	0.91	
560		0.94			4500			1.15	1.04	0.93	0.90
630		0.96	0.81		5000			1.18	1.07	0.96	0.92
710		0.99	0.82		5600				1.09	0.98	0.95
800		1.00	0.85		6300				1.12	1.00	0.97
900		1.03	0.87	0.81	7100				1.15	1.03	1.00
1000		1.06	0.89	0.84	8000				1.18	1.06	1.02
1120		1.08	0.91	0.86	9000				1.21	1.08	1.05
1250		1.11	0.93	0.89	100000				1.23	1.11	1.07
1400		1.14	0.96	0.90							

2. V 带轮的材料和结构

V 带轮常用材料为灰铸铁，当 $v<25$m/s 时用 HT150；$v=25\sim30$m/s 时，可用 HT200；高速带轮可用铸钢；小功率传动时可用铝合金和工程塑料。单件小批量生产时，可将钢板冲压成形后焊接。

带轮由轮缘、轮毂和轮辐三部分组成。轮缘是带轮外圈部分，其上制有与 V 带相应的轮槽。V 带轮槽形尺寸见表 3.5.3。表中带轮槽角 φ 规定为 32°、34°、36°、38°，而 V 带楔角 θ 为 40°。这是考虑到带在带轮上弯曲时，其截面形状的变化使楔角减小，从而使带和带轮槽面接触良好，轮毂是带轮的内圈与轴相连接的部分，连接轮缘和轮毂的中间部分为轮辐。带轮按轮辐结构不同，分为实心式、辐板式、孔板式和椭圆轮辐式。通常根据带轮基准直径 d_d 选用：当 $d_d\leqslant(2.5\sim3)d$（d 为带轮轴的直径，mm）时可采用实心式带轮；$d_d\leqslant300$mm 时，可采用辐板式带轮；如果 $d_d-d_1\geqslant100$mm 时，可采用孔板式带轮；当 $d_d>300$mm 时，可采用椭圆轮辐式带轮，如图 3.5.5 所示。

表 3.5.3　　　　普通 V 带轮轮槽尺寸（摘自 GB/T 13575.1—2008）（mm）

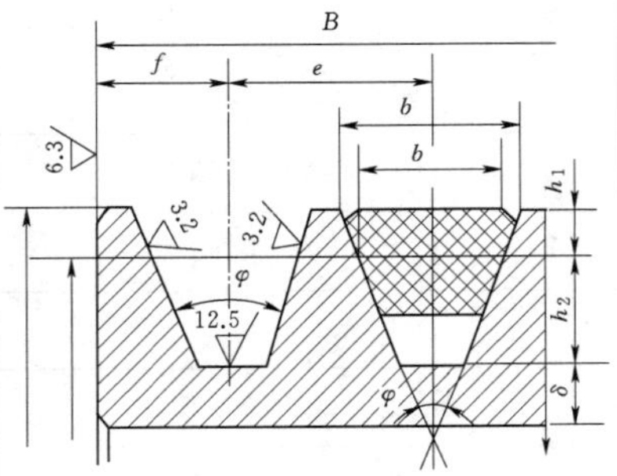

型号			Y	Z	A	B	C	D	E
b_p			5.3	8.5	11.0	14.0	19.0	27.0	32.0
h_a			1.6	2.0	2.75	3.5	4.8	8.1	9.6
h_{fmin}			6.3	9.5	12	15	20	28	33
e			8	12	15	19	25.5	37	44.5
f_{min}			6	7	9	11.5	16	23	28
δ_{min}			5	5.5	6	7.5	10	12	15
B			$B=(z-1)1+2f$　（z 为轮槽数）						
φ	32°	d	≤60	—	—	—	—	—	—
	34°		—	≤80	≤118	≤190	≤315	—	—
	36°		＞60	—	—	—	—	≤475	≤600
	38°		—	＞80	＞118	＞190	＞315	＞475	＞600

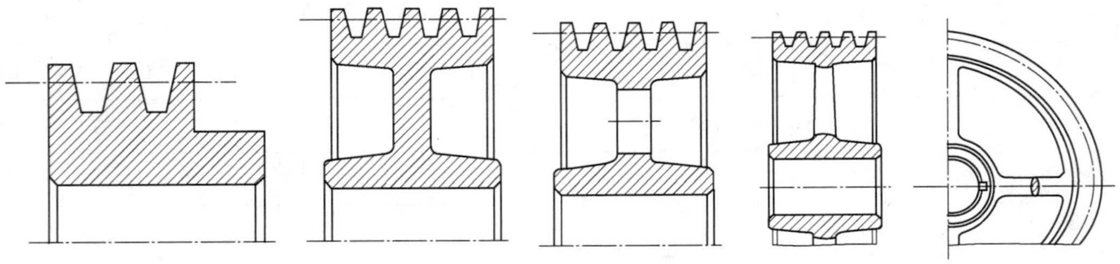

（a）实心带轮　　（b）腹板带轮　　（c）孔板带轮　　（d）轮辐带轮

图 3.5.5　普通 V 带带轮结构

V 带轮的结构设计主要是根据带轮的基准直径选择结构形式，再根据 V 带的型号按表 3.5.3 确定轮槽尺寸，带轮的其他结构尺寸，可参照图 3.5.6 中的经验公式确定。

3.5.1.4　带传动的工作情况分析

1. 带传动的受力分析

由摩擦传动原理可知：为保证带传动正常工作，传动带必须以一定张紧力张紧在两带轮上，即带工作前两边已承受了相等的拉力，如图 3.5.7（a）所示，称为初拉力 F_0。工作时，带与带轮之间产生摩擦力，主动带轮对带的摩擦力 F_f 与带的运动方向一致，从动带轮对带的摩擦力 F_f 与带的运动方向相反。于是带绕入主动轮的一边被拉紧，称为紧边，拉力由 F_0 增加到 F_1；带表绕入从动轮的一边被略微放松，称为松边，拉力由 F_0 减少到 F_2，如图 3.5.7（b）所示。由力矩平衡条件可得

$$\sum F_f = F_1 - F_2 \tag{3.5.1}$$

紧边拉力与松边拉力的差值（$F_1 - F_2$），是带传动中起传递功率作用的拉力，称为带传动的有效拉力，以 F 表示。有效拉力不是作用在一固定点的集中力，它等于带和带轮整个接触面上各点摩擦力的总和 $\sum F_f$，即

$$F = \sum F_f = F_1 - F_2 \tag{3.5.2}$$

<table>
<tr><td>结构尺寸</td><td colspan="8">计 算 公 式</td></tr>
<tr><td>d_1</td><td colspan="8">$d_1=(1.8\sim2)d_0$，d_0 为轴的直径</td></tr>
<tr><td>d_2</td><td colspan="8">$d_2=d_d-2(h_2+\delta)$</td></tr>
<tr><td>d_3</td><td colspan="8">$d_k=0.5(d_1+d_2)$</td></tr>
<tr><td>d_0</td><td colspan="8">$d_0=(0.2\sim0.3)(d_2-d_1)$</td></tr>
<tr><td>L</td><td colspan="8">$L=(1.5\sim2)d_0$，当 $B<1.5d_0$ 时，$L=B$</td></tr>
<tr><td rowspan="2">S</td><td>型号</td><td>Y</td><td>Z</td><td>A</td><td>B</td><td>C</td><td>D</td><td>E</td></tr>
<tr><td>$S_{\min}$</td><td>6</td><td>8</td><td>10</td><td>14</td><td>18</td><td>22</td><td>28</td></tr>
<tr><td>h_1</td><td colspan="8">$h_1=(Fd_d/0.8z_0)^{1/3}$
f——有效拉力，N
d_d——化基准直径，mm
z_0——轮辐数</td></tr>
<tr><td>h_2</td><td colspan="8">$0.8h_1$</td></tr>
<tr><td>a_1</td><td colspan="8">$0.8h_1$</td></tr>
<tr><td>a_2</td><td colspan="8">$0.4h_1$</td></tr>
<tr><td>f_1</td><td colspan="8">$0.2h_1$</td></tr>
<tr><td>f_2</td><td colspan="8">$0.2h_2$</td></tr>
</table>

图 3.5.6 带轮计算公式

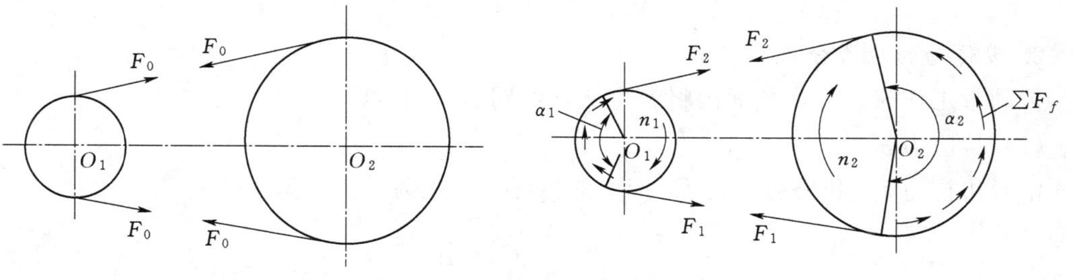

(a) (b)

图 3.5.7 带传动的受力分析

若带速为 v(m/s)，则带所传递的功率为

$$P=\frac{Fv}{1000}(\mathrm{kW}) \tag{3.5.3}$$

若忽略离心力的影响，紧边拉力 F_1 和松边拉力 F_2 之间的关系可用欧拉公式表示，即

$$F_1/F_2=e^{f_v\alpha} \tag{3.5.4}$$

式中 e——自然对数的底，e=2.718…；

f_v——当量摩擦系数，$f_v=f/\sin\frac{\varphi}{2}$；

α——带轮包角，即带与带轮接触弧所对应的中心角，rad。

若近似认为带在静止和传动时总长不变，则带紧边拉力的增量等于松边拉力的减少量，即 $F_1-F_0=F_0-F_2$，则

$$F_1+F_2=2F_0 \tag{3.5.5}$$

由式（3.5.2）、式（3.5.4）和式（3.5.5）可得

$$F=2F_0\frac{e^{f_v\alpha}-1}{e^{f_v\alpha}+1} \tag{3.5.6}$$

式（3.5.6）表明，带所能传递的有效拉力 F 与下列因素有关：

（1）初拉力 F_0。由式（3.5.6）知，F 与 F_0 成正比。但带中初拉应力过大时，会使带的磨损加剧和带的拉应力增大，导致带的疲劳、寿命降低，轴和轴承受力亦大；如果 F_0 过小，则带的传动能力得不到充分发挥，运转时容易发生跳动和打滑，因此张紧力 F_0 的大小要适当。

（2）包角 α。通常大带轮包角 α_2 总是大于小带轮包角 α_1，故取 $\alpha=\alpha_1$。带的有效拉力 F 随 α_1 增大而增大，这是因为 α_1 越大，带与带轮接触弧长增加，接触面上所产生的总摩擦力就越大，传动能力就越高。因此带处于水平位置传动时，通常将松边置于上方以增加包角。

（3）摩擦系数 f。f 越大，摩擦力亦大，传动能力也就越高。摩擦系数与带和带轮的材料、表面状况及工作环境条件等有关。

将式（3.5.2）代入式（3.5.4）可得 F_1、F_2 与 F 之间的关系为

$$F=F_1\left(1-\frac{1}{e^{f_v\alpha_1}}\right)=F_2(e^{f_v\alpha_1}-1) \tag{3.5.7}$$

2. 带传动的应力分析

传动带工作时，其横截面内将产生三种不同的应力。

（1）拉应力 σ。

由紧边拉力 F_1 和松边拉力 F_2 产生的拉应力分别为

$$\left.\begin{aligned}\sigma_1=F_1/A\\ \sigma_2=F_2/A\end{aligned}\right\}(\mathrm{N/mm})^2 \tag{3.5.8}$$

式中　A——带的横截面面积，mm^2。

由于 $F_1>F_2$，故 $\sigma_1>\sigma_2$。

（2）离心拉应力 σ_c。

传动时，带随带轮做圆周运动，因本身质量而产生离心力，由此引起的拉力为 mv^2，作用于带全长，使带各横截面都产生相等的拉应力 σ_c，即

$$\sigma_c=\frac{mv^2}{A}(\mathrm{N/mm^2}) \tag{3.5.9}$$

式中　m——每米带长的质量，kg/m，查表 3.22；

　　v——带的圆周速度，m/s。

（3）弯曲应力 σ_b。

带绕过带轮时，将产生弯应力。若近似认为带材料符合虎克定律，由材料力学公式可得

$$\sigma_b=2E\frac{h}{d_d}(\mathrm{N/mm^2}) \tag{3.5.10}$$

式中　E——带材料的弹性模量，N/mm^2；

h——带的高度，mm；

d_d——带轮直径，mm。

由式（3.5.10）可知，带轮直径 d_d 越小，带越厚，带弯曲应力越大，故 $\sigma_{b1}>\sigma_{b2}$。为了防止产生过大的弯曲应力，小带轮直径不宜过小。

带工作时的应力分布如图3.5.8所示，各截面的应力大小由该处引出的带的法线长短表示，由图3.5.8可看出，最大应力发生在紧边绕上小带轮处，其值为

$$\sigma_{max}=\sigma_1+\sigma_c+\sigma_{b1} \tag{3.5.11}$$

带运行时，作用在带上某点的应力是随它运行的位置变化而不断变化的，带在变应力状态下工作，容易产生疲劳破坏，影响带的使用寿命。

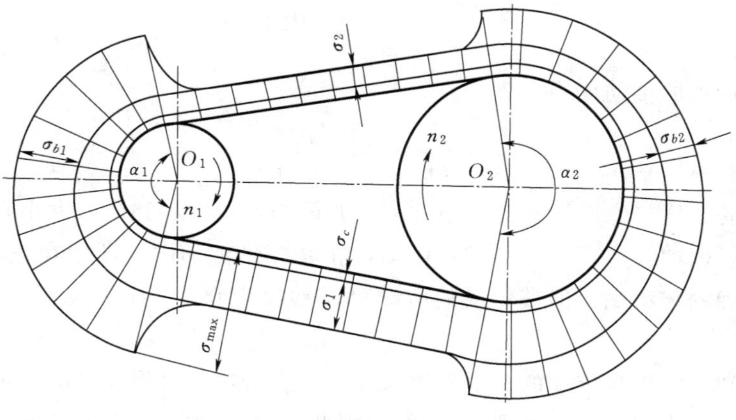

图3.5.8　带传动的应力分析

3. 带传动的弹性滑动与打滑

带是弹性体，受到拉力作用后将产生弹性变形。由于带工作时，紧边拉力 F_1 和松边拉力 F_2 不同，因此，带中紧边和松边的弹性变形也不相同。如图3.5.9所示。带的下端紧边刚绕上轮1时，带速与轮1的圆周速度 v_1 相等，当带随着轮1由下端紧边转至上端松边的过程中带所受的拉力由 F_1 逐渐降至 F_2，因此其弹性变形将随之逐渐减小，即出现带逐渐回缩现象，使带的速度逐渐落后于轮子的圆周速度。同样，带从轮2上端的松边点转向下端紧边时，带的拉力由 F_2 逐渐增至 F_1 其弹性变形将随之逐渐增大。带在从动轮的表面将产生逐渐向前爬伸现象。这种由于带的拉力差和带的弹性变形而引起的带与带轮

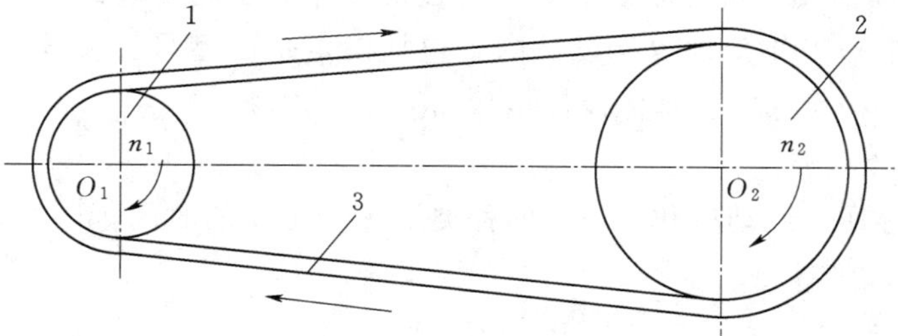

图3.5.9　带的弹性滑动

间的局部相对滑动称为带的弹性滑动。

当传递的工作载荷增大时，要求有效拉力 F 随之增大，在张紧力 F_0 一定的条件下，带与带轮接触面间的摩擦力总和 F_f 有一极限值。如果工作载荷所要求的有效拉力 F 超过这个极限摩擦力总和 F_f 时，带将沿整个接触弧全面滑动。这种现象称为打滑。带传动一旦出现打滑，从动轮转速急剧下降，带磨损加剧，即失去正常工作能力。

弹性滑动和打滑是两个截然不同的概念。弹性滑动是不可避免的，因为带传动工作时，要传递圆周力，带两边的拉力必然不等，产生的变形量也不同，所以必然会发生弹性滑动，而打滑是由于过载引起的，是可以且必须避免的。

带的弹性滑动导致从动轮圆周速度 v_2 低于主动轮圆周速度 v_1，产生了速度损失，其损失程度用相对滑动率 ε 表示。即

$$\varepsilon=\frac{v_1-v_2}{v_1}=\frac{\pi d_{d1}n_1-\pi d_{d2}n_2}{\pi d_{d1}n_1}=1-\frac{d_{d2}n_2}{d_{d1}n_1} \tag{3.5.12}$$

由此得带传动的传动比为

$$i=\frac{n_1}{n_2}=\frac{d_{d2}}{d_{d1}(1-\varepsilon)} \tag{3.5.13}$$

滑动率 ε 的数值与弹性滑动的大小有关，亦即与带的材料和受力大小有关，不能得到准确的恒定值。因此，由式（3.5.12）可知，在摩擦带传动中，即使在正常使用条件下，也不能得到准确的传动比。但带传动的滑动率通常仅为0.01～0.02，故在一般计算中可不予考虑。

由前述可知，摩擦带传动的主要失效形式是带在带轮上打滑和带的疲劳破坏（带在变应力作用下，局部出现脱层、撕裂或拉断）。因此，带传动的设计准则是：在保证带传动不打滑的条件下，同时具有足够的疲劳强度和一定的使用寿命。

要保证在变应力作用下的传动带有一定的疲劳寿命，必须满足

$$\sigma_{max}=\sigma_1+\sigma_c+\sigma_{b1}\leqslant[\sigma] \tag{3.5.14}$$

式中　$[\sigma]$——根据疲劳寿命决定的带的许用应力，N/mm^2。

要保证带不打滑，由式（3.5.7）可得带的极限有效拉力 F_{max} 为

$$F_{max}=F_1\left(1-\frac{1}{e^{f_v\alpha_1}}\right) \tag{3.5.15}$$

3.5.1.5　普通V带传动的设计计算

设计V带传动需要给定的原始数据为传递的功率、主动轮转速、传动比或从动轮转速、传动位置要求和工作条件等。设计内容包括确定带的型号、长度、根数、传动中心距、带轮直径及结构尺寸等。具体设计步骤如下。

1. 确定设计功率 P_d

考虑载荷的性质、原动机和工作机的种类及每天工作的时间等因素，设计功率 P_d 应比要求传递的功率 P 略大，即

$$P_d=K_AP(\text{kW}) \tag{3.5.16}$$

式中　K_A——工况系数，查表3.5.4。

表 3.5.4　　　　工 况 系 数 K_A

载荷性质	工作机	原动机					
		空、轻载启动			重载启动		
		每天工作小时/h					
		<10	10～16	>16	<10	10～16	>16
载荷变动微小	液体搅拌机、通风机和鼓风机（≤7.5kW）、离心式水泵和压缩机、轻型输送机	1.0	1.1	1.2	1.1	1.2	1.3
载荷变动小	带式输送机（不均匀负荷）、通风机（>7.5kW）、旋转式水泵和压缩机（非离心式）、发电机、金属切削机床、旋转筛、锯木机和木工机械	1.1	1.2	1.3	1.2	1.3	1.4
载荷变动较大	制砖机、斗式提升机、往复式水泵和压缩机、起重机、磨粉机、冲剪机床、橡胶机械、振动筛、纺织机械、重载输送机	1.2	1.3	1.4	1.4	1.5	1.6
载荷变化很大	破碎机（旋转式、颚式等）、磨碎机（球磨、棒磨、管磨）	1.3	1.4	1.5	1.5	1.6	1.8

注 1. 空、轻载启动——电动机（交流启动、三角启动、直流并励）、四缸以上的内燃机、装有离心式离合器、液力联轴器的动力机。

2. 重载启动——电动机（联机交流启动、直流复励或串联）、四缸以下的内燃机。

3. 反复启动、正反转频繁、工作条件恶劣等场合，K_A 应乘以 1.2。

2. 选择带的型号

根据设计功率 P_d 和小带轮转速 n_1，由图 3.5.10 选择带的型号。当坐标点位于图中型号分界线附近时，可初选两种相邻的型号，作为两个方案进行设计计算，最后比较两种

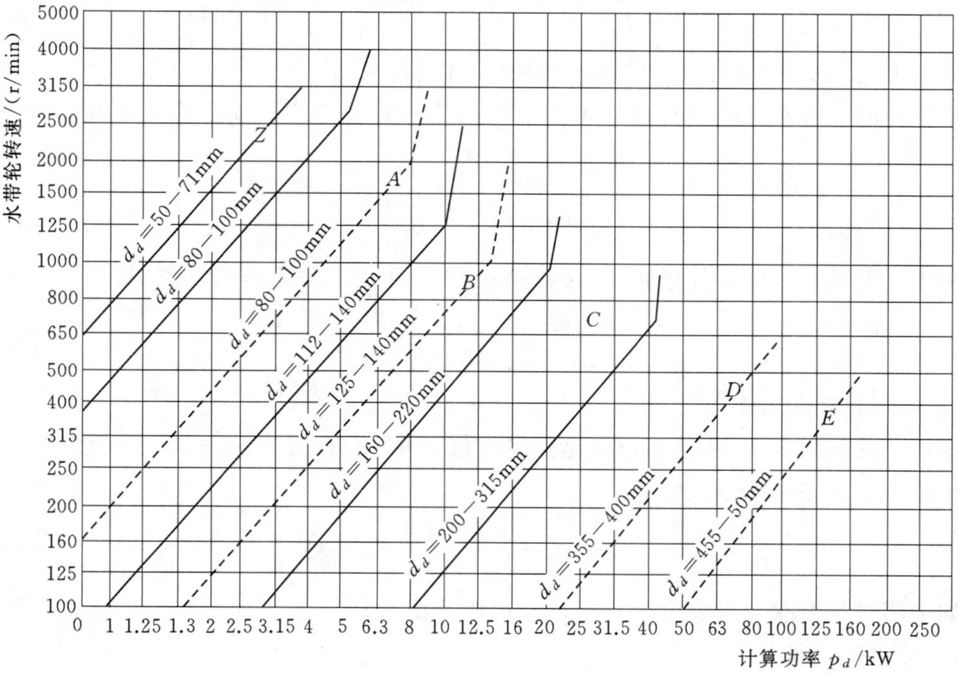

图 3.5.10　普通 V 带选型图

方案的设计结果，择优选用。

3. 确定带轮的基准直径 d_d

带轮直径越小，结构越紧凑，但带的弯曲应力越大，使带的寿命降低；带轮直径选得大，则使带速增加，当带传递功率 P 一定时，有效拉力减小，所需带的根数减小，但传动的外廓尺寸增大，故应按实际情况综合考虑，通常应在满足 $d_{d1} \geqslant d_{d\min}$ 的前提下尽量取较小的 d_{d1} 值。$d_{d\min}$ 由表3.5.4查取。大带轮基准直径 $d_{d2} = i d_{d1}$。

4. 验算带速 v

$$v = \frac{\pi d_{d1} n_1}{60 \times 1000} (\mathrm{m/s}) \tag{3.5.17}$$

传递功率一定时，带速越高，所需圆周力越小，可减少带的根数；但同时，单位时间内绕过带轮的次数也就过多，这将降低带的使用寿命，且会因离心力过大，而降低带传动的工作能力；若带速过低，传递的圆周力增大，所需V带根数增多。因此设计时，带速应在5～25m/s范围内，带速为10～15m/s时效果最好。若带速超越上述许可范围，应重选小带轮直径 d_{d1}。

5. 确定中心距 a 和带的基准长度 L_d

传动中心距小，结构紧凑，但带短，单位时间内带绕转次数增多，将降低带的工作寿命，同时会使小带轮包角减小，从而导致传动能力降低；反之，中心距过大，则带较长，结构尺寸较大，当带速较高时，带会引起带的颤动。设计时应按具体情况参考式(3.5.18)初定中心距 a_0：

$$0.7(d_{d1} + d_{d2}) \leqslant a_0 \leqslant 2(d_{d1} + d_{d2}) \tag{3.5.18}$$

V带的基准长度由带传动的几何关系求得。

$$L_{d0} \approx 2a_0 + \frac{\pi}{2}(d_{d1} + d_{d2}) + \frac{(d_{d2} - d_{d1})^2}{4a_0} (\mathrm{mm}) \tag{3.5.19}$$

根据 L_{d0}，按表3.5.2选取接近的标准基准长度 L_d。

带传动的中心距一般设计成可调的，故胶带长度确定后，实际中心距可按下式近似计算。

$$a \approx a_0 + \frac{L_d - L_{d0}}{2} \tag{3.5.20}$$

考虑到安装、调整和补偿张紧力的需要，中心距应有一定的调整范围。即

$$\left.\begin{aligned} a_{\min} &= a - 0.015L_d \\ a_{\max} &= a + 0.03L_d \end{aligned}\right\} \tag{3.5.21}$$

6. 验算小带轮包角 α_1

小带轮的包角 α_1 不宜过小，以免影响传动能力。一般要求 $\alpha_1 \geqslant 120°$（至少大于90°），开口传动中小带轮可按下式计算：

$$\alpha_1 \approx 180° - \frac{d_{d2} - d_{d1}}{a} \times 57.3° \tag{3.5.22}$$

如果不满足要求，可加大中心距，减小传动比。

7. 确定V带根数 z

普通V带的根数可按下式计算：

$$z \geqslant \frac{P_d}{P'} = \frac{P_d}{(P_1 + \Delta P_1) K_\alpha K_L} \tag{3.5.23}$$

为使每根带受力比较均匀，带的根数不宜过多，通常取 $z=3-6$，$z_{max}<10$。否则应改选V带型号或加大带轮直径后重新计算。

8. 确定带的初拉力 F_0

由前述可知，适当的初拉力是保证带传动正常工作的重要因素，单根V带合适的初拉力 F_0 可按下式计算：

$$F_0 = \frac{500 P_d}{zv}\left(\frac{2.5}{K_\alpha} - 1\right) + mv^2 (\mathrm{N}) \tag{3.5.24}$$

合适的初拉力，通常由试验确定：即在带与两轮切点的跨度中点处，加一规定的垂直于带边的力 F_G（F_G 值可从有关设计手册中查取），使带沿跨距每100mm处产生的绕度 $y=1.6$mm时，带的初拉力即符合要求。

9. 计算带对轴的压力 F_Q

为了设计安装带轮的轴和轴承的需要，应计算带传动对轴的压力 F_Q。若不考虑带两边的拉力差，可近似按两边拉力均为初拉力 zF_0 计算。即

$$F_Q \approx 2zF_0 \sin\frac{\alpha_1}{2} (\mathrm{N}) \tag{3.5.25}$$

3.5.1.6　带传动的张紧与维护

由于V带不是完全的弹性体，工作一定时间后，就会因塑性变形而松弛，使初拉力 F_0 减小。为了保证带传动正常工作，应定期检查带的初拉力，当发现初拉力 F_0 小于允许范围时，必须重新张紧。常见张紧装置有3类：

(1) 定期张紧装置，常见的有滑道式［图3.5.11 (a)］和摆架式［图3.5.11 (b)］两种，均靠调节螺钉来调节传动中心距，以达到张紧的目的。

(2) 自动张紧装置，利用电机自重［图3.5.11 (c)］，使带始终在一定张紧力下工作。

(3) 张紧轮张紧装置，当中心距不可调节时，可采用张紧轮张紧［图3.5.11 (d)、(e)］。张紧轮应放在松边内侧，并尽量靠近大带轮处。张紧轮直径应小于小带轮直径。

V带传动的安装和维护应注意以下几点：

(1) 安装时，两带轮的轴线应平行，两轮轮槽对称平面应重合，否则将加剧带侧面的磨损，甚至使带从带轮上脱落。

(2) 安装V带时，应检查V带的型号和长度是否正确，并按规定的初拉力张紧，也可凭经验张紧。

(3) 带传动装置应加防护罩，即可保证安全，又可防止油、酸、碱等腐蚀传动带。

(4) 定期检查V带，如发现有的V带出现过度松弛或疲劳破坏，应及时更换全部V带。

3.5.2　链传动

3.5.2.1　链传动的特点、类型及应用

链传动是应用较广的一种机械传动，由主动链轮、从动链轮和链条组成。链传动是具

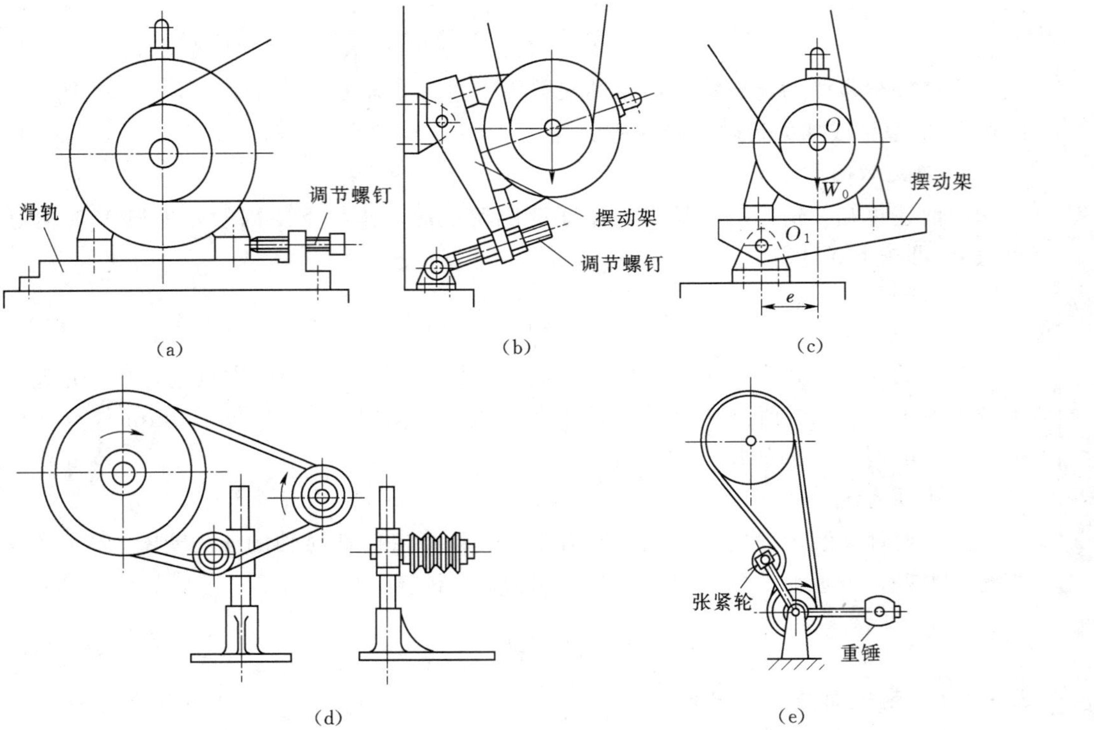

图 3.5.11 带传动的张紧

有中间挠性件的啮合传动，它依靠链轮轮齿与链节的啮合来传递运动和动力。

1. 链传动的特点

链传动与带传动相比，具有以下特点：

(1) 无弹性滑动和打滑现象，能保持准确的平均传动比。

(2) 传动效率较高。

(3) 张紧力小，所以作用于轴上的径向力较小。

(4) 结构紧凑。

(5) 能在高温、灰尘多、湿度大及有腐蚀等恶劣条件下工作。

链传动与齿轮传动相比，具有以下特点：

(1) 制造与安装精度要求低，成本低。

(2) 在远距离传动时，其结构简单、轻便。

链传动的主要缺点是：

(1) 只适用于平行轴之间的同向回转传动。

(2) 瞬时传动比不恒定。

(3) 工作时有噪声。

(4) 磨损后易发生跳齿。

(5) 不宜应用于载荷变化很大和急速反向的传动。

2. 链的类型

(1) 按用途或工作性质划分。

链可分为传动链、输送链和起重链。在一般机械传动中，常用传动链；而输送链和起重链主要用在运输和起重机械中。

（2）按传动链结构形式划分。

链可分为滚子链、套筒链、齿形链以及成型链，前三种都已经标准化了。目前，应用最广泛的是滚子链。

（3）链传动的应用场合。

链传动主要用在要求工作可靠、平均传动比准确，且两轴相距较远，以及其他不宜采用齿轮传动的场合。目前，链传动广泛应用于农业、矿山、起重运输、冶金、建筑、石油、化工等行业的各种机械中。

链传动传递的功率一般在100kW以下，其链速一般不超过15m/s，推荐使用的最大传动比为$i_{max}=8$，常用$i=2\sim2.5$。

3.5.2.2　链传动的失效形式及功率曲线图

1. 链传动的失效形式

链传动的失效形式主要有：链的疲劳失效，链条铰链的磨损，链条铰链的胶合；链条静力拉断。

（1）链的疲劳失效。链的疲劳失效主要表现在链板、滚子与套筒的疲劳破坏。因此，链条元件的疲劳强度是决定链传动承载能力的主要因素。

（2）链条铰链的磨损。链条铰链磨损主要表现在链节距变长，链的松边垂度变化，增大动载荷，容易发生跳齿或脱齿。

（3）链条铰链的胶合。在润滑不良或转速过高时，工作表面容易发生胶合破坏。因此，链条铰链的胶合在一定程度上限制了传动的极限转速。

（4）链条静力拉断。低速的链条过载时，容易发生静强度不足而断裂。因此，链条静力拉断常发生在低速重载或严重过载的传动中。

2. 链传动的功率曲线图

在不同的工作条件下，链传动的失效形式不同，但各种失效形式都在一定条件下限制着其承载能力，因此，在选择链条型号时，必须全面考虑各种失效形式产生的原因及条件，从而确定其能传递的额定功率。

考虑到链传动的各种失效形式，通过实验可画出小链轮的转速和链条所能传递的额定功率的关系曲线，即可得到该链的功率曲线图。由图3.5.12所示的功率曲线图可见，在润滑良好、中等链速的链传动中，其承载能力主要取决于链板的疲劳强度；当链传动的速度增高到一定程度，其传动能力主要取决于滚子和套筒的冲击疲劳强度，并会出现胶合而迅速失效。

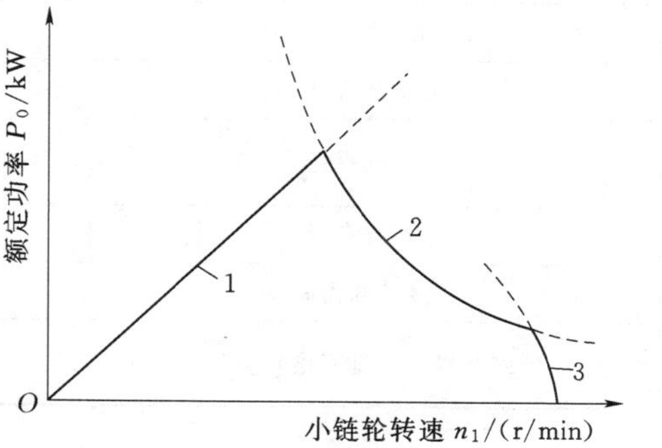

图3.5.12　滚子链额定功率曲线

1—由链板疲劳强度限定；2—由滚子、套筒冲击疲劳强度限定；3—由销轴和套筒胶合限定

3.5.2.3　滚子链与链轮

1. 滚子链

（1）滚子链的结构。

滚子链的结构如图 3.5.13 所示，由滚子、套筒、销轴、内链板和外链板组成。内链板与套筒之间、外链板与销轴之间分别用过盈配合固联。滚子与套筒之间、套筒与销轴之间均为间隙配合。

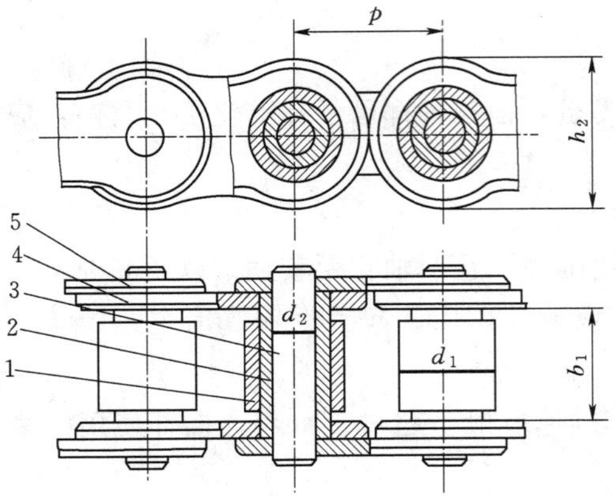

图 3.5.13　滚子链

1—滚子；2—套筒；3—销轴；4—内链板；5—外链板

滚子链有单排链和多排链之分。当传递大功率时，可采用双排链或多排链，多排链的承载能力与排数成正比，但排数一般不宜超过 4 排。

(2) 滚子链的基本参数。

滚子链的基本参数是节距 p、滚子直径 d_1、内链节内宽 b_1、多排链排距 p_t 等。滚子链的标记为：

[链号]－[排数]×[整链链节数]　[标准编号]

例如，08A－1×88　GB 1243.1—83 表示：按 GB 1243.1—83 制造的 A 系列、节距为 12.7mm、单排、88 节的滚子链。

2. 链轮

(1) 链轮的基本参数与主要尺寸。

链轮的基本参数有：配用链条的节距 p、套筒的最大外径 d_1、排距 p_t，以及链轮的齿数 z。链轮的主要尺寸及计算公式见表 3.5.5。

表 3.5.5　　**滚子链链轮的主要尺寸**　　单位：mm

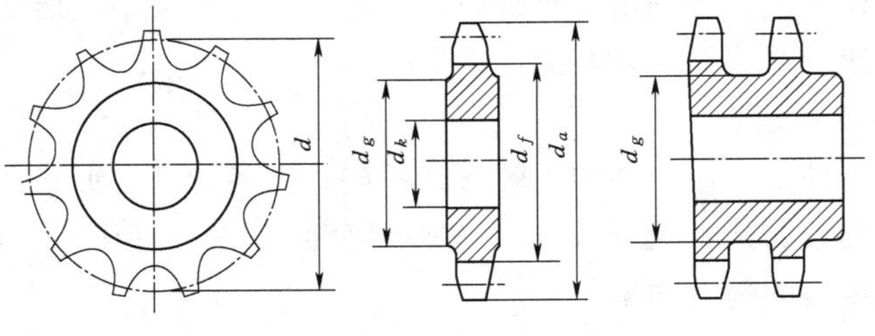

名　　称	符号	计算公式
分度圆直径	d	$d=p/\sin(180°/z)$
齿顶圆直径	d_a	$d_a=p\left(0.54+\cot\dfrac{180°}{z}\right)$
齿根圆直径	d_f	$d_f=d-d_1$
分度圆弦齿高	h_a	$h_a=0.27p$
齿侧凸缘（或排间槽）直径	d_g	$d_g=p\left(\cot\dfrac{180°}{z}-1\right)-0.8$

(2) 链轮的齿形。

链轮的齿形应保证链条顺利进入和退出啮合、受力均匀、不易脱链、便于加工等。目前，较为流行的一种齿形是三圆弧一直线齿形，或称为凹齿形。

（3）链轮的结构。

小直径的链轮可制成整体式，如图 3.5.14（a）所示；中等尺寸的链轮可制成孔板式，如图 3.5.14（b）所示；大直径的链轮，常采用可更换的齿圈用螺栓连接在轮芯上，如图 3.5.14（c）所示。

（4）链轮的材料。

链轮的材料应保证轮齿有足够的耐磨性和强度。因此，链轮齿面一般经过热处理。由于小链轮的啮合次数比大链轮的啮合次数多，所受冲击也严重，因此小链轮采用的材料应优于大链轮。链轮常用的材料可参见《机械设计》教材。

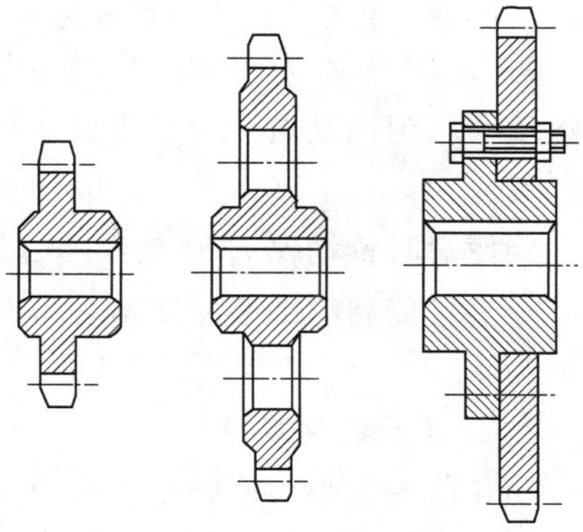

图 3.5.14　链轮的结构

3.5.2.4　链传动的运动特性

1. 链传动的运动不均匀性

链是由刚性链节通过销轴铰接而成的，当链绕在链轮上时呈多边形，如图 3.5.15 所示，链传动会产生周期性速度变化。

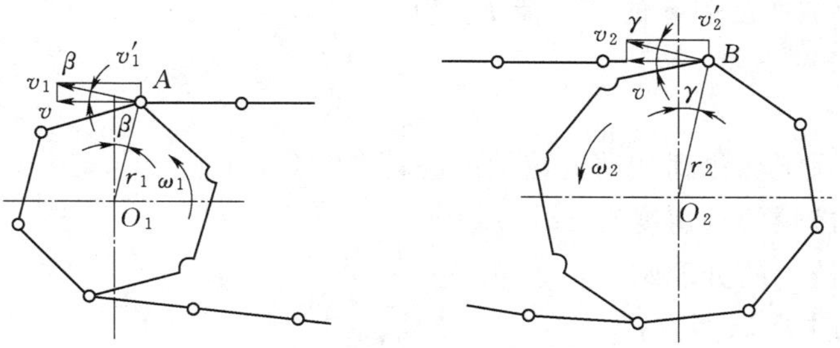

图 3.5.15　链传动的速度分析

链的平均速度 v 为

$$v=\frac{z_1n_1p}{60\times1000}=\frac{z_2n_2p}{60\times1000}(\mathrm{m/s}) \tag{3.5.26}$$

式中　z_1、z_2——主、从动链轮的齿数；

n_1、n_2——主、从动链轮的转速，r/min；

p——链的节距，mm。

链传动的平均传动比 i_{12} 为

$$i_{12}=\frac{n_1}{n_2}=\frac{z_1}{z_2} \tag{3.5.27}$$

注意：由式（3.5.26）、式（3.5.27）计算的链速和传动比只是其平均值。即使主动链轮的角速度 ω_1 = 常数，由于多边形的影响，链传动的瞬时链速和瞬时传动比还是变化的。

链传动的瞬时传动比 i_s 为

$$i_s=\frac{\omega_1}{\omega_2}=\frac{R_2\cos\gamma}{R_1\cos\beta} \tag{3.5.28}$$

式中　β——主动轮上最后进入啮合的链节铰链的销轴 A 的圆周速度 v_1 与水平线的夹角，即啮合过程中链节铰链在主动轮上的相位角；

γ——每一链节在与从动链轮轮齿啮合过程中链节铰链在从动轮上的相位角。

由式（3.5.28）可知，瞬时传动比 i_s 是随 β 角和 γ 角的变化而变化的。这种链传动的运动不均匀性是由于链条围绕在链轮上形成了正多边形而造成的，因此称为链传动的多边形效应。

要使瞬时传动比 i_s 在全部啮合过程中保持不变，必须使分度圆半径 $R_1=R_2$，即齿数 $z_1=z_2$，且传动的中心距 a 恰为节距 p 的整数倍，这样 β 和 γ 角的变化才会时时相等，则 i_s 恒为1。

2. 链传动的动载荷

动载荷的大小与回转零件的质量和角速度的大小相关。其中链条前进的加速度引起的动载荷 F_{d1} 为

$$F_{d1}=ma_c(\mathrm{N}) \tag{3.5.29}$$

式中　m——紧边链条的质量，kg；

a_c——链条加速度，$\mathrm{m/s^2}$。

从动链轮的角加速度引起的动载荷 F_{d2} 为

$$F_{d2}=\frac{J}{R_2}\cdot\frac{\mathrm{d}\omega_2}{\mathrm{d}t} \tag{3.5.30}$$

式中　J——从动系统转化到从动链轮轴上的转动惯量，$\mathrm{kg\cdot m^2}$；

ω_2——从动链轮的角速度，rad/s；

R_2——从动链轮的分度圆半径，m。

动载荷产生的主要原因有：

（1）链条和从动链轮做周期性的变速运动。

（2）链条沿垂直方向的分速度 v_y 做周期性变化，使链条发生横向振动。

（3）链节与链轮啮合瞬间有一定的相对速度。

3.5.2.5　链传动的受力分析

链在工作过程中，紧边与松边的拉力是不等的。若不计传动中的动载荷，则链的紧边受到的拉力 F_1 为

$$F_1=F_e+F_c+F_f(\mathrm{N}) \tag{3.5.31}$$

链的松边受到的拉力 F_2 为

$$F_2=F_c+F_f(\mathrm{N}) \tag{3.5.32}$$

式中　F_e——链传递的有效圆周力；

F_c——链的离心力所引起的拉力；

F_f——链条松边垂度引起的悬垂拉力。

其中，链传递的有效圆周力 F_e 为

$$F_e=1000\,\frac{P}{v} \tag{3.5.33}$$

式中　P——传递的功率，kW；

v——链速，m/s。

链的离心力所引起的拉力 F_c 为

$$F_c = qv^2 \tag{3.5.34}$$

式中 q——单位长度链条的质量，kg/m；

v——链速，m/s。

链条松边垂度引起的悬垂拉力 F_f，可选 F'_f 与 F''_f 中的大者。

$$\left.\begin{aligned} F'_f &= K_f qa \times 10^{-2}(\mathrm{N}) \\ F''_f &= (K_f + \sin\alpha) qa \times 10^{-2}(\mathrm{N}) \end{aligned}\right\} \tag{3.5.35}$$

式中 a——链传动的中心距，mm；

q——单位长度链条的质量，kg/m；

K_f——垂度系数；

α——两轮中心连线与水平线的倾斜角。

3.5.2.6 链传动的布置、张紧和润滑

1. 链传动的布置

链传动合理布置的原则：

(1) 两链轮应位于同一铅垂面内，且两轴线平行，紧边在上在下都可以，但在上好些。

(2) 两链轮中心线最好水平布置或与水平线成45°以下的倾斜角，尽量避免垂直布置。

(3) 当必须采用垂直传动时，两链轮应偏置，使两链轮中心不在同一铅垂面内，否则需要采用张紧装置。

2. 链传动的张紧

链传动张紧的目的，主要是为了避免在链条垂直过大时产生啮合不良和链条振动的现象，同时也可以增大链条与链轮的啮合包角。当两轮轴心连线倾斜角大于60°时，通常应设有张紧装置。

常用的张紧方法有：①调整中心距；②用张紧装置。

3. 链传动的润滑

良好的润滑可以减轻链传动的磨损，有利于缓和冲击，延长链条的使用寿命。链传动常用的润滑方法有：①人工润滑；②滴油润滑；③油谷润滑；④飞溅润滑；⑤压力供油润滑。

3.5.3 齿轮传动

3.5.3.1 齿轮传动的特点和类型

齿轮机构一般用于传递任意两轴之间的运动和动力，是现代机械中应用最广泛的一种传动机构，同时也是最古老的传动机构之一。它是通过轮齿的啮合来实现传动要求的，因此同摩擦轮、带轮等机械传动相比较，其显著特点是：传动比稳定、工作可靠、效率高（一般可达96%以上）、寿命较长（可达10～20年），适用的模数范围、直径范围、圆周速度和功率范围广（模数0.05～75mm、直径从1mm～10m、圆周速度从0.1～300m/s、从微型齿轮的百分之几千瓦到大型动力机械的百万千瓦）。但受结构尺寸的限制，齿轮传

动多适用于近距离传动，并且齿轮的曲面齿廓需专用设备加工，要求的制造与安装精度高，所以成本也高。

齿轮传动有很多类型，合理的分类有助于按使用要求正确选择齿轮传动。表3.5.6所示是圆形齿轮传动的常见类型。

表3.5.6　　圆形齿轮传动的常见类型

平面齿轮传动	直齿平行轴	 外啮合 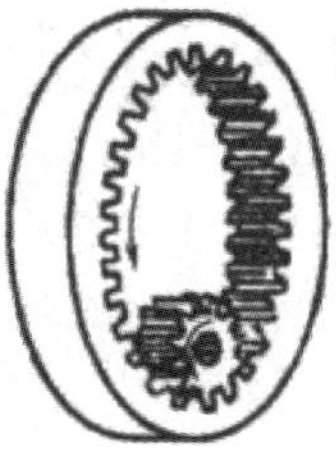 内啮合 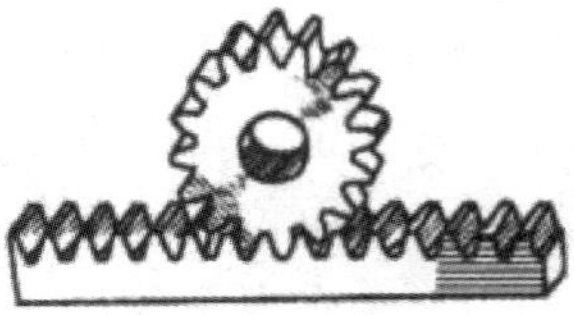 齿轮齿条啮合
	外啮合平行轴	 斜齿 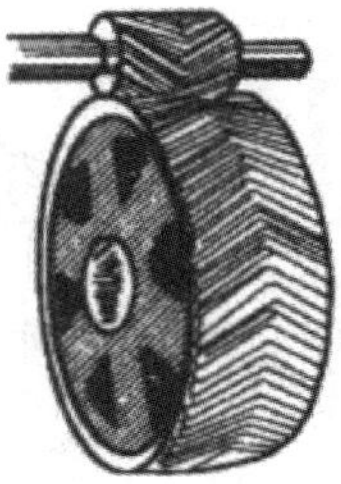 人字齿
空间齿轮传动	相交轴外啮合圆锥齿轮	 直齿  斜齿  曲齿
空间齿轮传动	交错轴	 斜齿  圆柱蜗杆蜗轮 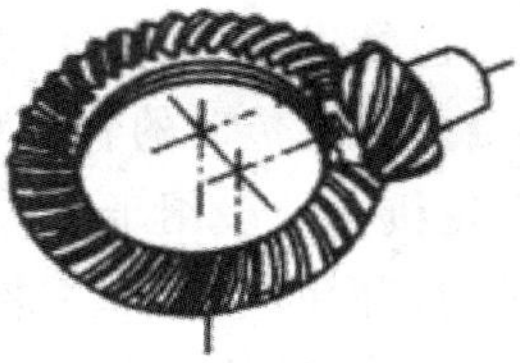 锥蜗杆蜗轮

按照一对齿轮的轴线的相互位置关系和齿向，齿轮分类如下：

(1) 按传递的相对运动，齿轮传动可分为平面齿轮传动和空间齿轮传动；按齿轮轴线的相对位置，则可分为平行轴齿轮传动、相交轴齿轮传动和交错轴齿轮传动。平面齿轮传动为平行轴，空间齿轮传动为相交轴或交错轴。一般相交轴齿轮传动使用圆锥齿轮，交错轴齿轮传动则使用斜齿圆柱齿轮或蜗杆蜗轮。

（2）按实现的传动比，齿轮传动可分为定传动比齿轮传动和交传动比齿轮传动；而按齿轮的几何形状，则可分为圆形齿轮传动和非圆形齿轮传动。一般定传动比齿轮传动使用圆形齿轮，如圆柱齿轮、圆锥齿轮或蜗杆蜗轮；而变传动比齿轮传动则使用非圆形齿轮，多用于传动比需按一定规律变化的特殊机械。

按轮齿的啮合位置，齿轮传动还可分为外啮合和内啮合。以平行轴圆柱齿轮传动为例，外啮合可传递反向传动，内啮合能传递同向传动；而齿条与齿轮啮合则能变换移动与传动。

（3）齿轮还可按齿形分为直齿、斜齿、人字齿和曲齿。以圆锥齿轮为例，在相同的结构尺寸下，由于曲齿比直齿的接触线长，且轮齿间的交替啮合更加平稳、可靠，所以具有更高的承载能力，但其齿廓的加工、安装也要求更高。工程中，变换齿形也是一条改善齿轮传动性能的有效途径。

3.5.3.2　渐开线齿廓及其啮合原理

1. 渐开线的形成及性质

如图3.5.16所示，当一条直线 BK 沿着固定圆周做纯滚动时，直线上任意点 K 的轨迹曲线 AK 称为该圆的渐开线。这个圆称为渐开线基圆，直线 BK 称为发生线；θ_k 角称为渐开线 AK 段的展角。

由渐开线的形成过程可知它具有以下特性：

（1）发生线 BK 在基圆上滚过的长度等于滚过的基圆弧长，即 $\overline{BK}=\widehat{AB}$。

（2）发生线 BK 与基圆相切且为渐开线上 K 点的法线。

（3）渐开线上某点 K 的法线与该点速度 y 方向所夹的锐角，称为该点的压力角 Q_k。

$$\cos\alpha_k=\frac{\overline{OB}}{\overline{OK}}=\frac{r_b}{r_k} \qquad (3.5.36)$$

由式（3.5.36）可知，渐开线上各点压力角不等，离基圆越远的点，压力角越大，基圆上压力角为零。

（4）渐开线的形状取决于基圆半径的大小。大小相等的基圆其渐开线的形状相同，大小不等的基圆其渐开线形状不同。基圆半径越大，渐开线越平直（图3.5.17）。

（5）在同一基圆上任意两条反向渐开线间公法线长度处处相等，基圆以内无渐开线。

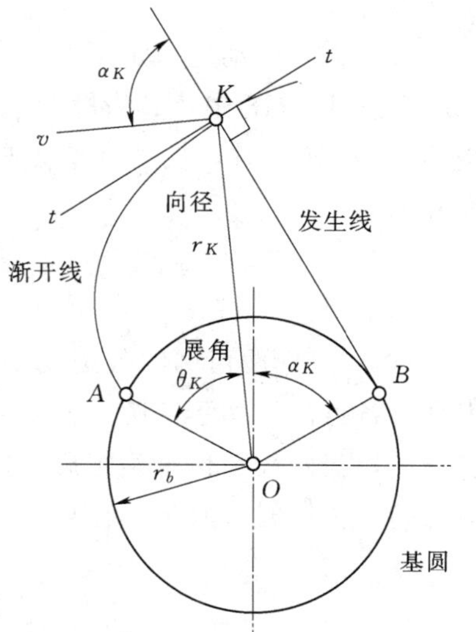

图3.5.16　渐开线的形成

2. 渐开线齿廓的啮合特性

两相互啮合的齿廓 E_1 和 E_2 在 K 点接触（见图3.5.18），过 K 点做两齿廓的公法线 $n—n$，它与连心线 O_1O_2 为圆心，以 O_1C（r'_1）、O_2C（r'_2）为半径

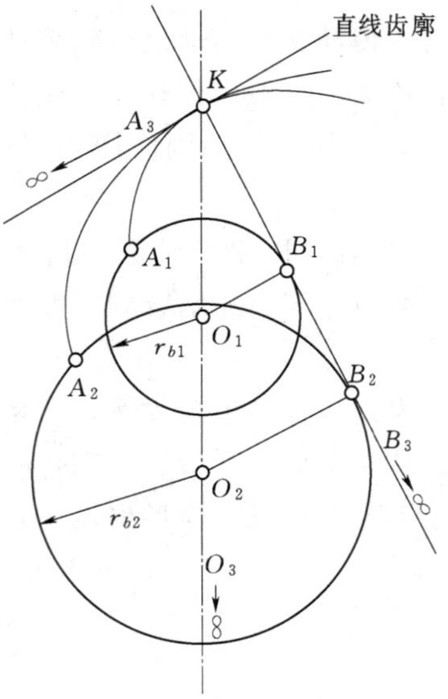

图 3.5.17 渐开线的形成与基圆大小的关系

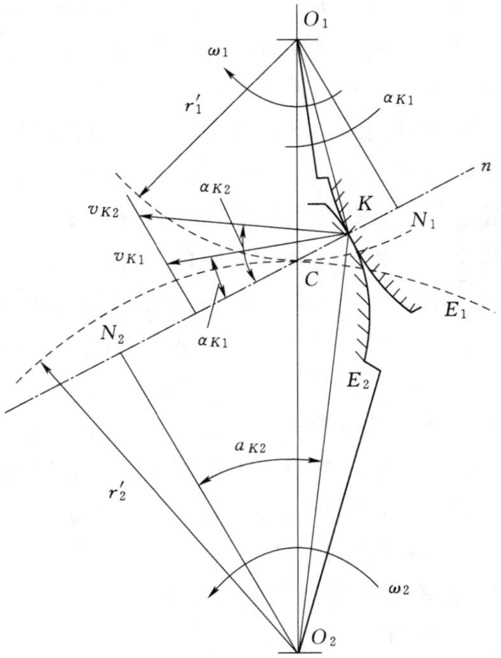

图 3.5.18 渐开线齿廓的啮合

所作的圆称为节圆，因两节圆在 C 点为纯滚动，既有 $v_{c1}=O_1C_{\omega1}=v_{c2}=O_2C_{\omega2}$，故有

$$i_{12}=\frac{\omega_1}{\omega_2}=\frac{\overline{O_2C}}{\overline{O_1C'}}=\frac{r_2'}{r_1'} \tag{3.5.37}$$

i_{12}称为两齿轮的瞬时传动比。式（3.5.37）表明：任意瞬时的传动比等于该瞬时两齿轮连心线被齿廓接触点公法线分割的两段线段长度的反比。由此推论，欲使两齿轮瞬时传动比恒定不变，即式（3.5.37）为一常数，则 C 点必须是一定点。这个定律称为齿廓啮合基本定律。

（1）瞬时传动比恒定不变。

在图 3.5.18 中，其齿廓分别为 E_1 与 E_2，并在 K 点接触。当主动齿轮以角速度 ω_1 绕轴线 Q_1 转动时，从动齿轮被迫以角速度 ω_2 绕轴线 Q_2 转动。齿廓 E_1 与 E_2 上 K 点速度分别为

$$v_{k1}=\omega_1 O_1 K \tag{3.5.38}$$

$$v_{k2}=\omega_2 O_2 K \tag{3.5.39}$$

过 K 点作两齿廓的公法线 $n—n$，它与连心线 O_1O_2 交于 C 点。由渐开线性质可推知齿廓上各点法线切于基圆，齿廓公法线必为两基圆的内公切线 N_1N_2，因同侧内公切线只有一条，当两齿轮位置确定后，内公切线与连心线上的交点也必为一定点，故一对渐开线齿廓啮合传动时，其传动比恒定不变，即有

$$i_{12}=\frac{\omega_1}{\omega_2}=\frac{\overline{O_2C}}{\overline{O_1C'}}=\frac{r_2'}{r_1'}=\text{常数} \tag{3.5.40}$$

（2）中心距。

由图 3.5.18 几何关系可知，$\Delta N_1O_1C \sim \Delta N_2O_2C$，可推得

$$i_{12}=\frac{\omega_1}{\omega_2}=\frac{\overline{O_2C}}{\overline{O_1C'}}=\frac{r'_{b2}}{r'_{b1}} \tag{3.5.41}$$

因为渐开线齿轮加工完成后，基圆半径是定值，所以，渐开线齿轮啮合时，即使两轮中心距稍有改变（如制造和安装误差及磨损等原因），也不会影响到齿轮的瞬时传动比。渐开线齿轮传动的这种特性称为中心距的可分性，渐开线齿轮传动的这一优点，为其加工和安装带来方便，同时也是其得以广泛应用的重要原因。

(3) 啮合角和传力方向不变。

过节点 C 作两节圆的公切线 $t—t$，它与啮合线 N_1N_2 间的夹角 α'称为啮合角。图 3.5.19 中，N_1N_2 既为齿廓上任一啮合点的公法线，又是两基圆一侧的内公切线，由渐开线的性质可知，无论两齿廓在何处啮合，其啮合点定落在 N_1N_2 上，即两齿廓啮合过程中的啮合点轨迹一定与基圆内公切线 N_1N_2 重合。显然，传动时，啮合角的大小和方向均不改变，轮齿之间的压力和方向也不会改变，故渐开线齿轮传动平稳，这是渐开线齿轮的又一大优点。

3.5.3.3 渐开线标准（直齿圆柱齿轮的各部分名称、基本参数及尺寸）

1. 直齿圆柱齿轮的各部分名称

如图 3.5.20 所示，圆周上均匀分布的齿轮总数称为齿数，用 Z 表示。相邻两齿间的空间称为齿槽，过所有齿槽底部的圆称为齿根圆，半径用 r_f 表示。过所有齿轮顶部的圆称为齿顶圆，半径用 r_a 表示。在任意半径 r_k 的圆周上，同一齿轮两侧齿廓间的弧长称为该圆上的齿厚，用 s_k 表示，而相邻两齿齿间的弧长称为该圆上的齿槽宽，用 e_k 表示。相邻两齿同侧齿廓间的弧长称为该圆上的齿距，用 p_k 表示，$p_k=s_k+e_k$。由齿距定义可知，

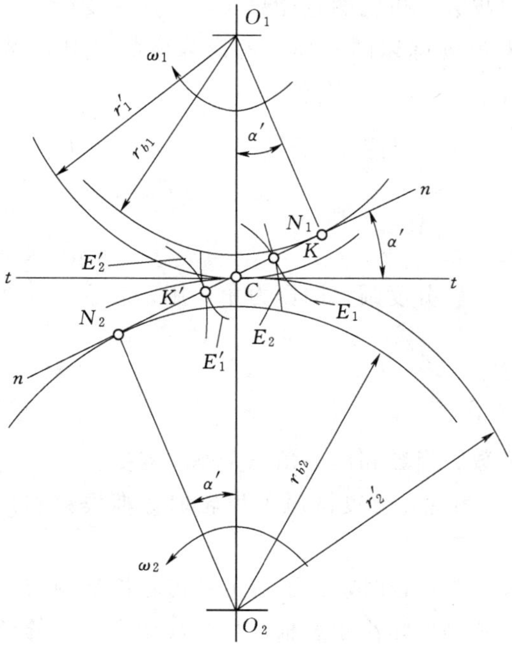

图 3.5.19 渐开线齿廓的啮合角

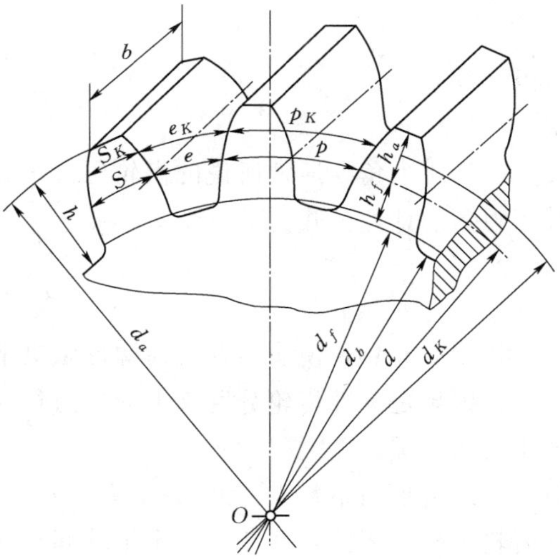

图 3.5.20 渐开轮齿轮各部分的名称及代号

$p_k Z = d_k \pi$，则 $d_k = Zp_k/\pi = Zm_k$，式中 $m_k = p_k/\pi$，称为该圆上的模数。为使设计制造方便，人为取定一个圆，使该圆上的模数为标准值，并使得该圆上的压力角也为标准值，这个圆叫分度圆。分度圆上的所有参数不带下标，如分度圆上的模数为 m、直径为 d、压力角为 α 等。我国标准《圆柱齿轮精度制》(GB/T 10095.1—2008) 规定的压力角为 20°，标准模数参考表 3.5.7。

表 3.5.7　标准模数系列 (GB/T 1357—2008)

第一系列	1　1.25　1.5　2　2.5　3　4　5　6　8　10　12　16　20　25　32　40　50
第二系列	1.125　1.375　1.75　2.25　2.75　(3.25)　3.5　4.5　5　(6.5)　7　9　11　14　18　22　28　35　45

注　1. 选取时先采用第一系列，括号内的模数尽可能不用。
2. 本表适用于渐开线直齿圆柱齿轮。对斜齿轮，该表所示为法向模数。

分度圆与齿顶圆之间的径向距离成为齿顶高，用 h_a 表示，分度圆与齿根圆之间的径向距离称为齿根高，用 h_f 表示，齿顶高与齿根高之和称为全齿高，用 h 表示。

2. 齿轮的基本参数

(1) 齿数，齿轮圆周上轮齿的总数，用 z 表示。

(2) 分度圆，齿轮上作为齿轮尺寸基准的圆称为分度圆，分度圆用 d 表示。

(3) 模数，由于式中含有无理数，给齿轮的设计和制造带来麻烦，因而将比值规定为标准值 (见表 3.5.7)，作为齿轮设计和制造的基本参数，称为模数。因此，分度圆直径也可以表示为齿轮圆周长等于 πd 或 pz，故分度圆直径

$$d = \frac{p}{\pi} z \tag{3.5.42}$$

由式 (3.5.42) 可知，当齿数一定时，模数越大，齿轮的直径越大，因而承受能力越高。工程上为了设计、制造和检验方便，规定齿距 p 除以圆周率 π 的商为模数，用 m 表示，即

$$m = \frac{p}{\pi} \tag{3.5.43}$$

所以

$$d = mz \tag{3.5.44}$$

(4) 压力角。通常所说的齿轮压力角，是指齿轮分度圆上的压力角，用 α 表示。分度圆压力角的计算公式为

$$\alpha = \arccos \frac{r_b}{r} \tag{3.5.45}$$

式 (3.5.45) 说明渐开线齿廓形状决定于模数、齿数和压力角三个基本参数。

我国规定标准齿轮分度圆上的压力角为 20°，因此，分度圆就是齿轮取标准模数和标准压力角的圆。

(5) 齿顶高系数 h_a^* 和齿顶隙系数 c^*。一对齿轮啮合时，为了避免一齿轮齿顶圆与另一齿轮齿根圆相撞，并储存一定量的润滑油，齿顶高要略小于齿根高，且应留有一定的径向间隙：

$$c = h_f - h_a \tag{3.5.46}$$

齿顶高 h_a 可用公式 $h_a=h_a^* m$ 表示。

齿根高可用公式 $h_f=(h_a^*+c^*)m$ 表示。

我国规定了齿顶高系数 h_a^* 和齿顶隙系数 c^* 的标准：

1）正常齿制：$h_a^*=1$，$c^*=0.25$。

2）短齿制：$h_a^*=0.8$，$c^*=0.3$。

3. 标准齿轮的基本尺寸

标准齿轮是指模数 m、压力角 α、齿顶高系数 h_a^*、齿顶隙系数 c^* 都是标准值，且分度圆上的齿厚 s 等于齿槽宽 e（即 $s=e=\dfrac{p}{2}=\dfrac{\pi m}{2}$）的齿轮。

现将标准直齿圆柱齿轮的几何尺寸计算公式列于表 3.5.8 中。

表 3.5.8　　标准直齿圆柱齿轮的计算公式

名　称	符号	计 算 公 式
模数	m	取标准值
压力角	α	$\alpha=20°$
分度圆直径	d	$d=mz$
基圆直径	d_b	$d_b=d\cos\alpha$
齿顶高	h_a	$h_a=h_a^* m$
齿根高	h_f	$h_f=(h_a^*+c^*)m$
齿全高	h	$h=h_a+h_f=(2h_a^*+c^*)m$
齿顶圆直径	d_a	$d_a=d+2h_a=(z+2h_a^*)m$
齿根圆直径	d_f	$d_f=d-2h_f=(z-2h_a^*-2c^*)m$
齿距	p	$p=\pi m$
基圆齿距	p_b	$p_b=\pi m\cos\alpha$
齿厚	s	$s=\dfrac{\pi m}{2}$
齿槽宽	e	$e=\dfrac{\pi m}{2}$
顶隙	e	$e=e^* m$

3.5.3.4 渐开线齿轮的啮合传动

1. 正确的啮合条件

齿轮传动时，它的每一对齿仅啮合一段时间便要分离，而由后一对齿接替，如图 3.5.21 所示。各对轮齿的啮合点都落在两基圆的内公切线上，设相邻两对齿分别在 K 和 K' 点接触。若要保持正确啮合关系，使两对齿传动时既不发生分离又不出现干涉，在啮合点上必须保证同侧齿廓法向齿距相等。根据渐开线的性质可知，齿轮的法向齿距 P_n 等于基圆齿距，即

$$P_{b1}=P_{b2}$$

因
$$P_b=\frac{\pi d_b}{z}=\frac{\pi d\cos\alpha}{z}=\pi m\cos\alpha$$

故有
$$m_1\cos\alpha_1=m_2\cos\alpha_2 \tag{3.5.47}$$

由于模数与压力角均为标准值，所以要满足上式必有

$$m_1=m_2=m\alpha_1=\alpha_2=\alpha$$

2. 连续传动条件

如图 3.5.22 所示，两轮的一对轮齿沿啮合线 N_1N_2 的啮合过程是，先由主动轮 1 的齿根推动从动轮 2 的齿顶（虚线位置），开始进入啮合，直至主动轮 1 的齿顶推动从动轮 2 的齿根（实线位置），退出啮合为止。所以轮 2、轮 1 齿顶圆与实际啮合线 N_1N_2 的交点 B_2、B_1，分别是实际起始啮合点和终止啮合点，B_2B_1 称为实际啮合线。当前一对齿退出啮合前，后一对齿必须进入啮合，才能保证齿轮传动的连续，所以实际啮合线的长度 $\overline{B_2B_1}$ 必须大于前后两齿同侧齿廓在啮合线上的距离 $\overline{KK'}$，也就是说 $\overline{B_2B_1}$ 应大于基圆齿距 p_b。$\overline{B_2B_1}$ 与 p_b 之比称为重合度 ε。因此，齿轮连续传动的条件为

$$\varepsilon=\frac{\overline{B_2B_1}}{p_b}=\frac{\overline{B_2B_1}}{m\pi\cos\alpha}>1 \tag{3.5.48}$$

重合度 ε 必须大于 1，ε 越大，表明同时参加啮合的齿对数多，传动平稳，且每对齿所受平均载荷小，从而能提高齿轮的承载能力。

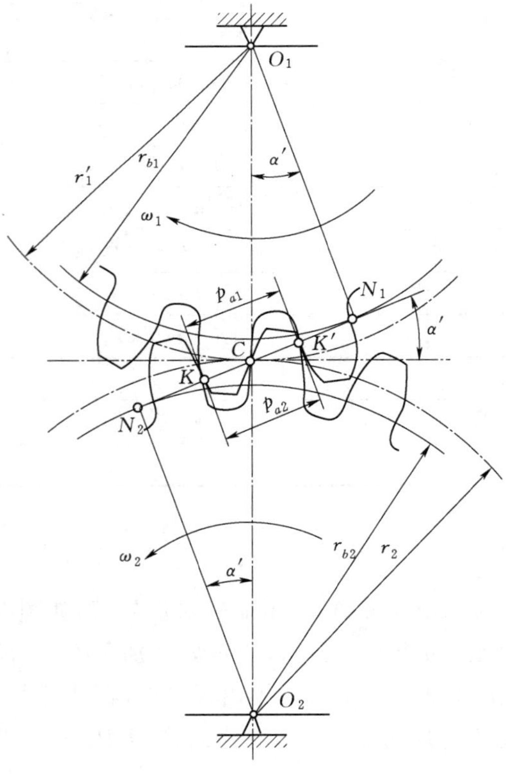

图 3.5.21 渐开线齿轮正确啮合

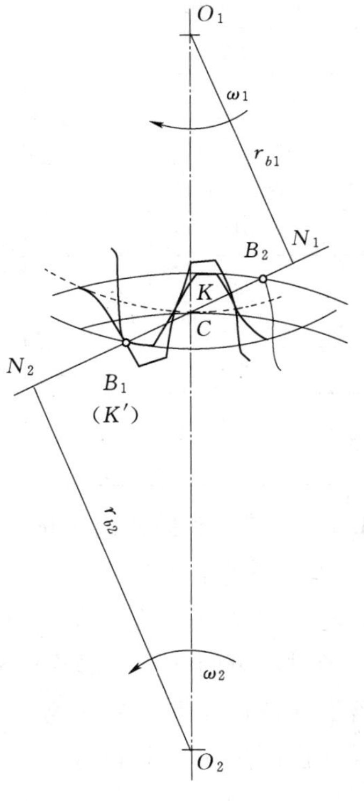

图 3.5.22 渐开线齿轮啮合的重合度

3.5.3.5 渐开线齿轮的轮齿加工

齿轮的齿廓加工方法有铸造、热轧、冲压、粉末冶金和切削加工等。最常用的是切削加工法。根据切齿原理的不同，可分为成形法和展成法两种。

1. 成形法

用渐开线齿槽形状的成形刀具直接切出齿形的方法称为成形法。

单件小批量生产中，加工精度要求不高的齿轮，常在万能铣床上用成形铣刀加工。成形铣刀分盘状铣刀和指状铣刀两种，如图 3.5.23 和图 3.5.24 所示。这两种刀具的轴向剖面均做成渐开线齿轮齿槽的形状。加工时齿轮毛坯固定在铣床上，每切完一个齿槽，工件退出，分度头使齿坯转过 360°/z（z 为齿数）再进刀，依次切出各齿槽。

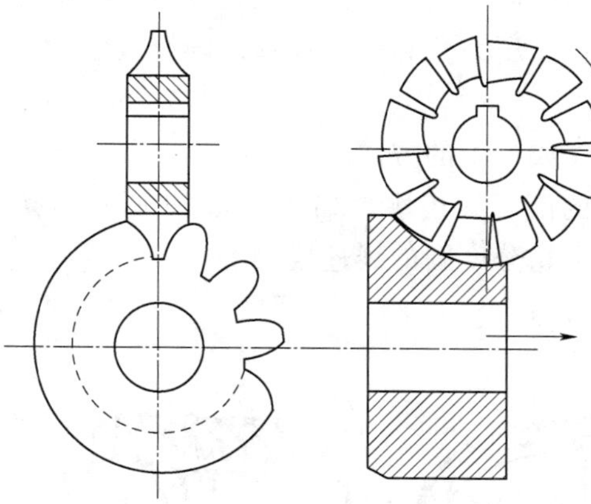

图 3.5.23　盘状铣刀

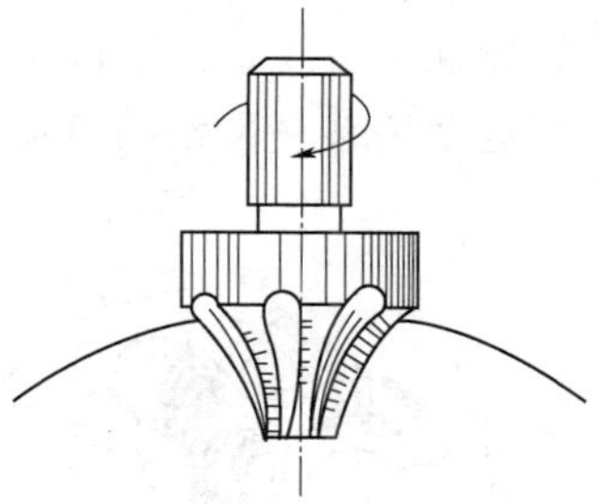

图 3.5.24　指状铣刀

渐开线轮齿的形状是由模数、齿数、压力角 3 个参数决定的。为减少标准刀具种类，规定同一种模数的成形铣刀只有 8 把，在允许的齿形误差范围内，每一种刀号的模数铣刀切制一定齿数范围内的齿轮。

成形法铣齿不需要专用机床，但由于同一种刀号的模数铣刀是按照该组齿轮中最少齿数的齿形制成的，因而，在加工规定范围内其余齿数的齿轮时，切制出的齿廓是近似的，误差较大，一般只能加工 9 级以下精度的齿轮。

2. 展成法

利用一对齿轮（或齿轮齿条）互相啮合时（两轮节圆相互滚动），两轮齿廓互为包络线的原理来加工。

目前生产中大量应用的插齿、滚齿、剃齿、磨齿等都采用展成法原理。

（1）插齿。

插齿是利用一对齿轮啮合的原理进行展成加工的方法（图 3.5.25）。

插齿刀实质上是一个淬硬的齿轮，但齿部开出前、后角，具有刃，其模数和压力角与被加工齿轮相同。插齿时，插齿刀沿齿坯轴线做上下往复切削运动，同时强制性地使插齿刀的角速度以 ω 工作与齿坯

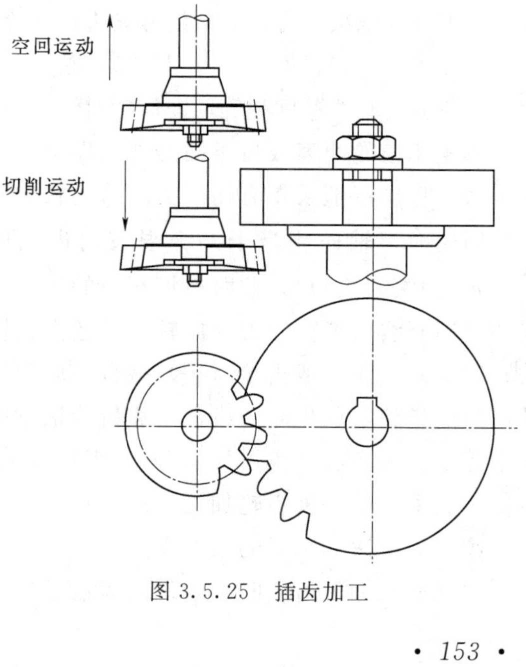

图 3.5.25　插齿加工

的角速度保持一对渐开线齿轮啮合的定传动比运动，即展成运动。

$$i=\frac{\omega_{刀具}}{\omega_{工件}}=\frac{z_{工件}}{z_{刀具}} \tag{3.5.49}$$

式中　$z_{刀具}$——插齿刀齿数；

$z_{工件}$——被切齿轮齿数。

同时，为了切出轮齿的高度，齿轮插刀需向轮坯的中心移动，即进给运动，此外，为了防止在切削运动中，插刀损伤已经切好的齿面，轮坯还需要做让刀运动，这样在对滚的过程中，就能加工出具有与插齿刀相同模数、压力角和一定齿数的渐开线齿轮。

（2）滚齿。

滚齿是利用齿轮齿条啮合的原理进行展成加工的方法。

齿条的齿廓是直线，是基圆无限大时的渐开线齿廓。如图 3.5.26 所示齿条与齿轮啮合传动，其运动关系是齿条的移动速度与齿轮分度圆的线速度相等。

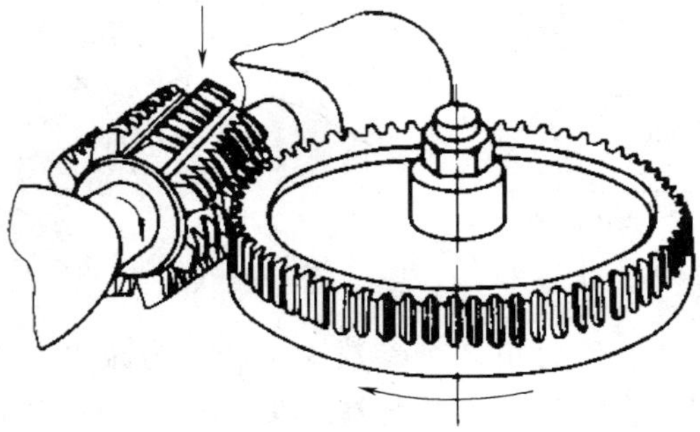

(a) 滚齿加工

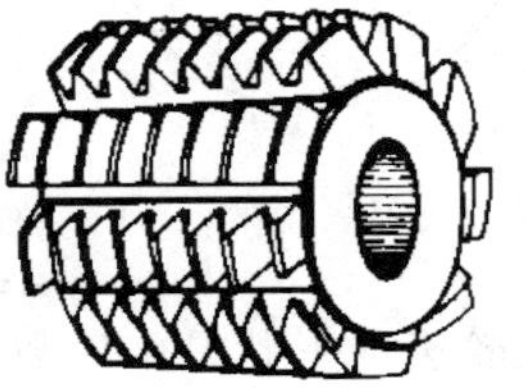

(b) 滚刀

图 3.5.26　滚齿加工

模数、压力角相等的渐开线齿轮与齿条啮合时，齿条齿廓上各点在啮合线 $n—n$ 上与齿轮齿廓上各点依次啮合，齿条齿廓侧边在啮合过程中的运动轨迹正好包络出齿轮的渐开线齿形。由此可知，如将齿条做成刀具、让它有上下往复的切削运动，并保持齿条刀具的移动速度与齿轮分度圆线速度相等，即保持对滚运动，齿条刀具就能切出齿轮的渐开线齿形。

不论用齿轮插刀或齿条插刀加工齿轮，其切削都不是连续的，因而生产率不高，因此在生产中更广泛地采用有切削刃的螺旋状滚刀代替齿条插刀。滚刀的轴向剖面形同齿条，当其回转时，轴向相当于一无限长的齿条向前移动。滚刀每转一圈，齿条移动 x_m 个齿（x_m 为滚刀头数），此时齿坯相应的转过 x_m 个齿。控制对滚关系，滚刀印在齿坯上包络切出渐开线齿形。滚刀除旋转外，还沿轮坯的轴向缓慢移动以切出全宽。滚齿加工展成法利用一对齿轮（或齿轮齿条）啮合的原理加工，一把刀具可加工同模数、同压力角的各种齿数的齿轮，而齿轮的齿数是靠齿轮机床中的传动链严格保证刀具与工件的相对运动关系来控制。滚齿和插齿可加工 7～8 级精度的齿轮，由于滚刀是连续切削，生产率高，是目前广泛采用的一种齿轮加工方法。

（3）展成法加工时的根切现象。

用展成法加工齿轮时，若齿轮齿数过少，刀具将与渐开线齿廓发生干涉，刀具的齿顶将被加工齿轮齿根的渐开线齿廓切去一部分，如图3.5.27所示，这种现象称为“根切”，根切让轮齿根部变薄，降低了齿根弯曲强度，破坏了渐开线齿廓，使重合度减小，传动不平稳，齿轮无法正常工作，因此，应加以避免。

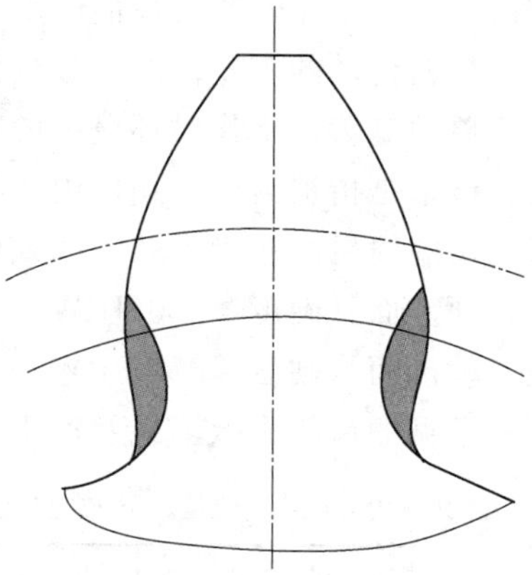

图3.5.27 根切现象

3.5.3.6 变位齿轮

1. 变位齿轮的概念

（1）标准齿轮的局限性。

1）标准齿轮受最小根切齿数限制，不能过少。

2）标准齿轮中心的不能按实际中心距要求调整。

3）配对的标准齿轮中，大小齿轮的齿根弯曲强度相差较大，无法进行均衡和调整上述这些局限，可以用变位齿轮来弥补。

（2）变位齿轮的切制。

当被加工齿轮齿数小于z_{min}时，为避免根切，可以采用将刀具移离齿坯，使刀具顶线于极限啮合点N_1的办法来切齿，这种用改变刀具与齿坯位置的切齿方法称作变位，刀具中线（或分度线）相对齿坯移动的距离称为变位量X，常用X_m表示，x称为变位系数，刀具移离齿坯称正变位，$x>0$；刀具移近齿坯称负变位，$x<0$变位切制所得的齿轮称为变位齿轮。

2. 变位齿轮的特点

与标准齿轮相比，变位齿轮有以下特点：

（1）变位齿轮的主要参数不改变，即分度圆、模数以及压力角、基圆和齿数都与标准齿轮相同。

（2）正变位齿轮的齿顶圆、齿根圆、齿顶高和齿根厚度均增大，齿根高和齿顶厚度则减小。根厚度增加，可使轮齿强度增大。

（3）负变位齿轮的齿顶圆、齿根圆、齿顶高和齿根厚度均减小，齿根高和齿顶厚度增加。齿根厚度减小使轮齿强度削弱（图3.5.28）。

对配对齿轮分别采用不同的变位方法，可调整两轮的齿厚，使大小齿轮强度均衡。

（4）采用合适的变位系数，不仅可以避免根切，还可采用更少的齿数，从而使机构更紧凑。适当选择变位系数，也可调整中心距。变位系数选择与齿数有关，最小变位系数可用下式计算：

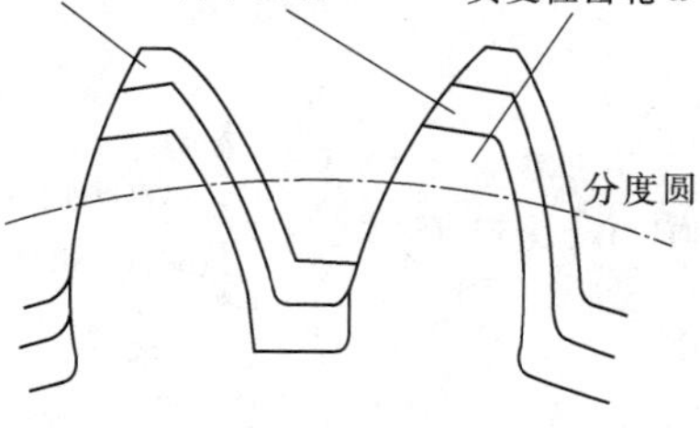

图3.5.28 标准齿轮与变位齿轮的关系

$$x_{min}=\frac{17-z}{17} \tag{3.5.50}$$

3.5.3.7 齿轮传动失效形式

齿轮传动的失效一般指齿轮的失效。常见的失效形式有齿轮折断、齿面损伤（包括齿面点蚀、齿面磨损、齿面胶合以及塑性变形等）两类。齿轮失效形式与传动工作情况、载荷大小、工作转速及齿面硬度有关。

齿轮传动的工作情况一般分为开式传动和闭式传动两种。开式传动是指传动裸露或只有简单的遮盖，工作时环境中的粉尘、杂物容易侵入啮合的齿间，润滑条件较差的情况。闭式传动是指被封闭在箱体内，且润滑良好的齿轮传动。开式传动的失效形式主要表现为磨损及磨损后的折齿失效，闭式传动则以疲劳点蚀或胶合为主。

硬齿面（硬度>350HBW）重载时易发生齿轮折断，高速、中小载荷时易发生疲劳点蚀；软齿面（硬度≤350HBW）重载、高速时易发生胶合，低速时则产生塑性变形。

常见的齿轮失效形式及产生的原因和预防方法见表3.5.9。

表3.5.9　　常见齿轮失效形式及产生原因和防止措施

失效形式	后果	工作环境	齿轮失效原因	防止失效的措施
 齿轮折断	齿轮折断后无法正常工作	开式、闭式传动中均可能发生、齿轮双向传动	齿根受到交变弯曲应力作用，齿根处应力最大且存在应力集中，弯曲应力超过允许限度时发生疲劳折断；用脆性材料制成的齿轮，因短时过载，冲击发生突然断裂	限制齿根危险截面上的弯曲应力；选用合适的齿轮参数和几何尺寸；降低齿根处的应力集中；强化处理和热处理该工艺
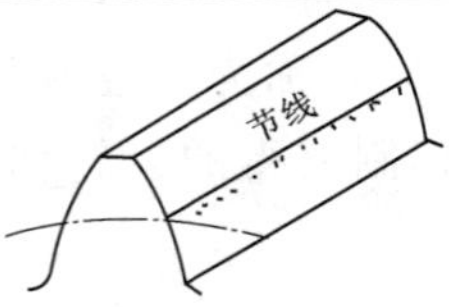 齿面点蚀	齿廓失去准确形状，传动不平稳，噪声、冲击增大或无法工作	闭式传动	齿轮齿面受到脉动循环应力的反复作用，当表面接触应力超过允许限度时，发生疲劳点蚀	限制齿面的接触应力；提高齿面硬度、降低齿面的表面粗糙度值；采用黏度高的润滑油及适宜添加剂
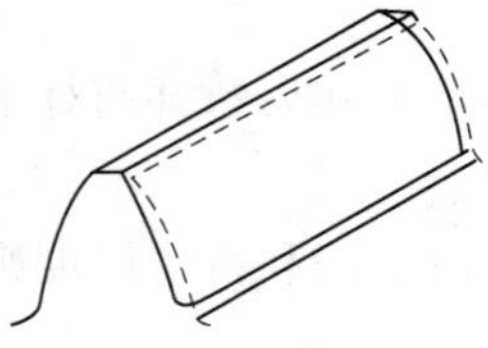 齿面磨损		主要发生在开式传动中，润滑油不洁，闭式传动中也可能发生	灰尘、金属屑等杂物进入齿面及润滑不良	注意润滑油的清洁；提高润滑油黏度，加入适宜的添加剂；选用合适的齿轮参数及几何尺寸、材料、精度和表面粗糙度；开式传动选用适当防护装置
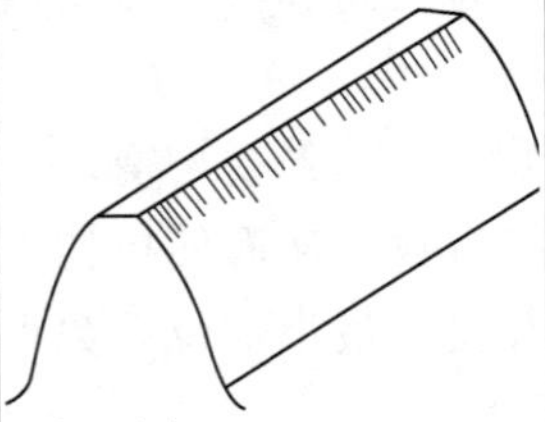 齿面胶合		高速、重载或润滑不良的低速、重载传动中	齿面局部温升过高，润滑失效，润滑不良	进行抗胶合能力计算，限制齿面温度；保证良好润滑，采用适宜的添加剂；降低齿面的表面粗糙度
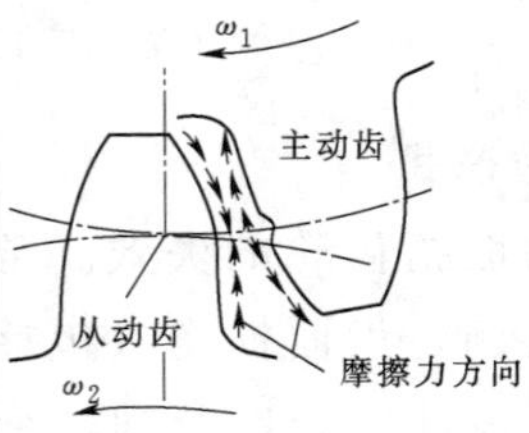 齿面塑性变形	齿轮失去正确的齿形，降低传动的平稳性	低速、重载	齿面较软，摩擦力较大	提高齿面硬度，采用黏度较大的润滑油

3.5.3.8　齿轮传动设计准则

轮齿的失效形式很多，它们不大可能同时发生，却又相互联系，相互影响。例如轮齿表面产生点蚀后，实际接触面积减少将导致磨损的加剧，而过大的磨损又会导致轮齿的折断。但在一定条件下，必有一种为主要失效形式。因此，设计齿轮传动时，应分析具体的工作条件，判断可能发生的主要失效形式，以确定相应的设计准则。

对于软齿面的闭式齿轮传动，齿面点蚀是主要的失效形式。在设计计算时，通常按齿面接触疲劳强度设计，再做齿根弯曲疲劳强度校核。

对于硬齿面的闭式齿轮传动，齿根疲劳折断是主要失效形式。在设计计算时，通常按齿根弯曲疲劳强度设计，可做齿面接触疲劳强度校核。

当一对齿轮均为铸铁制造时，一般只需做轮齿弯曲疲劳强度设计计算。

对于汽车、拖拉机的齿轮传动，过载或冲击引起的轮齿折断是其主要失效形式，宜先做轮齿过载折断设计计算，再做齿面接触疲劳强度校核。

对于开式传动，其主要失效形式是齿面磨损。但由于磨损的机理比较复杂，到目前为止尚无成熟的设计计算方法，通常只能按齿根弯曲疲劳强度设计，再考虑磨损，将所求得的模数增大10%～20%。

3.5.3.9　常用齿轮材料及热处理

从齿轮的失效形式分析可知，设计齿轮传动时，应使齿面具有足够的硬度和耐磨性，以保证其抗点蚀、抗胶合、抗磨损和抗塑性变形的能力；齿根要有较高的抗折断及抗冲击的能力。因此，对齿轮材料的基本要求是：齿心要韧，齿面要硬，具有良好的加工工艺性和热处理性，以达到齿轮的综合力学性能要求。

常用的齿轮材料为各种牌号的优质碳素结构钢、合金结构钢、铸钢、铸铁和非金属材料等。一般多采用锻件或轧制钢材。当齿轮结构尺寸较大，轮坯不易锻造时，可采用铸钢。开式低速传动时，可采用灰铸铁或球墨铸铁。低速重载的齿轮易产生齿面塑性变形，齿轮也易折断，宜综合性能较好的钢材。高速齿轮易产生齿面点蚀，宜选用齿面硬度高的材料。受冲击载荷的齿轮宜选用韧性好的材料。对高速、轻载而又要求低噪声的齿轮传动，也可采用非金属材料、如夹布胶木、尼龙等。常用的齿轮材料及其力学性能列于表3.5.10。

表3.5.10　常用齿轮材料及其力学性能

类别	材料牌号	热处理方法	抗拉强度 σ_b /MPa	屈服强度 σ_s /MPa	硬度 HBW/HRC
优质碳素钢	35	正火	500	270	150～180HBW
		调质	550	294	190～230HBW
	45	正火	588	294	169～217HBW
		调质	647	373	229～286HBW
		表面淬火			40～50HRC
	50	正火	628	373	180～220HBW

续表

类别	材料牌号	热处理方法	抗拉强度 σ_b /MPa	屈服强度 σ_s /MPa	硬度 HBW/HRC
合金结构钢	40Cr	调质	700	500	240～258HBW
		表面淬火			48～55 HRC
	35SiMn	调质	750	450	217～269HBW
		表面淬火			45～55 HRC
	40MnB	调质	735	490	241～286HBW
		表面淬火			45～55 HRC
	20Cr	渗碳淬火后回火	637	392	56～62 HRC
	20CrMnTi		1079	834	56～62 HRC
	38CrMnAlA	渗氮	980	834	850HV
	ZG45	正火	580	320	156～217HBW
	ZG55		650	350	169～229HBW
	HT300	—	300		165～278HBW
	HT350		350		202～304HBW
	QT600－3	—	600	370	190～270HBW
	QT700－2		700	420	225～305HBW
	夹布胶水	—	100		25～35HBW

钢制齿轮的热处理方法主要有以下几种。

1. 表面淬火

常用于中碳钢和中碳合金制，如45、40Cr钢等。表面淬火后，齿面硬度一般为40～50HRC。特点是抗疲劳点蚀、抗胶合能力高，耐磨性好；由于齿心部模淬硬，齿轮仍有足够的韧性，能承受不大的冲击载荷。

2. 渗碳淬火

常用于低碳钢和低碳合金钢，如20、20Cr钢等。渗碳淬火后齿面硬度可达56～62HRC，而齿心部仍保持较高的韧性，轮齿的抗弯强度和齿面接触强度高、耐磨性较好，常用于受冲击载荷的重要齿轮传动。齿轮经渗碳淬火后，轮齿变形渗碳较大，应进行磨齿。

3. 渗氮

渗氮是一种表面化学热处理。渗氮后不需要进行其他热处理，齿面硬度可达700～900HV。由于渗氮处理后的齿轮硬度高，工艺温度低，变形小，故适用于内齿轮和难以磨削的齿轮，常用语含Cr、Cu、Pb等合金元素的渗氮钢，如38CroAlA。

4. 调质

调质一般用于中碳钢和中碳合金钢，如45、40Cr、35SiMn钢等。调质处理后齿面硬度一般为220～280HBW。因硬度不高，齿轮精加工可在热处理后进行。

5. 正火

正火能消除内应力，细化晶粒，改善力学性能和切削性能。机械强度要求不高的齿轮可采用中碳钢正火处理，大直径的齿轮可采用铸钢正火处理。

一般要求的齿轮传动可采用软齿面齿轮。为了减小胶合的可能性，并使配对的大小齿轮寿命相当，通常使小齿轮齿面硬度比大齿轮齿面便度高出30～50HBW。对于高速、重载或重要的齿轮传动，可采用硬齿面齿轮组合，齿面硬度可大致相同。

3.5.3.10 渐开线圆柱齿轮受力分析

一对渐开线齿轮啮合，若忽略摩擦力，则轮齿间相互作用的法向压力 F_n 的方向始终沿啮合线且大小不变。对于渐开线标准齿轮啮合，按在节点 C 接触时进行力分析。

法向力 F_n 可分解为圆周力 F_t 和径向力 F_r，力的单位均为N，如图3.5.29所示，各力大小为

$$\left.\begin{aligned}F_n&=\frac{F_t}{\cos\alpha}\\F_t&=\frac{2T_1}{d_1}\\F_r&=F_t\tan\alpha\end{aligned}\right\}\tag{3.5.51}$$

式中 d_1——小齿轮分度圆直径，mm；

α——压力角。

$$T_1=9.55\times10^6\frac{P_1}{n_1}\tag{3.5.52}$$

式中 T_1——小齿轮转矩，N·mm；

P_1——齿轮传递的功率，kW；

n_1——小齿轮转速，r/min。

主动轮、从动轮上各对应的力，大小相等、方向相反。径向力方向由作用点指向各自圆心，圆周力的方向在主动轮上与运动方向相反，在从动轮上与运动方向相同。

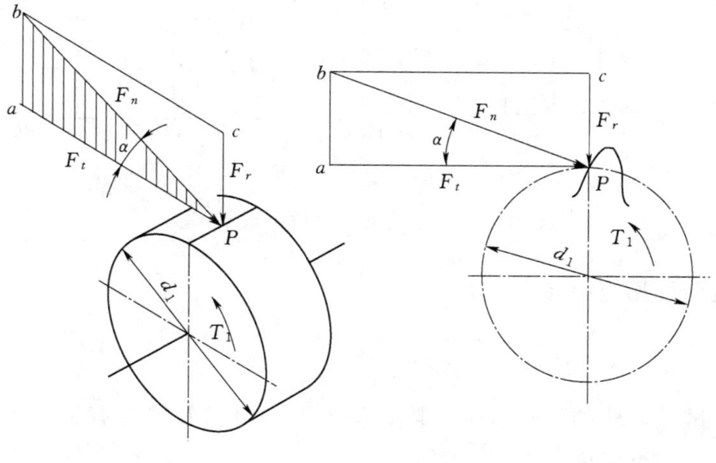

图3.5.29 圆柱齿轮的受力分析

3.5.3.11　渐开线圆柱齿轮强度计算

齿轮传动强度计算的目的是：通过对齿轮的失效分析、受力分析选择合理的设计准则，设计出齿轮传动的参数和尺寸，或对成品齿轮的强度进行验算，以保证齿轮在正常运行和预期的使用寿命期间有足够的强度和承载能力，避免失效。

1. 齿轮材料的许用应力

设计中应根据齿轮材料和热处理方法从图3.5.30和图3.5.31中查取试验齿轮的接触疲劳极限和弯曲疲劳极限，再确定齿轮的许用应力。

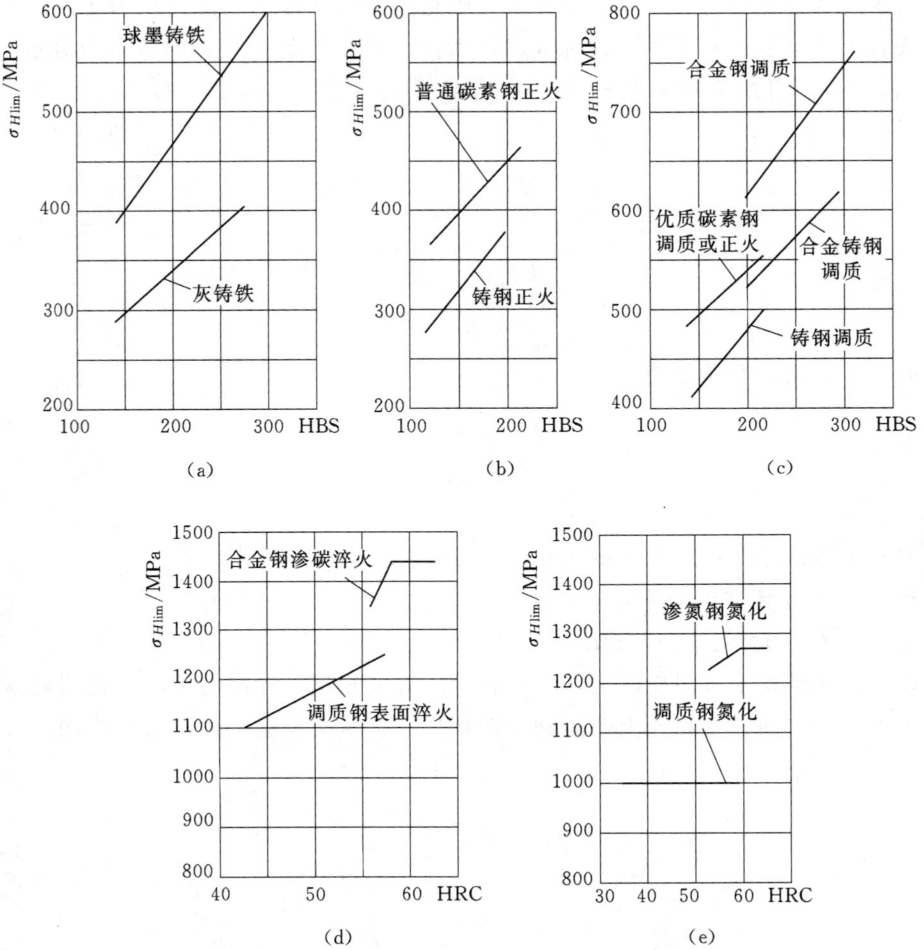

图3.5.30　齿轮的接触疲劳极限 $\sigma_{H\lim}$

（1）接触疲劳许用应力 $[\sigma_H]$：

$$[\sigma_H]=\frac{\sigma_{H\lim}}{S_H} \tag{3.5.53}$$

式中　$\sigma_{H\lim}$——试验齿轮的接触疲劳极限，MPa，与材料及硬度有关，图3.5.30所示数据为可靠度99%的试验值；

S_H——齿面强度的安全系数，由表3.5.11查取。

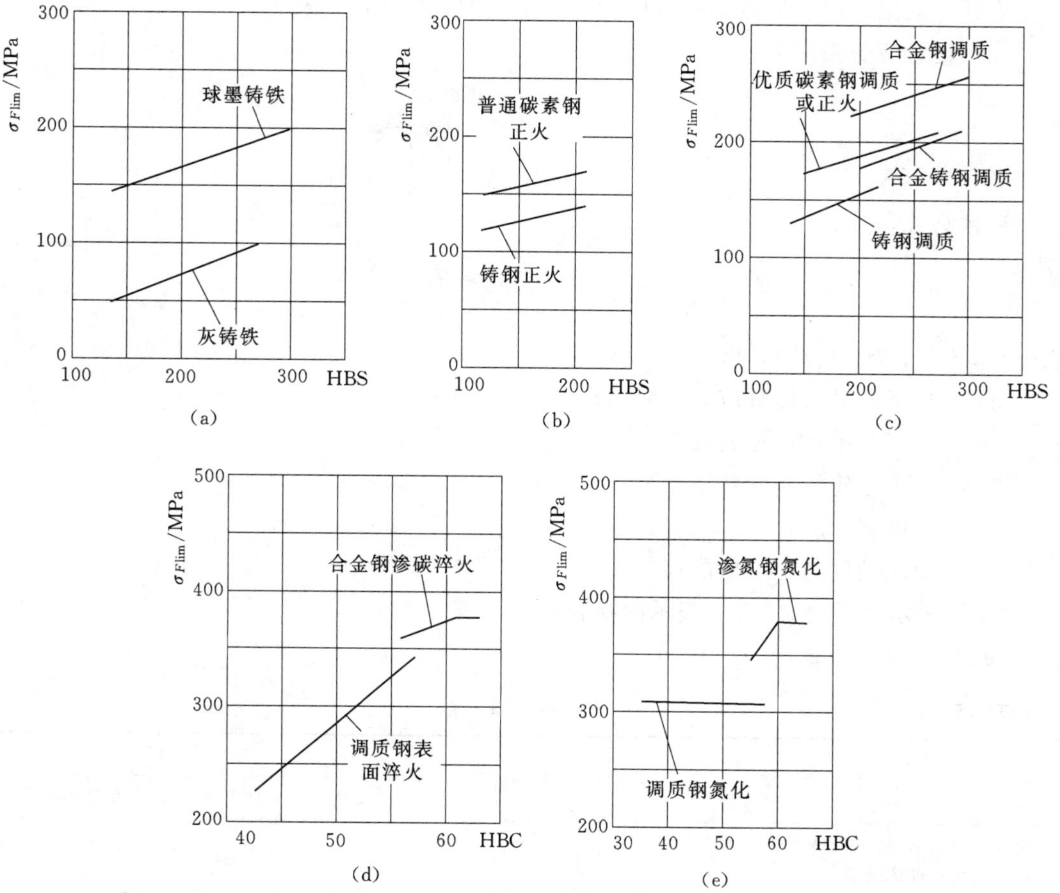

图 3.5.31 齿轮的弯曲疲劳极限 $\sigma_{F\lim}$

(2) 弯曲疲劳许用应力 $[\sigma_F]$：

$$[\sigma_F]=\frac{\sigma_{F\lim}}{S_F} \tag{3.5.54}$$

式中 $\sigma_{F\lim}$——试验齿轮的弯曲疲劳极限，MPa，见图 3.5.31，对于双侧工作的齿轮传动，齿根承受对称循环弯曲应力，应将图中数据乘以 0.7；

S_F——齿轮弯曲疲劳强度安全系数，由表 3.5.11 查取。

表 3.5.11　　齿轮强度的安全系数 S_H 和 S_F

安全系数	软齿面	硬齿面	重要的传动、渗碳淬火齿轮或铸造齿轮
S_H	1.0～1.1	1.1～1.2	1.3
S_F	1.3～1.4	1.4～1.6	1.6～2.2

2. 齿面接触疲劳强度计算

为避免齿面发生点蚀失效，应进行齿面接触疲劳强度计算，控制其接触强度。

(1) 对渐开线齿轮啮合传动，齿面接触近似于一对圆柱体接触传力，轮齿在节点工作时往往是一对齿啮合，轮齿受力较大，容易发生点蚀，所以设计时通常以节点处的接触应力作为计算依据，限制节点处接触应力，满足强度条件$\sigma_H \leqslant [\sigma_H]$。

（2）接触疲劳强度公式。

设计公式：

$$a \geqslant (i \mp 1)\sqrt[3]{\left(\frac{335}{\sigma_H}\right)\frac{KT_1}{\varphi_a i}} \tag{3.5.55}$$

校核公式：

$$\sigma_H = 335\sqrt{\frac{KT_1(i \mp 1)^3}{a^2 bi}} \leqslant [\sigma_H] \tag{3.5.56}$$

式中　a——齿轮中心距，mm；

σ_H——齿面最大接触应力，MPa；

K——载荷系数，见表3.5.12；

T_1——小齿轮传递的转矩，N·mm；

b——齿宽，mm；

i——从动轮与主动轮的齿数比；

“＋”表示外啮合，“－”表示内啮合；

φ_a——齿宽系数，（$\varphi_a = b/a$）。

表3.5.12　　载　荷　系　数

工　作　机　械	载荷特性	原　动　机		
		电动机	多缸内燃机	单杠内燃机
均匀加料的运输机和加料机、轻型卷扬机、发电机、机床辅助传动	均匀、轻微冲击	1～1.2	1.2～1.6	1.6～1.8
不均匀加料的运输机和加料机、重型卷扬机、球磨机、机床主传动	中等冲击	1.2～1.6	1.6～1.8	1.8～2.0
冲床、钻机、轧机、破碎机、挖掘机	大的冲击	1.6～1.8	1.9～2.1	2.2～2.4

式（3.5.55）和式（3.5.56）只适用于一对钢制齿轮，若为单个铸铁或一对铸铁齿轮，系数335应分别改为285和250。

应用上述公式时，应注意以下3点：

（1）两齿面接触应力$\sigma_{H1} = \sigma_{H2}$。

（2）若选用不同的材料，或相同材料用不同的热处理方法，两齿轮的许用应力σ_H一般不同。

（3）计算时应代入$[\sigma_H]_1$与$[\sigma_H]_2$中之较小值。

由齿面接触疲劳强度计算公式可知，影响齿面接触疲劳的主要参数是中心距a和齿宽b，a的效果更明显些。两者均是反映齿轮大小的参数，因此，齿面接触强度取决于齿轮的大小，与齿轮模数无关。决定σ_H的因素主要是材料及齿面硬度。所以提高齿轮齿面接触疲劳强度的途径是加大中心距，增大齿宽或选强度较高的材料，提高轮齿表面硬度。

3. 齿根弯曲疲劳强度计算

进行齿根弯曲疲劳强度计算的目的是防止轮齿疲劳断裂。

(1) 计算依据。

一对轮齿啮合时，力作用于齿顶时的力学模型犹如悬臂梁，由材料力学可知，受力后齿根处弯曲应力最大，而圆角部分又有应力集中，齿根受拉应力边裂纹易扩展，是弯曲疲劳的危险区，故应限制齿根危险截面拉应力的弯曲应力，满足强度条件 $\sigma_F \leqslant [\sigma_F]$。

(2) 齿根弯曲疲劳强度公式。

设计公式：

$$m \geqslant \sqrt[3]{\frac{4K T_1 Y_{FS}}{\varphi_a (i \mp 1) z_1^2 [\sigma_F]}} \tag{3.5.57}$$

校核公式：

$$\sigma_F = \frac{2KT_1 Y_{FS}}{bm^2 z_1} \leqslant [\sigma_F] \tag{3.5.58}$$

式中　σ_F——齿根最大弯曲应力，MPa；

Y_{FS}——复合齿形因数，反映齿轮的形状对抗弯能力的影响，同时考虑齿根部应力集中的影响，见表 3.5.13。

表 3.5.13　　标准渐开线外占轮 ($a_n = 20°$, $h_{an}^* = 1$) 复合齿形因数 Y_{FS}

$z(z_v)$	12	13	14	15	16	17	18	19	20
Y_{FS}	5.05	4.91	4.79	4.70	4.61	4.55	4.48	4.43	4.38
$z(z_v)$	25	30	35	40	45	50	60	70	80
Y_{FS}	4.22	4.13	4.08	4.05	4.02	4.01	3.88	3.88	3.88

通常两齿轮的复合齿形因数 Y_{FS1} 和 Y_{FS2} 不相同，材料许用弯曲应力 $[\sigma_F]_1$ 和 $[\sigma_F]_2$ 也不等，$Y_{FS1}/[\sigma_F]_1$ 和 $Y_{FS2}/[\sigma_F]_2$ 比值大者强度较弱，应作为计算时的代入值。

由齿根弯曲强度公式可知影响齿根弯曲强度的主要参数有模数 m、齿宽 b、齿数 z_1、复合齿形因数 Y_{FS} 等，m、z_1 与 Y_{FS} 是反映轮齿形状大小的几个参数，因此，轮齿的弯曲强度取决于轮齿的形状大小，与齿轮的直径大小无关。影响最大的参数是模数 m，加大模数对降低齿根弯曲应力效果最显著。

传递动力的齿轮，其模数不宜小于 1.5mm。过小加工检验不便。普通减速器、机床及汽车变速器中的齿轮模数一般为 2～8mm。

3.5.3.12　齿轮结构与齿轮传动润滑

1. 齿轮结构设计

按照齿轮承载能力完成齿轮的强度计算后，还应根据计算出的齿轮的基本参数和尺寸进行齿轮结构设计，确定齿轮的结构形状和各部分几何尺寸。

中小尺寸的齿轮结构有以下三种形式。

(1) 齿轮轴式。

直径较小的钢制齿轮，如果圆柱轮齿齿根圆到键槽底部的距离 $e < 22.5$m (m_n)、锥齿轮的小端齿根圆至键槽底部的距离 $e < 1.6$m 时，如图 3.5.32 所示，则应将齿轮与轴做成一体，此结构称为齿轮轴。

齿轮轴易于装配，可提高轴系的刚度，但加工不方便，且齿轮失效时，轴也同时报废，使用成本较高。

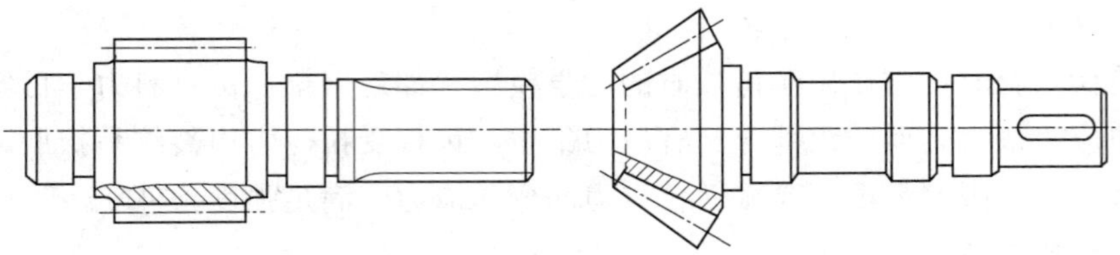

(a) 圆柱齿轮轴　　(b) 圆锥齿轮轴

图 3.5.32 齿轮轴轴式

(2) 实心式齿轮。

齿顶圆直径 $d_a \leqslant 200\text{mm}$ 的齿轮，可以将齿轮制成实心式结构，如图 3.5.33 所示。实心式齿轮结构简单，制造方便。

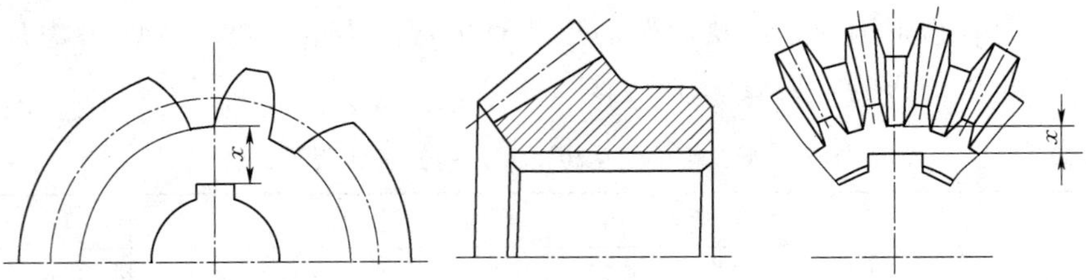

(a) 圆柱齿轮　　(b) 圆锥齿轮

图 3.5.33 实心式齿轮

(3) 腹板式齿轮。

当齿顶圆直径 $200\text{mm} \leqslant d_a \leqslant 500\text{mm}$ 时，可将齿轮制成腹板式结构，如图 3.5.34 所

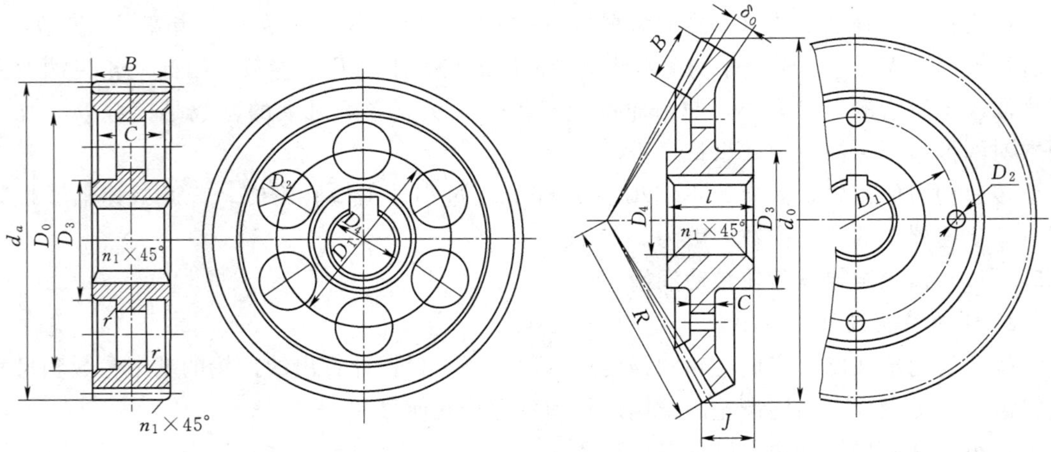

(a) 腹板直齿轮　　(b) 腹板斜齿轮

图 3.5.34 腹板式齿轮

$D_1 \approx (D_0 + D_3)/2$；$D_2 \approx (0.25 \sim 0.35)(D_0 - D_3)$；$\delta_0 = 3 \sim 4\text{mm}$；

$D_3 \approx 1.6D_4$（钢材）；$D_3 \approx 1.7D_4$（铸铁）；$n_1 \approx 0.5m_n$；$r \approx 5\text{mm}$；

圆柱齿轮：$D_0 \approx d_a - (10 - 14)m_n$；$C \approx (0.2 \sim 0.3)B$；

圆锥齿轮：$l \approx (1 \sim 1.2)D_4$；$C \approx (3 \sim 4)m$；尺寸 J 由结构设计而定：$\Delta_1 = (0.1 \sim 0.2)B$；

常用齿轮的 C 值不应小于 10mm，航空用齿轮可取 $C \approx 3 \sim 6\text{mm}$；

腹板式结构的齿轮（$d_n < 500\text{mm}$）

示。批量小时，齿轮毛坯采用自由锻结构；批量大时，采用模锻结构。腹板上开孔主要是为了减轻重量和满足加工及搬运的需求。

2. 齿轮传动的润滑

由齿轮的失效分析可知，齿轮传动如果润滑不良，会导致齿面损伤，对齿轮传动进行润滑，不仅可以减轻齿面磨损、降低传动噪声，同时还能散热、防锈、提高齿轮传动的使用寿命。

齿轮传动的润滑方式主要根据齿轮圆周速度的大小、传动的类型来选择。

(1) 闭式传动的主要润滑方式。

1) 浸油润滑。

浸油润滑也称油浴润滑，是将齿轮副中的大齿轮浸入油中达一定的深度，其深度取决于齿轮的圆周速度，当 $v \leqslant 12\text{m/s}$ 时，对一级齿轮传动，大齿轮浸入油中约一个齿高，如图 3.5.35 (a) 所示，过深会增大运转阻力，降低工作效率，过浅则不利于润滑；对多级齿轮传动，因高速级大齿轮无法达到要求的浸油深度，则采用带油轮辅助润滑，将油带入高速级大齿轮表面，如图 3.5.35 (b) 所示。

2) 喷油润滑。

喷油润滑是用液压泵将有一定压力的润滑油直接喷到齿轮的啮合表面进行润滑，如图 3.5.36 所示。用于 $v > 12\text{m/s}$ 的齿轮传动，此时因圆周速度高，搅油损耗较大，不宜采用浸油润滑。

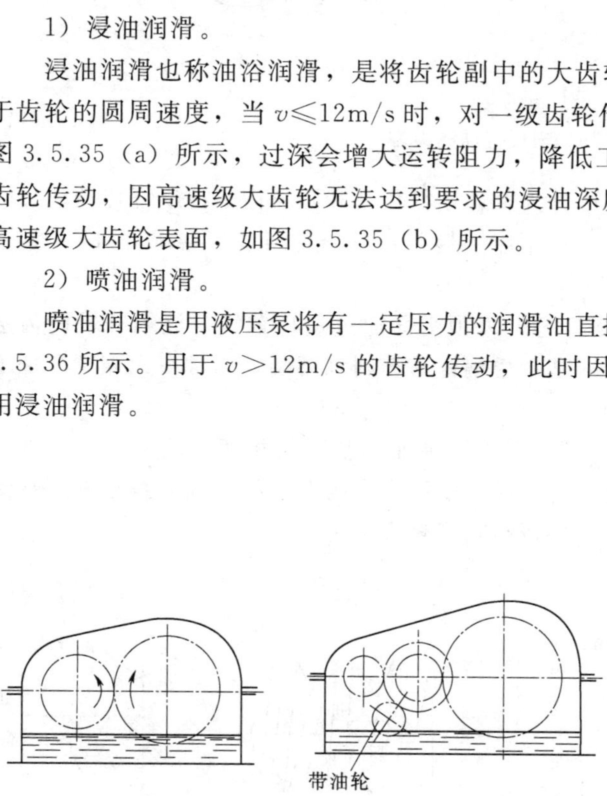

(a) 浸油润滑　(b) 用带油轮带油

图 3.5.35　浸油润滑

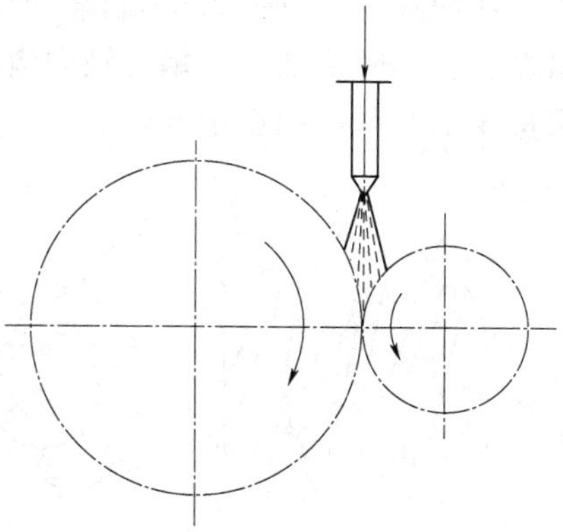

图 3.5.36　喷油润滑

(2) 开式传动的润滑方式。

开式或半开式齿轮传动，一般转速较低，通常采用人工定期润滑的方式，即定期将润滑脂或润滑油加到啮合表面进行润滑。

3.5.4　蜗轮蜗杆传动

蜗杆传动由蜗杆、蜗轮和机架组成，用来传递空间两交错轴的运动和动力，如图 3.5.37 所示。通常两轴交错角为 90°，蜗杆为主动件。

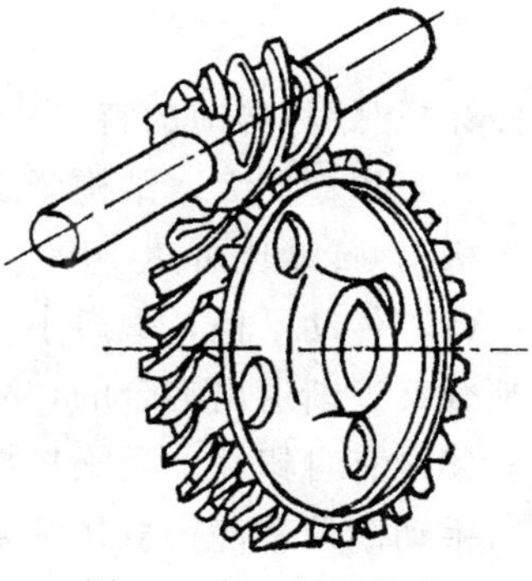

图 3.5.37　蜗杆传动

3.5.4.1　蜗杆传动的类型

如图 3.5.38 所示，根据蜗杆的形状，蜗杆传动可分为圆柱蜗杆传动［图 3.5.38（a)］，环面蜗杆传动［图 3.5.38（b)］和锥面蜗杆传动［图 3.5.38（c)］。

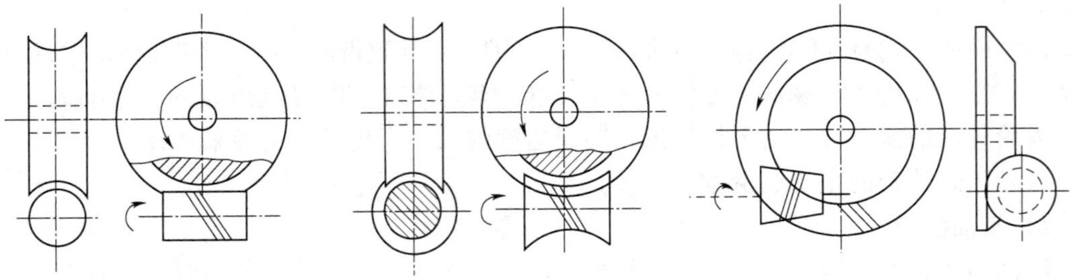

图 3.5.38 蜗杆传动的类型

圆柱蜗杆传动，按蜗杆轴面齿型又可分为普通蜗杆传动和圆弧齿圆柱蜗杆传动。

普通蜗杆传动多用直母线刀刃的车刀在车床上切制，可分为阿基米德蜗杆（ZA 型)、渐开蜗杆（ZI 型）和法面直齿廓蜗杆（ZH 型）等几种。

如图 3.5.39 所示，车制阿基米德蜗杆时刀刃顶平面通过蜗杆轴线。该蜗杆轴向齿廓为直线，端面齿廓为阿基米德螺旋线。阿基米德蜗杆易车削难磨削，通常在无需磨削加工情况下被采用，广泛用于转速较低的场合。

如图 3.5.40 所示，车制渐开线蜗杆时，刀刃顶平面与基圆柱相切，两把刀具分别切出左、右侧螺旋面。该蜗杆轴向齿廓为外凸曲线，端面齿廓为渐开线。渐开线蜗杆可在专用机床上磨削，制造精度较高，可用于转速较高功率较大的传动。

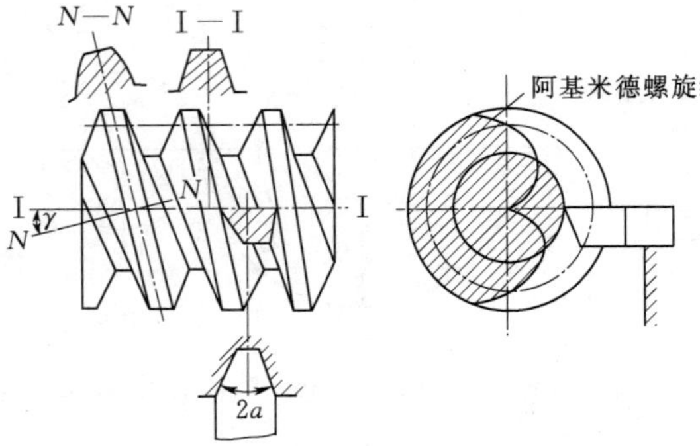

图 3.5.39 阿基米德蜗杆

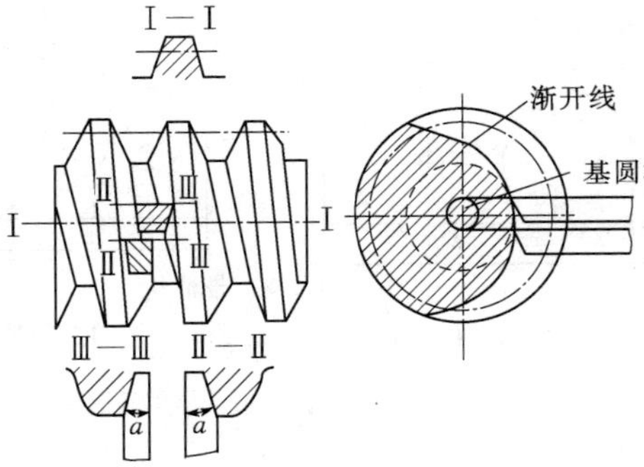

图 3.5.40 渐开线蜗杆

3.5.4.2 蜗杆传动的特点

(1) 传动比大，结构紧凑。单级传动比一般为 10～40（＜80)，只传动运动时（如分度机构)，传动比可达 1000。

(2) 传动平稳，噪声小。由于蜗杆上的齿是连续的螺旋齿，蜗轮轮齿和蜗杆是逐渐进入啮合又逐渐退出啮合的，故传动平稳，噪声小。

(3) 有自锁性。当蜗杆导程角小于当量摩擦角时，蜗轮不能带动蜗杆转动，呈自锁状态。手动葫芦和浇铸机械常采用蜗杆传动满足自锁要求。

(4) 传动效率低。蜗杆蜗轮啮合处有较大的相对滑动，摩擦剧烈、发热量大，故效率低。一般 $\eta=0.7\sim0.9$，具有自锁性能的蜗杆效率仅 0.4。

（5）蜗轮造价较高。为了减摩和耐磨，蜗轮常用青铜制造，材料成本较高。

由上述特点可知：蜗杆传动适用于传动比大，传递功率不大，两轴空间交错的场合。

3.5.4.3　蜗杆传动的基本参数

图 3.5.41 所示阿基米德蜗杆传动，通过蜗杆轴线并垂直于蜗轮轴线的平面称为主平面（中间平面）。在主平面上蜗轮与蜗杆的啮合相当于渐开线齿轮与齿条的啮合。为了加工方便，规定主平面的几何参数为标准值。

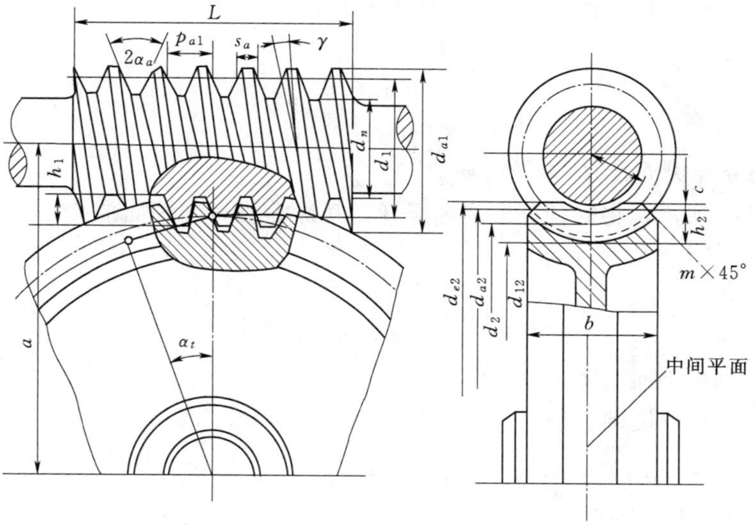

图 3.5.41　阿基米德蜗杆传动的几何尺寸

1. 蜗杆头数 z_1、蜗轮齿数 z_2 和传动比 i

蜗杆头数 z_1，即为蜗杆螺旋线的数目。蜗杆的头数一般取 $z_1=1\sim6$。当传动比大于 40 或要求自锁时取 $z_1=1$；当传动功率较大时，为提高传动效率取较大值，但蜗杆头数过多，加工精度难以保证。

蜗轮的齿数一般取 $z_2=27\sim80$。z_2 过少将产生根切；z_2 过大，蜗轮直径增大，与之相应的蜗杆长度增加，刚度减小。

蜗杆传动的传动比 i 等于蜗杆与蜗轮转速之比。当蜗杆回转一周时，蜗轮被蜗杆推动转过 z_1 个齿（或 z_1/z_2 周），因此传动比为

$$i=\frac{n_1}{n_2}=\frac{z_2}{z_1} \tag{3.5.59}$$

式中　n_1、n_2——蜗杆和蜗轮的转速，r/min。

在蜗杆传动设计中，传动比的公称值按下列数值选取：5、7.5、10、12.5、15、20、25、30、40、50、60、70、80。其中 10、20、40、80 为基本传动比应优先选用。z_1、z_2 可根据传动比 i 按表 3.5.14 选取。

2. 模数 m 和压力角 α

由于蜗杆传动在主平面内相当于渐开线齿轮与齿条的啮合，而主平面是蜗杆的轴向平

表 3.5.14　　z_1 和 z_2 的推荐值

i	7～8	9～13	14～24	25～27	28～40	>40
z_1	4	3～4	2～3	2～3	1～2	1
z_2	28～32	27～52	28～72	50～81	28～80	>40

面又是蜗轮的端面（见图 3.5.42），与齿轮传动相同，为保证轮齿的正确啮合，蜗杆的轴向模数 m_{a1} 应等于蜗轮的端面模数 m_{t2}；蜗杆的轴向压力角 α_{a1} 应等于蜗轮的端面压力角 α_{t2}；蜗杆分度圆导程角 γ 应等于蜗轮分度圆螺旋角 β，且两者螺旋方向相同。即

$$m_{a1}=m_{t2}=m$$

$$\alpha_{a1}=\alpha_{t2}=\alpha$$

$$\gamma=\beta$$

3. 蜗杆的分度圆直径 d_1 和导程角 β

如图 3.5.42 所示，将蜗杆分度圆柱展开，其螺旋线与端平面的夹角 γ 称为蜗杆的导程角。可得

$$\tan\gamma=\frac{z_1 p_{a1}}{\pi d_1}=\frac{z_1 m}{d_1} \tag{3.5.60}$$

式中　p_{a1}——蜗杆轴向齿距，mm；

d_1——蜗杆分度圆直径，mm。

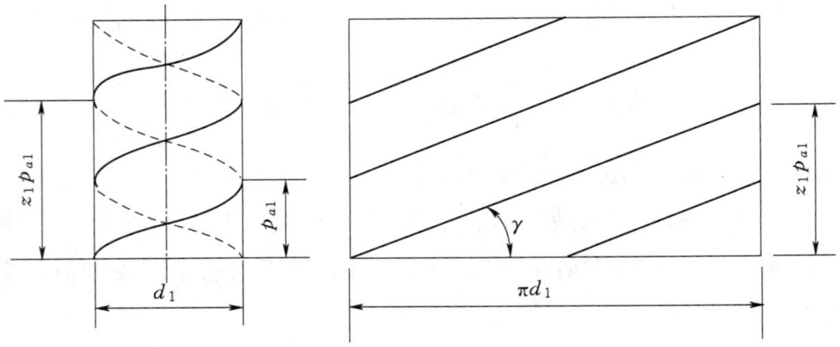

图 3.5.42　分度圆柱展开图

蜗杆的螺旋线与螺纹相似也分左旋和右旋，一般多为右旋。对动力传动为提高效率应采用较大的 γ 值，即采用多头蜗杆；对要求具有自锁性能的传动，应采用 $\gamma<3°30''$的蜗杆传动，此时蜗杆的头数为 1。由式（3.5.60）得

$$d_1=m\frac{z_1}{\tan\gamma}=mq \tag{3.5.61}$$

式中，$q=\frac{z_1}{\tan\gamma}$称为蜗杆的直径系数，当 m 一定时，q 值增大，则蜗杆直径 d_1 增大，蜗杆的刚度提高。小模数蜗杆一般有较大的 q 值，以使蜗杆有足够的刚度。

蜗杆与蜗轮正确啮合，加工蜗轮的滚刀直径和齿形参数必须与相应的蜗杆相同，为限制蜗轮滚刀的数量，d_1 也标准化。d_1 与 m 有一定的匹配，具体参考表 3.5.15。

表 3.5.15 **蜗杆基本参数（$\Sigma=90°$）**

［摘自《圆柱蜗杆传动基本参数》(GB/T 10085—2018)］

模数 m /mm	分度圆直径 d_1/mm	蜗杆头数 z_1	直径系数 q	m^2d_1 /mm^3
1	18	1	18.000	18
1.25	20	1	16.000	31.25
	22.4	1	17.920	35
1.6	20	1，2，4	12.500	51.2
	28	1	17.500	71.68
2	(18)	1，2，4	9.000	72
	22.4	1，2，4，6	11.200	89.6
	(28)	1，2，4	14.000	112
	35.5	1	17.750	142
2.5	(22.4)	1，2，4	8.960	140
	28	1，2，4，6	11.200	175
	(35.5)	1，2，4	14.200	221.9
	45	1	18.000	281
3.15	(28)	1，2，4	8.889	278
	35.5	1，2，4，6	11.27	352
	45	1，2，4	14.286	447.5
	56	1	17.778	556
4	(31.5)	1，2，4	7.875	504
	40	1，2，4，6	10.000	640
	(50)	1，2，4	12.500	800
	71	1	17.750	1136
5	(40)	1，2，4	8.000	1000
	50	1，2，4，6	10.000	1250
	(63)	1，2，4	12.600	1575
	90	1	18.000	2250
6.3	(50)	1，2，4	7.936	1985
	63	1，2，4，6	10.000	2500
6.3	(80)	1，2，4	12.698	3175
	112	1	17.778	4445
8	(63)	1，2，4	7.875	4032
	80	1，2，4，6	10.000	5376
	(100)	1，2，4	12.500	6400
	140	1	17.500	8960
10	(71)	1，2，4	7.100	7100
	90	1，2，4，6	9.000	9000
	(112)	1，2，4	11.200	11200
	160	1	16.000	16000
12.5	(90)	1，2，4	7.200	14062
	112	1，2，4	8.960	17500
	(140)	1，2，4	11.200	21875
	200	1	16.000	31250
16	(112)	1，2，4	7.000	28672
	140	1，2，4	8.750	35840
	(180)	1，2，4	11.250	46080
	250	1	15.625	64000
20	(140)	1，2，4	7.000	56000
	160	1，2，4	8.000	64000
	(224)	1，2，4	11.200	89600
	315	1	15.750	126000
25	(180)	1，2，4	7.200	112500
	200	1，2，4	8.000	125000
	(280)	1，2，4	11.200	175000
	400	1	16.000	250000

4. 中心距 a

蜗杆传动中，当蜗杆节圆与蜗轮分度圆重合时称为标准传动，其中心距为

$$a=\frac{1}{2}(d_1+d_2) \tag{3.5.62}$$

规定标准中心距为 40mm、50mm、63mm、80mm、100mm、125mm、160mm、180mm、200mm、225mm、250mm、280mm、315mm、355mm、400mm、450mm、

500mm。在蜗杆传动设计时中心距应按上述标准圆整。

3.5.4.4　蜗杆传动的几何尺寸计算

阿基米德蜗杆传动的几何尺寸计算公式见表3.5.16。

表3.5.16　　阿基米德蜗杆传动的几何尺寸计算公式表

名　称	计算公式	
	蜗　杆	蜗　轮
齿顶高和齿根高	$h_{a1}=h_{a2}=m$，$h_{f1}=h_{f2}=1.2m$	
分度圆直径	$d_1=mq$	$d_2=mz_2$
齿顶圆直径	$d_{a1}=m(q+2)$	$d_{a2}=m(z_2+2)$
齿根圆直径	$d_{f1}=m(q-2.4)$	$d_{f2}=m(z_2-2.4)$
顶隙	$C=0.2m$	
蜗杆轴向齿距 蜗轮端面齿距	$P_{a1}=p_{t2}=\pi m$	
蜗杆分度圆导程角 蜗轮分度圆螺旋角	$\gamma=\arctan(z_1/q)$	$\beta=\gamma$
中心距	$a=\frac{m}{2}(q+z_2)$	
蜗杆螺纹部分长度 蜗轮齿顶圆弧半径	$z_1=1$、2，$L\geqslant(11+0.06z_2)m$ $z_1=3$、4，$L\geqslant(12.5+0.09z_2)m$	$r_{a2}=a-\frac{1}{2}d_{a2}$
蜗轮外圆直径		$z_1=1$，$d_{e2}\leqslant da_2+2m$ $z_1=2$、3，$d_{e2}\leqslant da_2+1.5m$ $z_1=4\sim6$，$d_{e2}\leqslant d_{a2}+m$
蜗轮轮缘宽度		$z_1=1$、2　$b\leqslant0.75d_{a1}$ $z_1=4\sim6$，$b\leqslant0.67d_{a1}$

3.5.4.5　蜗杆传动的失效形式和设计准则

1. 轮齿的失效形式和设计准则

蜗杆传动的失效形式与齿轮传动相似，有轮齿折断、齿面点蚀、齿面磨损和胶合等，但由于蜗杆、蜗轮的齿廓间相对滑动速度较大、发热量大而效率低，因此传动的主要失效形式为胶合、磨损和点蚀。由于蜗杆的齿是连续的螺旋线，且蜗杆的强度高于蜗轮，因而失效多发生在蜗轮轮齿上。在闭式传动中，蜗轮的主要失效形式是胶合与点蚀；在开式传动中，主要失效形式是磨损。

所以蜗杆传动的设计准则为：闭式蜗杆传动按齿面接触疲劳强度设计，并校核齿根弯曲疲劳强度，为避免发生胶合失效还必须做热平衡计算；对开式蜗杆传动通常只需按齿根弯曲疲劳强度设计。实践证明，闭式蜗杆传动，当载荷平稳无冲击时，蜗轮轮齿因弯曲强度不足而失效的情况多发生于齿数 $z_2>80\sim100$ 时，所以在齿数少于以上数值时，弯曲强度校核可不考虑。

2. 蜗杆、蜗轮的材料和结构

(1) 蜗杆、蜗轮的材料选择。

根据蜗杆传动的主要失效形式可知，蜗杆和蜗轮材料不仅要求有足够的强度，更重要的是要具有良好的减摩性、耐磨性和抗胶合能力。

蜗杆一般用碳钢或合金钢制造。对高速重载传动常用15Cr、20Cr、20CrMnTi等，经渗碳淬火，表面硬度56～62HRC，须经磨削。对中速中载传动，蜗杆材料可用45、40Cr、35SiMn等，表面淬火，表面硬度45～55HRC，须要磨削。对速度不高，载荷不大的蜗杆，材料可用45钢调质或正火处理，调质硬度220～270HBS。

蜗轮材料可参考相对滑动速度v_s来选择。铸造锡青铜抗胶合性、耐磨性好，易加工，允许的滑动速度v_s高，但强度较低，价格较贵。一般ZCuSn10P1允许滑动速度可25m/s，ZCuSn5Pb5Zn5常用于v_s<12m/s的场合。铸造铝青铜，如ZCuAl10Fe3，其减磨性和抗胶合性比锡青铜差，但强度高，价格便宜，一般用于$v_s \leqslant 4$m/s的传动。灰铸铁（HT150、HT200），用于$v_s \leqslant 2$m/s的低速轻载传动中。

（2）蜗杆、蜗轮的结构。

蜗杆常和轴做成一体，称为蜗杆轴，如图3.5.43所示（只有$d_f/d \geqslant 1.7$时才采用蜗杆齿圈套装在轴上的型式）。车制蜗杆需有退刀槽，$d=d_f-(2\sim4)$mm，故刚性较差［图3.5.43（a）］；铣削蜗杆无退刀槽时d可大于d_f［图3.5.43（b）］，刚性较好。

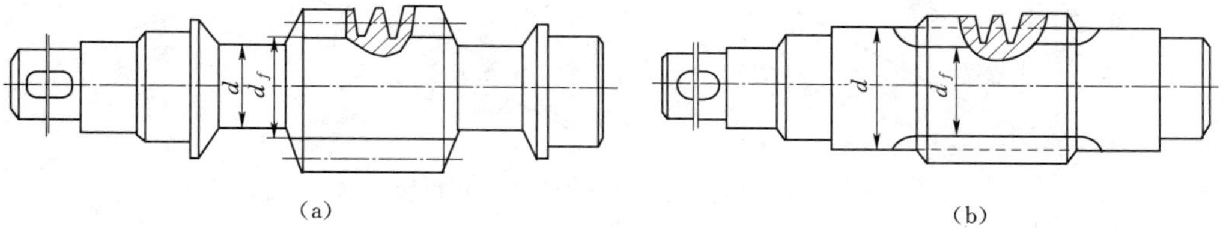

图3.5.43 蜗杆轴结构

蜗轮结构分为整体式和组合式两种，如图3.5.44所示。图3.5.44（a）所示的整体式蜗轮用于铸铁蜗轮及直径小于100mm的青铜蜗轮。图3.5.44（b）、（c）、（d）均为组合式结构，其中图3.5.44（b）为齿圈式蜗轮，轮芯用铸铁或铸钢制造，齿圈用青铜材料，两者采用过盈配合（H7/s6或H7/r6），并沿配合面安装4～6个紧定螺钉，该结构用于中等尺寸而且工作温度变化较小的场合。图3.5.44（c）为螺栓式蜗轮，齿圈和轮芯用普通螺栓或铰制孔螺栓连接，常用于尺寸较大的蜗轮。图3.5.44（d）为镶铸式蜗轮，将青铜轮缘铸在铸铁轮芯上然后切齿，适用于中等尺寸批量生产的蜗轮。

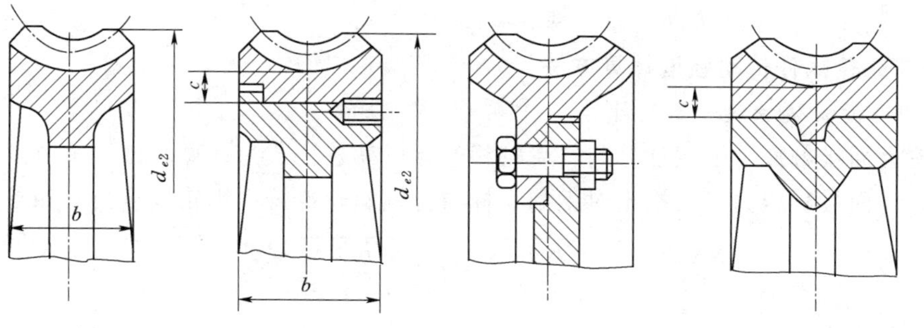

图3.5.44 蜗轮结构

3.5.4.6　蜗杆传动的受力分析

蜗杆传动受力分析与斜齿圆柱齿轮的受力分析相似，齿面上的法向力 F_n 可分解为三个相互垂直的分力：圆周力 F_t、轴向力 F_a、径向力 F_r，如图 3.5.45 所示。蜗杆为主动件，轴向力 F_{a1}的方向由左、右手定则确定。图 3.5.45 为右旋蜗杆，用右手四指指向蜗杆转向，拇指所指方向就是轴向力 F_{a1}的方向。圆周力 F_{t1}与主动蜗杆转向相反；径向力 F_{r1}指向蜗杆中心。

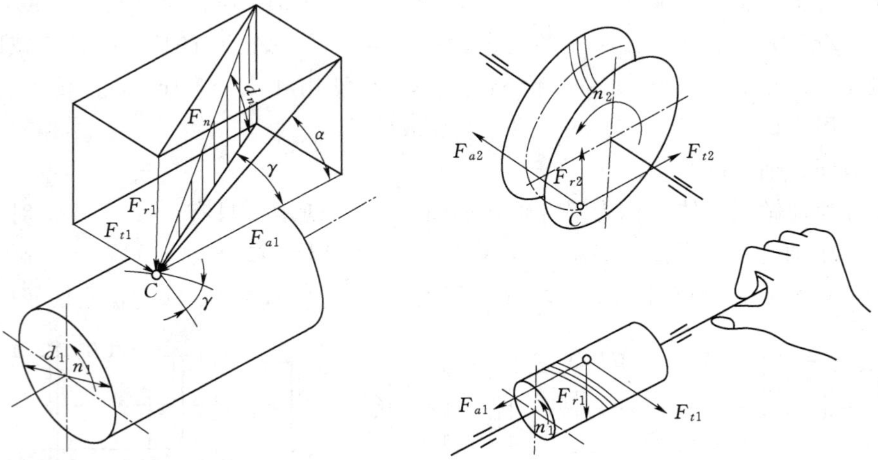

图 3.5.45　蜗杆传动受力分析

蜗轮受力方向，由 F_{t1} 与 F_{a2}、F_{a1} 与 F_{t2}、F_{r1} 与 F_{r2} 的作用力与反作用力关系确定（图 3.5.45）。各力的大小的计算公式分别为

$$F_{t1}=F_{a2}=\frac{2T_1}{d_1}(\mathrm{N}) \tag{3.5.63}$$

$$F_{a1}=F_{t2}=\frac{2T_2}{d_2}(\mathrm{N}) \tag{3.5.64}$$

$$F_{r1}=F_{r2}=F_{t2}\tan\alpha(\mathrm{N}) \tag{3.5.65}$$

$$T_2=T_1 i\eta(\mathrm{N\cdot mm}) \tag{3.5.66}$$

式中　T_1、T_2——作用在蜗杆和蜗轮上的转矩；

η——蜗杆传动的总效率。

3.5.4.7　蜗轮蜗杆传动强度计算方法

1. 蜗轮齿面接触疲劳强度计算

蜗轮齿面接触疲劳强度计算与斜齿轮相似，以赫兹公式为计算基础，按节点处的啮合条件计算齿面接触应力，可推出对钢制蜗杆与青铜蜗轮或铸铁蜗轮校核公式如下：

$$\sigma_H=520\sqrt{\frac{KT_2}{d_1 d_2^2}}=520\sqrt{\frac{KT_2}{m^2 d_1 z_2^2}}\leqslant[\sigma_H] \tag{3.5.67}$$

设计公式为

$$m^2 d_1\geqslant KT_2\left(\frac{520}{z_2[\sigma_H]}\right)^2 \tag{3.5.68}$$

式中　T_2——蜗轮轴的转矩，N·mm；

K——载荷系数 $K=1\sim1.5$，当载荷平稳相对滑动速度较小时（$v_S<3\text{m/s}$）取较小值，反之取较大值，严重冲击时取 $K=1.5$；

$[\sigma_H]$——蜗轮材料的许用接触应力，MPa。

当蜗轮材料为锡青铜（$\sigma_b<300\text{MPa}$）时，其主要失效形式为疲劳点蚀，则

$$[\sigma_H]=Z_N[\sigma_{0H}]$$

$$Z_N=\sqrt[8]{10^7/N}$$

$$N=60n_2L_h$$

式中　$[\sigma_{0H}]$——蜗轮材料的基本许用接触应力，见表3.5.17；

Z_N——寿命系数；

N——应力循环次数；

n_2——蜗轮转速，r/min；

L_h——工作寿命，h。

$N>25\times10^7$ 时应取 $N=25\times10^7$，$N<2.6\times10^5$ 时应取 $N=2.6\times10^5$。当蜗轮的材料为铝青铜或铸铁（$\sigma_b>300\text{MPa}$）时，蜗轮的主要失效形式为胶合，许用应力与应力循环次数无关，其值见表3.5.17、表3.5.18。

表3.5.17　锡青铜蜗轮的基本许用接触应力 $[\sigma_H]$　（MPa）

蜗轮材料	铸造方法	适用的滑动速度 v_s /(m/s)	蜗杆齿面硬度	
			≤350HB	>45HRC
ZCuSn10P1	砂型 金属型	≤12 ≤25	180 200	200 220
ZCuSn5Pb5Zn5	砂型 金属型	≤10 ≤12	110 135	125 150

表3.5.18　铸铝青铜及铸铁蜗轮的许用接触应力 $[\sigma_H]$　（MPa）

蜗轮材料	蜗杆材料	滑动速度 v_s（m/s）						
		0.5	1	2	3	4	6	8
ZCuAl10Fe3	淬火钢	250	230	210	180	160	120	90
HT150；HT200	渗碳钢	130	115	90	—	—	—	—

2. 蜗轮轮齿的齿根弯曲疲劳强度计算

由于蜗轮轮齿的齿形比较复杂，要精确计算轮齿的弯曲应力比较困难，通常近似地将蜗轮看作斜齿轮按圆柱齿轮弯曲强度公式来计算，化简后齿根弯曲强度的校核公式为

$$\sigma_F=\frac{2.2KT_2}{d_1d_2m\cos\gamma}Y_{F2}\leqslant[\sigma_F] \tag{3.5.69}$$

设计公式为

$$m^2d_1\geqslant\frac{2.2KT_2}{z_2[\sigma_F]\cos\gamma}Y_{F2} \tag{3.5.70}$$

$$[\sigma_F]=Y_N[\sigma_{0F}]$$

$$Y_N=\sqrt[9]{10^6/N},N=60N_2L_h$$

式中 Y_{F2}——蜗轮的齿形系数；

$[\sigma_F]$——蜗轮材料的许用弯曲应力；

$[\sigma_{0F}]$——蜗轮材料的基本许用弯曲应力；

Y_N——寿命系数。

当 $N>25\times10^7$ 时，取 $N=25\times10^7$，当 $N<10^5$ 时，取 $N=10^5$。

3.5.4.8 蜗轮蜗杆传动的效率、润滑和热平衡计算

1. 蜗杆传动的效率

闭式蜗杆传动的总效率 η 包括啮合效率 η_1、搅油效率 η_2 和轴承效率 η_3，即

$$\eta=\eta_1\eta_2\eta_3 \tag{3.5.71}$$

啮合效率 η_1 是总效率的主要部分，蜗杆为主动件时啮合效率按螺旋传动公式求出：

$$\eta_1=\frac{\tan\gamma}{\tan(\gamma+\rho_v)}$$

通常取 $\eta_2\eta_3=0.95\sim0.97$，故有

$$\eta=(0.95\sim0.97)\frac{\tan\gamma}{\tan(\gamma+\rho_v)} \tag{3.5.72}$$

式中 γ——蜗杆螺旋升角（导程角）；

ρ_v——当量摩擦角，$\rho_v=\arctan f_v$，其值见表3.5.19。

表3.5.19 当量摩擦系数 f_v 和当量摩擦角 ρ_v

蜗轮材料	锡青铜				铝青铜		灰铸铁			
蜗杆齿面硬度	≥45HRC		<45HRC		≥45HRC		≥45HRC		<45HRC	
滑动速度 v_s /(m/s)	f_v	ρ_v	f_v	ρ_v	f_v	ρ_v	f_v	ρ_v	f_v	ρ_v
1.00	0.045	2°35′	0.055	3°09′	0.070	4°00′	0.070	4°00′	0.090	5°09′
1.50	0.040	2°17′	0.050	2°52′	0.065	3°43′	0.065	3°43′	0.080	4°34′
2.00	0.035	2°00′	0.045	2°35′	0.055	3°09′	0.055	3°09′	0.070	4°00′
2.50	0.030	1°43′	0.040	2°17′	0.050	2°52′				
3.00	0.028	1°36′	0.035	2°00′	0.045	2°35′				
4.00	0.024	1°22′	0.031	1°47′	0.040	2°17′				
5.00	0.022	1°16′	0.029	1°40′	0.035	2°00′				
8.00	0.018	1°02′	0.026	1°29′	0.030	1°43′				
10.0	0.016	0°55′	0.024	1°22′						
15.0	0.014	0°48′	0.020	1°09′						
24.0	0.013	0°45′								

注 对于硬度≥45HRC的蜗杆，ρ_v 值系指 $R_a<0.32\sim1.25\mu m$，经跑合并充分润滑的情况。

2. 蜗杆传动的润滑

润滑对蜗杆传动特别重要，因为润滑不良时，蜗杆传动的效率将显著降低，并会导致

剧烈的磨损和胶合。通常采用黏度较大的润滑油，为提高其抗胶合能力，可加入油性添加剂以提高油膜的刚度，但青铜蜗轮不允许采用活性大的油性添加剂，以免被腐蚀。

闭式蜗杆传动的润滑油黏度和润滑方法可参考表3.5.20选择。开式传动则采用黏度较高的齿轮油或润滑脂进行润滑。闭式蜗杆传动用油池润滑，在 $v_s \leqslant 5\text{m/s}$ 时常采用蜗杆下置式，浸油深度约为一个齿高，但油面不得超过蜗杆轴承的最低滚动体中心；$v_s > 5\text{m/s}$ 时常用上置式，油面允许达到蜗轮半径1/3处。

表3.5.20　　蜗杆传动的润滑油黏度及润滑方法

滑动速度 v_s/(m/s)	<1	<2.5	<5	>5~10	>1~15	>1~25	>25
工作条件	重载	重载	中载	—	—	—	—
运动黏度 $\upsilon_{40℃}$/(mm²/s)	1000	680	320	220	150	100	68
润滑方法	浸油			浸油或喷油	喷油润滑，油压/MPa		
					0.07	0.2	0.3

3. 蜗杆传动的热平衡计算

蜗杆传动效率低，发热量大，若产生的热量不能及时散逸，将使油温升高，油黏度下降，油膜破坏，磨损加剧，甚至产生胶合破坏。因此对连续工作的蜗杆传动应进行热平衡计算。在单位时间内，蜗杆传动由于摩擦损耗产生的热量为

$$Q = 1000P_1(1-\eta) \tag{3.5.73}$$

式中　P_1——蜗杆传动的输入功率，kW；

η——蜗杆传动的效率。

自然冷却时单位时间内经箱体外壁散逸到周围空气中的热量为

$$Q_2 = K_s A(t_1 - t_0) \tag{3.5.74}$$

式中　K_s——散热系数，可取 $K_s=(8\sim17)\text{W}/(\text{m}^2\cdot℃)$，通风良好时取大值；

A——散热面积，m^2；

t_1——箱体内的油温，一般取许用油温 $[t_1]=60\sim80℃$，最高不超过90℃；

t_0——周围空气的温度，通常取 $t_0=20℃$。

按热平衡条件 $Q_1=Q_2$，可得工作条件下的油温为

$$t_1 = \frac{1000(1-\eta)P_1}{K_s A} + t_0 \leqslant [t_1] \tag{3.5.75}$$

若工作温度超过许用温度，可采用下列措施：①在箱体壳外铸出散热片，增加散热面积 A；②在蜗杆轴上装风扇［图3.5.46（a）］，提高散热系数，此时 $K_s \approx 20\sim28\text{W}/(\text{m}^2\cdot℃)$；③加冷却装置，在箱体油池内装蛇形冷却管，或用循环油冷却。

3.5.5　轮系及其分类

3.5.5.1　轮系分类

由彼此啮合传动的一系列齿轮组成的齿轮传动系统称轮系。轮系应用很广，类型也很多，通常按轮系在传动时各齿轮的轴线相对于机架的位置是否固定分为两大类：定轴轮系和行星轮系。

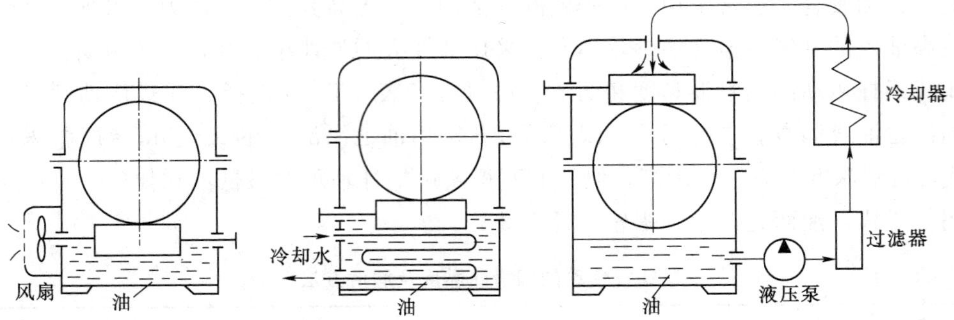

(a) 风扇冷却　(b) 冷却水管冷却　(c) 压力喷油润滑

图 3.5.46 蜗杆传动的散热方法

1. 定轴轮系

定轴轮系运转时，其各个齿轮轴线的位置都是固定的，由轴线相互平行的圆柱齿轮组成的定轴轮系称为平面定轴轮系，如图 3.5.47 (a) 所示；包含有锥齿轮和涡轮蜗杆等在内的定轴轮系称为空间定轴轮系，如图 3.5.47 (b) 所示。

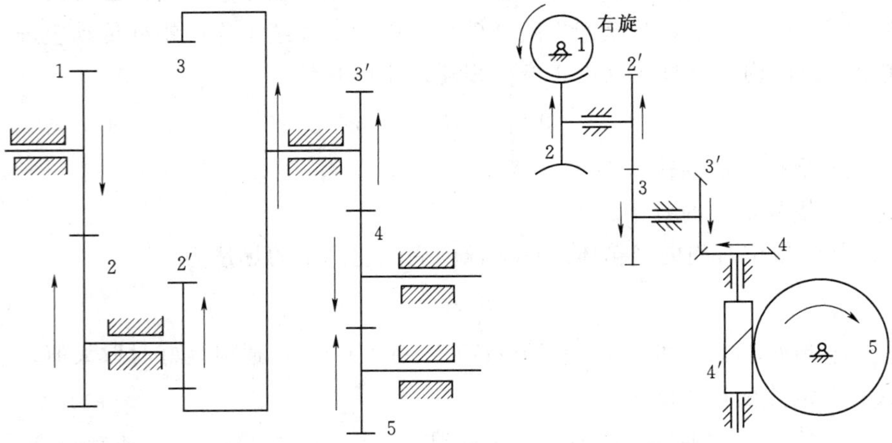

(a) 平面定轴轮系　(b) 空间定轴轮系

图 3.5.47 定轴轮系

2. 行星轮系

轮系运转时，其各个齿轮中有一个或几个齿轮轴线的位置并不固定，而是绕着其他齿轮的固定轴旋转，则这种轮系称为周转轮系，如图 3.5.48 所示。1、3 齿轮绕固定轴旋转，所以称为太阳轮，齿轮 2 既做自转又做公转，称行星轮，H 称为行星架（或系杆、转臂）。

3.5.5.2 定轴轮系的传动比计算

轮系的传动比是指该轮系中首末两个齿轮的角速度（或转速）之比。确定一个轮系的传动比，不仅要计算其传动比的大小，还要指明两构建的转向关系。

如图 3.5.47 (a) 所示平面定轴轮系：由于各个齿轮的轴线相互平行，根据一对外啮合齿轮副的相对转向相反、一对内啮合齿轮副的相对转向相同的关系，如果已知各齿轮的

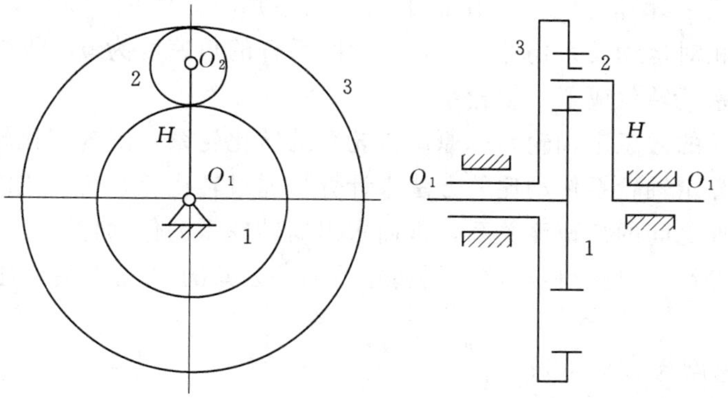

图 3.5.48 周转轮系

齿数和转速，设各轮齿数分别为 Z_1、Z_2、Z_2'、Z_3、Z_3'、Z_4、Z_5，则各对齿轮副的传动比为

$$i_{12}=\frac{\omega_1}{\omega_2}=-\frac{Z_2}{Z_1},\ i_{2'3}=\frac{\omega_3}{\omega_{2'}}=\frac{Z_3}{Z_{2'}}$$

$$i_{3'4}=\frac{\omega_3}{\omega_4}=-\frac{Z_4}{Z_{3'}},i_{45}=\frac{\omega_4}{\omega_5}=-\frac{Z_5}{Z_4}$$

以上各式等号两边连乘后得

$$i_{15}=\frac{\omega_1}{\omega_5}=\frac{\omega_1}{\omega_2}\cdot\frac{\omega_2}{\omega_3}\cdot\frac{\omega_3}{\omega_4}\cdot\frac{\omega_4}{\omega_5}=i_{12}i_{23}i_{34}i_{45}$$

$$=\left(-\frac{Z_2}{Z_1}\right)\cdot\frac{Z_3}{Z_{2'}}\cdot\left(-\frac{Z_4}{Z_{3'}}\right)\cdot\left(-\frac{Z_5}{Z_4}\right)=-\frac{Z_2Z_3Z_5}{Z_1Z_{2'}Z_{3'}}$$

由上式可知，定轴轮系首、末两轮的传动比等于组成轮系的各对齿轮传动比的连乘积，其大小等于所有从动齿轮齿数的连乘积与所有主动齿轮数的连乘积之比，其正负号则取决于外啮合的次数。传动比为正号时表示首、末两轮的转向相同，为负号时表示首、末两轮的转向相反。

假设定轴轮系首末两轮的转速分别为设 1 为首轮、K 为末轮，则传动比一般表达式为

$$i_{1K}=\frac{\omega_1}{\omega_K}=(-1)^m\frac{\text{轮系中 1、}K\text{ 间从动轮齿数之积}}{\text{轮系中 1、}K\text{ 间主动轮齿数之积}} \tag{3.5.76}$$

当轮系中有圆锥齿轮、蜗轮蜗杆及螺旋齿轮传动时，称为空间齿轮传动。如图 3.5.47 (b) 所示，其含有圆柱齿轮、圆锥齿轮、蜗杆蜗轮，其传动比为

$$i_{15}=\omega_1/\omega_5=-Z_2Z_3Z_4Z_5/Z_1Z_{2'}Z_{3'}Z_{4'}$$

传动方向确定：只有首末两轮轴线平行，其转向可用“＋”“－”号表示。当首末两轮轴线不平行，只能在图上用画箭头的方法表示。

3.5.5.3 行星轮系的传动比计算

通过对周转轮系和定轴轮系的观察和比较发现，它们的根本差别在于周转轮系中有转动着的系杆，从而使行星轮既自转又公转，所以，周转轮系的传动比不能直接用定轴轮系

传动比的计算公式来计算。但可以在整个周转轮系加一公共的“ω^H”，根据相对运动原理，各构件间的相对运动关系仍然不变，但此时系杆的角速度为0，即相当于系杆静止不动，这样周转轮系就转化成了定轴轮系。

经过转化所得的假想定轴轮系称原周转轮系的转化轮系。因为转化轮系是一个定轴轮系，所以可用计算定轴轮系传动比的方法来计算，通过转化轮系传动比的计算，就可得出周转轮系中各构件之间的角速度关系，进而求出周转轮系的传动比。

如图3.5.48所示，现分析给整个周转轮系加一公共的“ω_H”后，轮系中各构件的运动情况如下：

齿轮1：角速度为$\omega_1-\omega_H$；

齿轮2：角速度为$\omega_2-\omega_H$；

齿轮3：角速度为$\omega_3-\omega_H$；

行星架H：角速度为$\omega_H-\omega_H=0$。

因为此时行星架静止不动，所以原来的周转轮系变为定轴轮系了。在该转化机构中，3个齿轮的角速度分别为ω_1^H、ω_2^H、ω_3^H。

现计算该转化轮系的传动比。根据计算定轴轮系传动比的方法可知：

$$i_{13}^H=\omega_1^H/\omega_3^H=(\omega_1-\omega_H)/(\omega_3-\omega_H)=-Z_2Z_3/Z_1Z_2=-Z_3/Z_1 \tag{3.5.77}$$

因为齿数Z_1、Z_2、Z_3是已知的，所以，当ω_1、ω_2、ω_3中已知两个，就可求出第3个，进而求出周转轮系的传动比。

参 考 文 献

[1] 鲁百年. 创新设计思维 [M]. 北京：清华大学出版社，2015.
[2] 温兆麟. 创新思维与机械创新设计 [M]. 北京：机械工业出版社，2015.
[3] 陈爱玲. 创新思维与实践 [M]. 保定：河北大学出版社，2015.
[4] 濮良贵. 机械设计 [M]. 北京：高等教育出版社，2006.
[5] 陈鹏，熊守浪. 晒场谷物装袋机创新设计 [J]. 宜春学院学报，2018，40 (12)：43-46.
[6] 陈鹏，刘文祥，徐文超，等. 曲柄连杆式硬币清分机创新设计 [J]. 机械设计与制造，2018 (08)：212-214+218.
[7] 陈鹏，王春喜，袁兆麟. 离心式硬币清分机创新设计 [J]. 宜春学院学报，2017，39 (12)：52-54.
[8] 陈鹏，刘焱，刘文祥. 基于 FDM 的滑槽式硬币清分机设计 [J]. 机械设计，2016，33 (11)：118-120.